職涯轉換 × 同事關係 × 婚姻危機 × 單戀成災

從工作到日常，人生陷阱識破之道！

卓重光——編著

因為職場等同戰場，所以請服一帖

職場心理學

若能按照自己選的道路審慎前進，穿過各種隱藏陷阱，
那麼崎嶇的人生道路在你眼中就會變成一條光明的坦途——

本書適合所有希望在職場和社會中穩健前行的讀者
提升辨識陷阱的能力，學會在複雜社會環境中保持清醒的頭腦！

目錄

007 前言　在陷阱之上跳舞
009 1. 私心過重，利令智昏
013 2. 太過貪婪，負重難遠
016 3. 憤世嫉俗，自設心魔
019 4. 一偏之見，貽誤一生
022 5. 無端猜疑，事實失真
026 6. 耽於奉承，難自清醒
029 7. 缺人情味，失好人緣
032 8. 自我貶低，自矮三分
035 9. 不能忍耐，徒毀前程
040 10. 喪失個性，人海迷失
044 11. 偏激發暈，終誤大事
046 12. 喜怒於色，天真幼稚
048 13. 沮喪自憐，不能自拔
051 14. 困於俗見，難以飛昇
053 15. 瑣屑纏人，浪費光陰
056 16. 優柔寡斷，難成大事
059 17. 恃功自傲，自入死地
062 18. 缺乏熱忱，生活沒勁
065 19. 推卸責任，必失人心
067 20. 歧視殘弱，自謂完美
070 21. 怒氣氾濫，淹沒理智
073 22. 言行隨意，自汙形象
077 23. 心胸狹窄，難於相處
081 24. 太缺心眼，難以自保
083 25. 心存成見，難察真實
085 26. 隨意傷人，到處樹敵
088 27. 無法容人，難以團結
090 28. 難對小人，不能靈活
093 29. 自我失控，一塌糊塗

目錄

095 30. 無謂爭論，不智之極
098 31. 賣弄口舌，終致禍端
101 32. 掩蔽錯失，自蒙自騙
105 33. 得意忘形，醜態百出
110 34. 自護缺陷，自挖墳墓
113 35. 性情孤傲，四面楚歌
115 36. 畏懼逆境，前途無望
118 37. 不捨放棄，終累大局
121 38. 不識時務，難成大事
124 39. 難於自省，難以成事
128 40. 羨慕別人，忘了趕路
132 41. 自卑作祟，難出牢籠
136 42. 指責別人，包庇自己
141 43. 釋一人怨，得天下歡
145 44. 心哀即死，命當何存
150 45. 只徒安逸，難以成人
155 46. 人若至清，難存人世
158 47. 人無目標，迷途羔羊
163 48. 人無雄心，只能平庸
166 49. 心態失敗，道路失敗
169 50. 健康無方，阻礙成功
174 51. 自我孤獨，孤家寡人
176 52. 草率匆忙，紕漏百出
181 53. 惰性纏身，難以挺立
185 54. 沒有計畫，自然渙散
190 55. 拖拖沓沓，終難成業
193 56. 不懂惜時，空誤此生
198 57. 苛求完美，難合人意
202 58. 只顧單贏，結局雙敗
205 59. 自甘埋沒，永無出息
208 60. 坐待機會，坐以待斃
214 61. 一味模仿，何有自我
218 62. 福不可盡，福盡禍至
221 63. 常規思維，死路一條

225 64. 口吐蒺藜，人見人愁
229 65. 失平常心，徒增煩惱
231 66. 溺陷榮耀，貽誤此生
233 67. 做事做絕，難以迂迴
237 68. 囿於面子，陷於死局
242 69. 自難定位，世難立人
246 70. 逃避現實，貽誤人生
248 71. 好高騖遠，成功無緣
251 72. 急於求成，適得其反
255 73. 貶損他人，自難完美
260 74. 誤待失敗，失敗誤人
262 75. 暴露野心，事多艱險
264 76. 輕易跳槽，終無建樹
267 77. 空自逞能，結局堪憂
269 78. 難耐清冷，難成氣候
272 79. 事無輕重，人難成功
275 80. 痴迷心竅，自毀一生
278 81. 單槍匹馬，終是孤軍
281 82. 依賴心重，人生路窄
285 83. 愛情錯覺，迷幻人生
289 84. 愛也從眾，人生何立
292 85. 不持本色，愛也虛空
296 86. 人若無趣，愛也無趣
299 87. 自難清醒，愛也迷糊
301 88. 暈輪之下，愛無真識
303 89. 單戀成災，人生成災
310 90. 難拒禁果，人生動盪
312 91. 婚外隱私，真心何在
314 92. 性愛無德，人亦無德
316 93. 同居堪憂，事關一生
321 94. 試婚何意，人生何價
325 95. 婚外風情，世內風雲
327 96. 愛有缺口，人有缺憾
330 97. 曲解性愛，曲盡人生

目錄

332 98. 聽任情失，愛亦無味

337 99. 一味占有，何談婚姻

339 100. 家是港灣，而非戰場

前言　在陷阱之上跳舞

有人說過一句十分經典的話：「如果每個人都能對自己所做過的事後悔的話，那麼誰都可以成為哲人。」的確，在人生的道路上，決定人生成敗最關鍵的也就是年輕時的那麼幾步。

人活著，只要稍具上進心、鬥志和信念，那麼他最渴望的莫過於自我實現、人生成功了。從某種意義上說，也只有一個感受到自己成功的人，才能無愧於自己的人生。但為什麼大多數人感到自己竟然是如此平庸呢？一個最關鍵的原因就是他們在年輕時就遇上了人生的陷阱，從此人生就泥足深陷，不能再長足發展；更可悲的是有的人並不覺悟，有的人覺悟已太晚，待覺悟時人生的大勢已去。如何未雨綢繆，如何識別人生道路上的陷阱，讓本就坎坷的人生平坦些，成功些，光亮些，這是一個值得探討的人生課題。

在人生路上，人們一個共同的願望就是，多麼希望在人生成功的重要關口或危難之時能有一盞指路明燈，或者有一隻援助之手，把自己從人生的陷阱中拉出來。其實，這個願望並不難實現，那就是汲取借鑑些前人的經驗、手段、方法和策略，成為為己所用的思想，讓自己具備深厚的功力，從那些可怕的人生陷阱中從容地跳出來，而且走得更勇敢些，更頑強些，更堅強些，這就是一種少走冤枉路的人生捷徑。在某個雞尾酒會上，一位富有的先生從口袋裡掏出一張千元大鈔，向所有的來賓宣布：他要將這張千元大鈔拍賣給出價最高的人。出價最高的人只要付給這位先生他自己所開的價碼，即可獲得這張千元大鈔。

但是，出價次高的人，雖無法獲得千元大鈔，仍需將他所開的價碼如數付給拍賣者。這個別開生面的「U 錢買錢」拍賣會，立刻激發了大家的興趣。開始時，「10 元」、「50 元」、「20 元」……競價聲此起彼落，最後只剩下 A 先生和 B 先生相持不下。當 A 先生喊出 950 元」時，拍賣者彈一彈他手工的那張千元大鈔，挑逗地看著 B 先生，B 先生似乎不假思索地便脫口而出：「1,050 元！」這時會場裡起了一陣騷動。拍賣者轉而得意地看著 A 先生，等待他加價或者退出，A 先生咬咬牙，說：「2,050 元！」人群裡引起了更大的騷動，B 先生擺一擺手，喝口雞尾酒，表示退出。結果，A 先生付了「2,050 元」買到那張「1,000 元」鈔票，而 B 先生則平白付出了「1,050 元」。兩人都是輸家，各損失的「1,050 元」都納入了拍賣者的口袋。

這個遊戲是耶魯大學經濟學家蘇必克（M.Shubik）發明的，拍賣錢的人幾乎每次都能從這種拍賣會裡「賺到錢」。這就是一個典型人生陷阱。並且，人一旦陷在這種陷阱裡就會越陷越深，幾乎無法自拔，最後只好為自己的不冷靜舉動付出慘重的代價。在我們的人生道路上，大大小小的人生陷阱與此類似。

人生道路上處處有陷阱！

在人生道路上，如何避免蹈入這類人生陷阱，這的確是一門不小的學問，也的確值得我們不斷地學習。

因此，人生經驗豐富的人們總是諄諄告誡我們：

對眼前的事物永遠保持警覺，因為「螳螂捕蟬，黃雀在後」；原則一經確立就要堅持到底，因為「水能載舟，亦能覆舟」；自己拿主意不要去參照別人，因為「仁者見仁，智者見智」；要算清自己繼續投入的代價，因為「當斷不斷，反受其亂」。

如果我們能按照自己喜愛的道路並審慎地前進，穿過隱藏著的各種人生陷阱，那麼崎嶇的人生道路在你的眼中就會變成一條光明的坦途。

1. 私心過重，利令智昏

從某種意義上講，人生的第一個陷阱是私慾太盛、利令智昏一點也不為過。有些人自以為聰明，卻不知損人利己式的聰明根本是一種卑鄙的行為。這種行為模式也是一個人生陷阱，但一般人很難清楚地意識到這一點。

當然，完全禁止自私幾乎是一種無法做到的想法：我們總是在做自己內心想做的事情，從這個角度而言，每個人都是自私的。

自私幾乎是人類謀求生存的一種本能。自私並不可怕，可怕的是私慾太盛，利令智昏，時時處處以自我為中心，以損公肥私和損人利己為樂事，一切圍著自己想問題，一切圍著自己辦事情，在滿足一己之私的過程中，不惜損害大眾，不惜妨害他人利益，這就為一生埋下了覆滅的引線。

自私是人的本能，很多的行為便以此為中心點而形成；而依性格、教育及生活經驗的不同，自私表現在行為上也有不同的形式。

一種是善的形式。善的形式是利人又利己。例如上班，一方面為社會做事，間接服務了消費者，一方面賺了錢，可以養活自己及一家大小，滿足生存上的需求。不過也有一些人只求利人而不求利己，像過去有些人深入不毛之地，為的只是幫助一些需要幫助的人，而自己的生活不但談不上享受，甚至可以說是自我虐待，在只為自己著想的世人眼中，這種人實在值得欽佩。

另外一種形式則是「惡」的形式。這種形式的自私是只求利己而不求利人的，如果只利己但也不傷人，那麼這種自私還不算是惡。但有一些人的自私是透過傷人來利己，這才真的是惡。這種行為譬如搶奪、欺詐、陷害、背叛，更嚴重的還殺人放火，危及他人的生命。

1. 私心過重，利令智昏

人們一般大概不會碰到危及生命的事，但人的自私行為幾乎每一個人都會不時地碰到，其實不必對此在意，反而要有這樣的想法：我要如何應對這些自私的行為，以營造雙方和諧的關係？或是如何得到大眾的協助與合作？

方法其實很簡單，滿足對方的利益就是了。

這裡所說的「滿足」並不是任其予取予求，無限制地滿足，如果這麼做，反而會害了自己，因為人的欲望是無止境的。那麼該如何去做呢？

消極的不去剝奪對方的利益，不管這個人是不是真的需要這些利益；你剝奪了，他還是會跟你拚命的。

積極的給予對方利益，只要他肯接納，那麼他絕對會聽你的。有很多皇帝要用重金籠絡臣下；大老闆要發獎金給部屬；而力能扛鼎的勇士，為了錢甘願為手無縛雞之力的主子賣命。除了金錢之外，職位也是一種利益，所以「升官」也可以收買人心，因為你滿足了他的「利益」。

不過，也要注意兩點：

不能一次給對方充分的滿足，可以由少而多，逐漸增加，不可由多而少，否則對方不但不感激你反而會怨恨你。

要不時豐富你的資源，讓對方認為你還有很多好處，他們才會為了那些好處和你維持良好的關係，一旦好處沒了，他們大概也就離你而去了。如果真的碰到這種情形，也不必感嘆，因為這是人性的必然；看看沒落的權貴、失勢的政客、潦倒的商人，有誰會理呢？這幾乎是一個人世的必然。

此外，你也不能忽視人們在精神、心理層面的自私，也就是說，人都喜歡被尊重，這也是一種深層次的自私。

但如果你私心過重，人們見了你就如同遇到瘟疫一般，避之唯恐不及，怕的人多了，也就如過街老鼠一樣，人人見了喊打。這樣的人即使是比別人多撈取了一些物質利益，也不會從社會的意義上獲得真正的幸福。

如果說，他們也奢談什麼成功，充其量不過是雞鳴狗盜的成功，沒有任何值得驕傲和自豪的。

「點燃別人的房子，煮熟自己的雞蛋」，英國的這句俗語形象地揭示了那些妨害他人利益的自私行徑。

自私自利者不管是以偷盜、貪汙、索賄或挪用等手段把公共或他人的財產變成自己的財產，還是以權勢撈取地位和榮譽，在別人看來，無異都是不光彩的。儘管他們有時利用平時透過卑劣手段撈取的財、權來給某些人送人情，買人心，使這些人不得不感謝和感激他們，但更多的人卻是瞧不起他們。儘管他們中有些人用那些不義之財做本錢，開公司，做生意，賺了大錢，有的還笑咪咪地做了一些「慈善」之舉，但他們仍然是不光彩的一族，別看法律未審判他們，但受害的群眾卻在道德和感情上給他們判了刑、定了罪。

誰如果是這樣的一個人，他的心靈是不會安寧的，他所擁有的人生便是一個卑劣的人生。

他們在損公肥私的時候，只是在物質上、權勢上和聲譽上肥了自己，暫時得到了一點實惠，而付出的卻是人格和靈魂的代價。他們由此失去了原本純潔美好的心地，使原本美好的人生境界就像建立在一堆垃圾之上，人們也將不時嗅到他們發自靈魂深處的臭氣。這是根本性的損失，永遠無法挽回的損失。即使以後覺悟到了而迷途知返，但那心靈上留下的汙點是永遠抹不去的，它將伴隨終生，你終歸也是得不償失的。

無法否認，人之所以為人，其根本性的存在並不是這團血肉、這副軀體外殼的存在，而是人之為人的精神、德行、人格的存在，抽去了後者，人與動物也就沒有多大區分了。

所以，自私者的算計和耍小聰明到頭來仍是卑鄙，甚至根本就是愚蠢的。

自私者損人利己式的小聰明不過是一種卑鄙的聰明，是那種打洞鑽空了房屋，而在房屋倒塌前迅速遷居的「老鼠式的聰明」；是那種欺騙熊為牠挖洞，洞一挖成便把熊趕走的「狐狸式的聰明」；是那種在即將吞吃獵物時，卻假充慈悲流淚的「鱷魚式的聰明」。

誠然，在無限的時間和空間裡，每個人都處在一個獨一無二的點上，而每一個人又都是一個完整的世界。關心自己，發展自己，實現自己，是每個人的追求，這沒有什麼不合理的，是無可厚非的。

作家三毛說得對：「在我的生活裡，我就是主角。」

如果一個人的精神正常，就沒有人不關心自己，不希望發展自己、實現自己的理想。這一切都是無可厚非的。這一切可謂人之私慾使然，卻也是在道德允許的範圍內的。沒有私慾是不正常的，有私慾而無度則是不正常的，只有不損人利己，不損公肥私，才是最基本的道德標準。

2. 太過貪婪，負重難遠

貪婪是災禍的根源。

從前，有一個放羊的男孩，一個偶然的機會，他發現了一個深不可測的山洞。這個地方很隱蔽，他從未到過。好奇心促使他一步步地往山洞深處走去，突然，就在洞的深處，他發現了一座金光閃閃的寶庫。天哪，這是不是人們常說的天下第一寶藏呢？放羊的男孩很好奇，他從來沒有見到過這麼多的金子，他很高興。他小心地從幾萬噸的金山上拿了小小的一條，並且自言自語道：「要是財主不再讓我幫他放羊的話，這些金子也夠我生活一段時間了。」他邊說邊從寶庫回到放羊的山上，然後不急不忙地將羊趕回老財主家，又如實地將這一天的發現告訴了財主。還把自己撿到的那塊金子拿出來給財主看，讓他辨別其真假。財主一看、二摸、三咬之後，一把將放羊的男孩拉到身邊，急切地問藏金子的寶庫在哪裡。男孩把藏金子的寶庫的大致位置告訴了他，老財主馬上命令管家與手下們直奔男孩放羊的那座山，還擔心男孩的話不真，讓男孩為他們帶路。

財主很快見到了那座真的金山，高興得不得了。他想：這下我可發了大財了，他趕忙將金子裝進自己的衣袋，還讓一起進來的手下猛拿。就在他們把小男孩支開，準備帶走所有的金子的時候，洞裡的神仙說話了：「人啊，別讓欲望負重太多，天一黑下來，山門就要關了，到時候，你不僅得不到半兩金子，連老命也會在這裡丟掉，別太貪婪了。」

可是財主哪裡聽得進去，他想這個山洞這麼空闊，且又那麼堅硬，就是天大的石頭砸下來，也砸不到自己的頭上，何況這裡有這麼多的金子呀。不拿白不拿，多拿一點有什麼可怕？擁有了這些金子，出去後我不就是大富翁了嗎？於是財主還是不停地搬運，非要把金山搬空不可。不料，一陣轟隆隆的雷聲響起後，山洞全被地下冒出的岩漿吞沒掉，別說是當富翁了，就是連自己性命也丟在了火山的岩漿之中，這個山洞成了他的墳墓。

人是一種社會動物，無論是什麼人，只要進入社會，接觸到物質社會的利益，都會在心裡產生種種欲望。

誠然，生物學家都知道，動物的基因是自私的，牠們必須自私，因為基因是爭取生存，當和牠的等位基因發生你死我活的競爭時，只有擊敗對手，犧牲等位基因才有自己生存的權利。人是由遺傳基因發展形成，人之自私大抵發源於此。但是，如果僅僅以為基因必須自私而心安理得，而丟棄非生物學的人之為人的力量，你就把自己更重要的一部分 —— 你的血肉，從你的軀體上剝去了，剩下的只是一副骷髏。你會變得毫無人的力量，即使血肉仍附在你的身軀上，那你整個與普通動物也沒有什麼區別了。於是，掌握這界線就在於不能太貪婪。

不論在什麼社會，什麼國家，貪婪者都是卑鄙的、遭人唾棄的，都會受到社會的譴責，受到大眾的鄙視。

毫無疑問，人的貪婪與否、欲望的多少直接關係到人品的汙潔和事業的成敗。「人只一念貪私，便銷剛為柔，塞智為昏，變恩為慘，染潔為汙，壞了一生人品，故古人以不貪為寶，所以度越一世。」這就是說，一個人只要心中出現一點貪婪和私心雜念，他本來的剛直性格就會變得懦弱，聰明就會變得昏庸，慈悲就會變得殘酷。

人在進入社會後有各式各樣的欲望，人有欲望本無可厚非。但有些人的欲望是客觀的、有節制的，這樣的欲望只會是一種目標，一股動力，他可以使人具有方向性；有些人的欲望則是主觀的、無限制的，甚至連他自己也說不清楚需要多少才能得到滿足。這樣的欲望只會給自己增加壓力，超出負荷的欲望會羈絆人前進的腳步，有的甚至會將自己引向歧路。

欲望太多、太重，會讓負重的人因此陷入人生的陷阱中。人有七情，也有六慾，這本屬正常，也是作為一個人在物質社會裡不可或缺的東西。可是六慾不能太重，七情亦不能太多，只有這樣，一個人才能在社會上立足，也才能夠不被欲望所左右。否則，就會成為自己利益的馬前卒或是非法財富的掠奪者，那麼總有一天人生的金礦也會冒出無情的地火，美好的生活也會在坍塌的世界裡焚毀。

3. 憤世嫉俗，自設心魔

一個社會必須有合理的法律、法規與道德標準等來相互約束，才能維持一個良好的社會秩序。在我們的生活中，大家都習慣於時時處處去尋求一種公道與正義，一旦感到失去了公正，我們就會憤怒、憂慮或者失望。然而，現實的結果是，尋求自己理想中的公道就像尋求長生不老一樣，只是一種幻夢而已。我們周圍的世界 —— 不管是自然界還是人類 —— 本身不可能是一個完全公平的世界。知更鳥吃蟲子，這對於蟲子來說是不公正的；蜘蛛吃蒼蠅，對於蒼蠅來說也是不公正的。美洲獅吃小狼，小狼吃貛，貛吃老鼠，老鼠吃蟑螂，蟑螂……只要環顧一下大自然，就不難看出，世界上很多現象是無法用公道來衡量的。龍捲風、洪水、海嘯和乾旱對人類來說都是不公道的。公道只是一種良好的願望而已，但卻不是人類的真實圖景。倘若人們強求世上任何事物都得公平合理，那麼所有生物連一天都無法生存 —— 鳥兒就不能吃蟲子，蟲子就不能吃樹葉。

所以，我們尋求的完全公道只不過是一種海市蜃樓罷了。整個世界以及世界上的每個人都會遇到各式各樣的不公道。面對這些不公道之處，你可以高興，可以怨恨，也可以消極視之……但那些不公道現象依然會永遠存在下去。

這裡，我們提出的並不是什麼犬儒哲學，而是對客觀世界的一種真實描述。永恆的公道是一個脫離現實的概念，當人們追求自己的幸福時尤其如此。然而，許多人卻在認為，難道生活中就不存在任何正義之感了嗎？他們常常會說：「這是不公平的！」；「如果我不能這樣做，你也沒有權利這樣做」。

人們渴求公道，但一旦他沒有得到自己想像中的公道時就會表現出一種不愉快。講求正義、尋求公道，這本身並不是一種錯誤的行為，但過分的絕對化就是一個人生的陷阱了。但如果你一味追求絕對的正義和公道，未能如願便消極處世，這就構成自我挫敗性行為。

政治家們在每一篇競選演講中都會慷慨陳詞：「讓每一個人都得到平等與公正的待遇。」然而，日復一日、年復一年，一個世紀又一個世紀，我們仍然無法消除世界上的不公正的現象。貧困、戰爭、瘟疫、犯罪、賣淫、吸毒和腐敗等各種社會弊病一代代地延續著，有些地區甚至還愈演愈烈。事實上，自人類有史以來，這些現象就從未消失過。

不公道現象的存在是必然的，因此公道只能是相對的。當你無法改變這一現實時，你可以努力不改變自己，不讓自己因此而陷入一種惰性，並可以用自己的智慧進行積極的鬥爭。

人們需要正義，有些人甚至以生命來換取正義。當他們決定和這些現象進行鬥爭時，他們的行為的確是讓人欽佩。但如果你因為不公道而感到煩惱，那你便和產生悔恨、尋求讚許以及其他自我折磨情緒一樣，也就同時陷入了一個人生陷阱。

在我們的生活與工作中，經常可以聽到有人如此發洩：「這簡直太不公平！」這的確是一種比較常見、但又十分消極的抱怨。當你感到某件事不太公平時，必然會把自己和另一個人或另一群人進行比較。

你可能會想：「既然他們能做，我也能做。」；「你比我得到的多，這就不公平。」；「我沒有那樣做，你為什麼可以那樣做？」等等。

渴求公正的心理可能會展現在你與他人的關係中，妨礙你與他人的積極交往。不難看出，你是在根據別人的行為來衡量自己的損失。如果這樣，支配你情感的就是別人，而不是你自己了。如果你因為不能做別人所做的事情而煩惱，你就是在讓別人擺布，每當你把自己和別人進行比較時，你就是在玩不公平的遊戲，這樣你採取的就是著眼於他人外界的控制型思維方法。

強求公正是一種注重外部環境的表現，也是一種不能正視自己生活的辦法。你可以確定自己的切實目標，著手為實現這一目標採取具體步驟，不必顧忌不公平的現象，也無須考慮其他人的行為和思想。

事實上，人與人之間總會存在一定的差異，別人的境遇如果比你好，那你無論怎樣抱怨也不會改變自己的境遇。你應該避免總是提及別人，不要總是拿著顯微鏡觀察別人的境遇。有些人工作不多，報酬卻很高；有些人能力不如你強，卻因受寵而得到晉升；不管你怎樣不願意，你的妻子和孩子依然會以不同於你的方式行事。然而，只要你將注意力放在自己身上，不去和別人比來比去，你就不會因周圍的不平等現象而煩惱。各種人生陷阱幾乎都有一個相同的特徵 —— 他們把別人的行為看得更加重要。如果你總是說：「他能做，我也可以做。」那你就是在根據別人的標準生活，你永遠不可能開創自己的生活。

在現實生活中，我們都可以明顯地看到一些盲目渴求平等的行為。你只要稍加觀察，就會發現自己和別人身上都存在著許多這種行為的縮影。

下面是一些較為常見的例子：抱怨別人與你做得一樣多，但薪資卻拿得比自己多；認為某些人的收人太高，這實在不公平，並因此感到惱火；認為別人做了違法亂紀的事時總是可以逍遙法外，而自己卻一次也溜不掉，因此感到十分不平；總是說：「我會這樣對待你嗎？」其實就是希望別人都和你一模一樣。

愛默生（Michael Emerson）曾說過這樣一句話：「憤世嫉俗⋯⋯一切愚蠢地要求始終如一，這是人類的弊病之一。」

4. 一偏之見，貽誤一生

一般地說，容易把人引入人生陷阱的思維，主要是因為一些偏見。所謂偏見，指的是人們對某事持有的觀點或信念，而這種觀點和信念其實並不符合客觀事實，或者說與邏輯推論相違背。

偏見其實是一種很主觀的信念，因此帶有很強烈的個人色彩。每個人都會有一些偏見，只不過輕重不同而已。嚴重的偏見所帶給我們生活的消極影響是有目共睹的，從家庭糾紛到同事之間的矛盾；從種族歧視到性別歧視；從宗教紛爭到國家之戰，都不無偏見作祟的影子。其中，法西斯主義對猶太人的殘酷迫害其實正是偏見使然。

有一個運動員，他愛上一個女孩，那個女孩也很愛他，可是那個女孩的父母死活反對，理由是運動員四肢發達，大腦簡單，而且性格輕率。在父母的強烈反對下，兩個人終於不歡而散。後來，那個女孩草率嫁了人，過著談不上幸福的生活。儘管這個女孩的父母的觀點明顯站不住腳，但他們卻很堅信這一點。一個人的偏見可能非常強，以至於很難用邏輯的推論和事實去讓他們改變主意，但這種偏見卻極其有害。

有這樣一個女人，她一直認為男人都是不可靠的，都會對女人造成傷害。這一方面她是受了父母的影響，她父母從小就這樣教育她；另一方面也是受了她個人經歷的影響，她的第一個戀人在兩年後離她而去，從此她對父母的教誨更加堅信不移。但是她又無法忍受一個人孤獨的生活，所以總是處在矛盾痛苦的狀態之中難以自拔。

偏見較強的人常常處於這樣一種思維狀態之中，即他們忍受不了思維的多樣性，生活的多元性。在他們看來，事物是非黑即白的，沒有中間的過渡。從不同的角度去考慮問題，對他們來說是有困難的。從道德態度來說，這樣的人缺少寬容，他們不承認人類選擇的多重性。他們固守於僵化的道德信條，他們的道德觀念主要是律他而不是也包括自律在內的。

這種偏見的形成來自於自身人格的僵化，人格僵化的原因來自以下多個方面。

(1) 光環效應

一位演講者在一所大學兩個班級分別做了內容相同的演講。演講結束後，一個班的學生與演講者一見如故，親密攀談；而另一個班的學生對他卻敬而遠之，冷淡迴避。

同一個人，結果為何如此懸殊？原來，這是美國心理學家凱利（Harold Harding Kelley）做的一個心理實驗。演講前，凱利對一個班的學生說，演講者是如何熱情可親、平易近人，而對另一個班則說，演講者是如何冷峻嚴肅，不易接近。結果，學生們戴著這種有色眼鏡去觀察演講者，演講者被罩上了不同色彩的光環，學生們看到的都是他們頭腦中已有印象所看到的，這就是光環效應。光環效應在認識他人時影響很大，這就提醒我們，在真正了解一個人前，不可太重於事前得到的印象。

(2) 首次印象效應

美國心理學家洛欽斯（A.S.Lochins）做過這樣一個實驗：拿出兩段描寫一個叫吉姆的人的性格的文字材料：一段描寫吉姆性格外向，開朗活潑、勇武好鬥；一段描寫吉姆性格內向，閉鎖沉靜、退縮無爭。洛欽斯把材料抽成兩組，一組將描寫吉姆性格外向的文字放在前面，一組將描寫吉姆性格內向的文字放在前面，然後請兩組程度相等的中學生閱讀，請他們對吉姆的性格做整體評價。結果表明，閱讀先描寫外向性格的一組學生，有 70%認為吉姆是個比較外向的人；閱讀先描寫內向性格的一組學生，只有 18%認為吉姆是個比較外向的人，這一結果在後來對人的評價實驗中也得到了實證，這就是首次印象效應。

這一效應提示我們，一方面我們在初次和人交往時應盡量給別人留下好的印象，另一方面，不能太受別人首次印象的影響，而把它僅僅看成是一次感覺而已。

(3) 定勢作用

在一所小學裡曾經有過這樣一個真實的笑話：一個班長欺負了班上一個同學。這個同學向老師報告，老師一聽馬上說：「你說其他人欺負你我還相信，說他欺負你這不可能！」這是一種典型的定勢作用，就是拿以往對一個人的印象去代替一個人現在的現實。當我們對某人形成了穩定的印象時，一般便很難改變。這也許是人的一種惰性嗎？所以我們在認識他人時，應靈活一些，防止定勢作用禁錮了我們的頭腦。

(4) 刻板印象

我們對他人的看法總是受到社會的團體的影響，在一定的文化背景下，我們對某一型別人的看法相似程度到了驚人的地步。

最早研究這一現象的是心理學家吉爾巴特 (Daniel Gilbert)。他發現，當時的大學生對英國人的普遍看法是：紳士風度、聰明、因襲守舊、愛傳統和保守；對黑人的看法是：愛好音樂、無憂無慮、迷信無知、懶惰；對日本人的看法是：聰明、勤勞、有進取心、機靈、狡猾。

其實，當你真正具體的和某一個英國人、黑人、日本人交往時，你就會發現，這一刻板印象是錯誤的。就如跟我們總認為胖子樂觀、瘦子悲觀；穿著花俏的人浮躁而不勤奮；留長髮的人一定有些流氣，常常與事實不符一樣。然而刻板印象往往是相當頑固的，因為它是許多人的印象，結果形成了思維定勢，讓人們的觀念教條化了。

這些是偏見的成因，偏見有害於人們的人生和生活，所以應擴大心胸，積極發展，剔除偏見。

5. 無端猜疑，事實失眞

在人們的生活中，容易誤事和壞事的另一個心理陷阱之一就是猜疑。猜疑是各種不確切的訊息在特定的背景下匯聚而成的疑惑，它有時可以濟事和成事，有時可以誤事和壞事。對某些難以把握的事情有一點猜疑之心，使自己對生活中某些不測之災有點心理準備，常能避免一些盲目蠻幹和貿然行為。但糟糕的是，有些人似乎神經過敏，動不動就捕風捉影地胡亂猜疑別人，懷疑了許多本不該懷疑的人和事，也相信了許多本不該相信的人和事，把懷疑一切和相信一切都絕對化，這便陷入了涉足社會的人生陷阱，陷於這些人生陷阱很有可能就會陷入人生的泥潭中。

「猜疑之心猶如蝙蝠，它總是在黑暗中起飛。」歐洲文藝復興時期的偉大詩人但丁（Dante Alighieri）就曾如是說。猜疑之心令人迷惑，亂人心智，甚至有時使你辨不清敵與友的面孔，混淆了是與非的界線，使你的家庭和事業遭受損害和失敗。

人家本來對你懷有好感，或曾經還是好友，你卻以人家的某一句無意識的話、某一細小無意識的動作或一個眼神，便懷疑別人在搞你的名堂，在暗中搗鬼，在議論你，在說你壞話，從而對他生出偏見，或中斷與他的交往，斷絕與他的友誼。更有甚者，把一對男女的一次極為正常的交往，猜疑為偷情。也有的人把所有夫人給自己丈夫的信或者把所有男子給妻子的信都疑為情書，如果沒有任何把柄，就疑為精神戀愛。所以，對一個家庭來說，猜疑往往是造成夫妻不和、家庭分裂的原因之一。因夫妻之間無端猜疑，本來無事卻生出了事，因被懷疑不忠而導致後來果然不忠的事時常發生。有時，因一方無法忍受另一方長期的無端猜疑而產生厭惡和煩惱，以致最後決裂的事時常發生。

沒有幾個人願意與一個好猜疑別人的人交往，大家害怕引出一些無端的麻煩，大多對他避而遠之。故喜好猜疑者多為孤獨者，而孤獨卻不是哲學家高雅的孤獨，要去世俗之外尋找新的生命和思想。那是處在得不到別人幫助的一種孤獨，一種卑賤的孤獨。它會令多疑者處處行路難，其生命的能量無法施展，智力和才華無法展現，事業也就很難有所成就。

生性多疑，遇事猶豫不決，經常使人陷在進退兩難境地，喜歡猜疑又行動果敢的人是很少有的，更多的好猜疑者伴隨著膽怯和畏懼的個性，更加不可救藥。若不克服這種個性缺陷，就只能陷在人生的陷阱中空費歲月了。

天下本無事，庸人自擾之。猜疑常常平白無故地惹出一些令人費解的事端。

好猜疑之人，不止一味心思地去揣測、懷疑別人，而且也會經常捕風捉影般地猜疑自己，白日做夢般地擔憂災難即將臨頭。

疑心病便是一種自我擔憂的毒瘤。脈搏少跳了一下，懷疑自己的心臟出了毛病；稍微有點不舒服，自己的腰有點僵，就害怕得要命；略微有點發燒，就愁眉苦臉。幸而大多數人的這種憂慮都不是長久的。但是真正患疑心病的人，無時不在憂愁自己生病了，他們到處求醫，反覆進行各種身體檢查。雖然檢查結果並不支持他自己對疾病的判斷，但是他們卻不相信這些無病的報告，仍堅持以自己軀體症狀和自我感覺作為患病的證據，這本身就是一種病態，可悲的是這樣的病人確實不少見。

成語「杞人憂天」是說古時候杞國有個人，走路總是擔心天會塌下來，星星會掉下來砸在自己的頭上，因此心裡總是忐忑不安，夜晚不敢出門。

某大學曾對 3,200 名男女生進行問卷調查，其中有一個問題是「在生活中，你最害怕什麼？」有 2,800 多名學生回答是：「怕別人在背後議論自己。」如此高的比例，說明了一個道理，大多數青年總是猜疑別人對自己的看法。其實這反過來講，就是青年人在社會交往中又總是對別人有疑心。

有這種猜疑心理的人對別人總是抱有不信任態度，認為人都是自私的，人生帶有很大的虛偽性，因而很難有什麼信任度可言。於是在這種心理的作用下，總以一種懷疑的眼光看人，對人存有戒心，自己不肯講真話，戴著假面具與人交往，這種心理實際上是不可能交到摯友，往往會自囿於灰色眼鏡之中。因此，疑心是交友的大敵，它會使雙方之間經常處於懷疑他人的緊張戒備狀態，防範猶恐不及，哪裡還有精力和心思去相互了解？

疑心，作為一種複雜的社會心理，產生的原因是多方面的。首先大多由於其生理氣質沒有得到健康正常的發展，沒有樂觀通達的處世態度和堅強的自信心理，結果憂心忡忡，一步一步地內向化，也使自己經常處在自我封閉狀態。這種人不知道每個人都有一個獨立完整的個性世界，哪裡會人人都有閒功夫專門去搬弄別人的是非呢？這種人總是用一己的狹隘偏見為尺度去衡量所有人，即所謂以小人之心度君子之腹，以為人人都像他一樣地思考，一樣地見解。

其次是「心私則生疑」。這裡的私主要是指自我意識太強，對周圍人們的議論比較敏感，擔心別人背後說不利於自己的話，於是便疑神疑鬼的，陷於一種自我恐懼、自我防衛的錯誤中。渴望尊重和評價，又怕得不到，患得患失，於是產生了無端的猜疑。

大千世界，萬事萬物，錯綜複雜，即使雙方感情或友誼深厚，也難免有時會發生誤解。於是錯誤地理解他人的言行，輕信流言蜚語，造成疑心，形成裂痕。

總之，不了解人、不了解世界、缺乏判斷力是造成好猜疑、神經過敏、判斷錯誤、發生誤會的主要原因。因此，克服多疑，克服神經過敏的缺陷，就得從走出以自我為中心開始，把自己從內向的趨勢拉轉到外向的趨勢，面向外部世界，面向他人，多交往、多了解，以獲得對人、對事物的正確認知和準確判斷。

其實，世界上沒有一個人是不能理解的，沒有一件事是不能理解的。你如果懷疑某個人、某件事，最簡單的辦法就是去與那個人交談，坦誠而友好地與他交流自己的看法，獲得真實的認知，從而達到理解。一旦理解了，也不會再掛在心中，不再記恨那一切了。消除誤會的辦法就是面對面的溝通，這比任何旁敲側擊、迂迴了解，間接道聽途說都省事而見效。

相信別人，相信自己，相信這個世界，走出神經質和絕對化的陰影，這樣你才會擁有那份輕鬆快樂的心情，你才會擁有和諧完美的人生。

6. 耽於奉承，難自清醒

在人的自我意識中，存在著對自我評價的提高和對自身弱點、缺點縮小化的傾向。人們在許多事物面前都能保持清醒的頭腦，客觀的態度，但是，當人們面對恭維和奉承或是一點小小的讚美時，就很難不陶醉。

《伊索寓言》（*Aesop's Fables*）裡烏鴉經不住狐狸恭維自己「羽毛美」、「嗓子動聽」，竟張開嘴唱歌，結果失去了嘴裡的肉。

我們每個人身上都或多或少地有這種自高自大、容易上馬屁精的當的弱點，普通人物聽到讚譽之詞飄飄然，大人物亦在所難免。地位越高，權柄越重，越容易受阿諛奉承的包圍，也就越有可能對事情認識不清，許多小人正是利用人性的這一弱點來達到他們不可告人的目的。

有一個典型的例子，清代的乾隆皇帝，應說是一個比較有知識和修養的皇帝了，但他同樣自恃清高、自命不凡。他幾下江南，遍遊名山古剎，所到之處不是題字就是賦詩，然而他那些詩，沒有一首是值得傳之後世的。御用文人紀曉嵐看透了他的這一弱點，便在主編《四庫全書》時，故意在顯眼的地方留下一兩處錯漏之處，上呈御覽，有心讓乾隆過過「高人一等」的癮，乾隆當然發現了這些錯誤，發下諭旨加以申斥，心裡十分得意。他甚至還召見紀曉嵐，當眾指正他的謬誤，紀曉嵐乘機對乾隆的這種所謂學識倍加讚頌，當然他也一直在乾隆手下官運亨通。

像紀曉嵐這樣圓滑的人物深深懂得，沒有人喜歡別人比自己更高明。當一個人自以為處在居高臨下的境地時，他的寬容心會來得更多，他的權力給人帶來的私利也會更多，這或許是馬屁精不絕於世的根本原因。

前不久，有這樣一件事情：一位局長剛剛走馬上任，頭一樁事就是找人談話，了解情況。這個機關的一位處長出差歸來，主動找局長，懇請局長對自己提意見。局長便根據反映，向他指出：「不少同志提到你在上司面前唯唯諾諾，不敢秉公直言，有點阿諛奉承的味道，希望你能注意改進。」

那位處長急忙解釋道：「局長，你真不知道，前任局長有多主觀，多自信啊。他根本聽不進不同的意見，我只能顧全大局，違心順從，如果上司都像您這樣謙虛隨和，善於納諫，那該多好。」

「這倒也是。」這位局長聽完莞爾一笑，對這位處長青睞有加。

這件事情耐人尋味，奉承手段居然能達到如此爐火純青的地步，而人性的弱點又是如此愚昧可笑，不知覺已陷在人生陷阱中了。

人們普遍喜歡溢美之詞，對批評和指責有一種本能的，甚至是頑固的反抗心理。

雖然中國歷代朝廷常設有諫官，但真正虛心納諫的皇帝卻屈指可數。史書上有許多君王聽不得大臣的諫言，甚至殺戮大臣。殷代的賢臣比干，因為對紂王的荒淫無道進諫而被殺，其屍體被剁成肉醬。春秋時期，吳國的賢臣伍子胥因為屢諫吳王夫差，夫差惱羞成怒，逼伍子胥自殺，拋屍長江。

中國史官有秉筆直書的優良傳統，但史官一旦記下諸侯貴族的醜惡，便難有容身之所。春秋時齊國大夫崔杼殺了齊莊公，太史照實記錄：「崔杼弒其君。」崔杼只憑此一條，下令殺了太史。太史的兩個弟弟先後繼任史官，仍然這麼記，崔杼先後又把他們殺了。

唐太宗是個有「廣開言路，虛心納諫」美名的皇帝。他曾問魏徵：「人怎樣才能不受欺？」魏徵說：「兼聽則明，偏聽則暗。」太宗深以為然，但太宗在納諫的過程中，喜愛奉承的心理也很嚴重。比如他最喜歡的小女兒出嫁時，其嫁儀排場要超過大女兒，為此魏徵直言諫阻，太宗到後宮見到長孫皇后發狠道：「總有一天要殺掉這個鄉下佬！」皇后問是誰，太宗說：

「魏徵當眾侮辱我！」皇后不敢多話，馬上換上朝服煞有介事地向太宗祝賀：「古語說得好『君明臣直』。魏徵的直是陛下英明的緣故，妾特向陛下祝賀。」太宗這才消了怒氣。其實皇后還是用巧妙的恭維話解決了問題。

唐太宗到了晚年，批評性的話語也不大聽得進了，那些勇於進諫的大臣先後去世，他跟大臣們議事，常常是誇誇其談，務必壓倒對方為止。他也剛愎自用，日勝一日，以致生活上好色自戕，竟服食方士丹藥，政事上又有多處失誤。如大修宮殿，對高麗窮兵黷武；特別是在接班人問題上嚴重失策，讓平庸無能的兒子李治（唐高宗）接位，導致後來武后專權。唐太宗在虛心納諫方面，雖有善始，卻沒能有慎終。唐太宗尚且如此，其他皇帝也就可想而知了。

當然，人們在認識世界的過程中是無法徹底擺脫自我的局限性的。每個人雖不能徹底擺脫自我局限的影響，但是經過自覺努力，還是能夠在相當程度上使自己進步的，達到比較客觀地認識世界和比較自由的進行創造的境界。

這一切都是促使人們突破自我、超越自我的外部條件。在外部條件的促進下，更主要的是要和自戀自大心理做鬥爭，突破個人意識的過分膨脹。古希臘的唯物主義哲學家德謨克利特（Democritus）說：「和自己的心做鬥爭是難堪的。」這需要自己堅實的信念和頑強的毅力。只有這樣，我們才能不斷地突破自我，超越自我，從而進入不斷發展的境界。

7. 缺人情味，失好人緣

人與人之間的界限是永遠存在的，但也是可以合作共事的。

很多年輕人認為，在工作中只有不帶一點私心雜念，不顧及一點人情，才可能公正不阿。很多人把黑臉包公當做榜樣，羨慕他能執法如山，不留情面。有人卻認為「包公只能算是個好的執法者，而不能算是一個好的政治家」。為什麼這樣說呢？就因為包公總是一副「黑臉」的緣故，他能對任何人做到不徇私情，這雖然能贏得百姓的愛戴，但對自己身邊的人來說，卻無法容忍這樣一個黑臉親人。如果你曾經幫過他的大忙，犧牲了自己一些珍視的東西，他卻黑著臉，這麼無情無義地對你，的確是一件令人傷心的事。這如同如果失去了親人的理解和幫助，一個人便會陷入孤獨寂寞的困境。

許多人在正義和親情之間徘徊，維護了本人的尊嚴，就必然刺傷親友的心；顧及了親情，又踐踏了法律的尊嚴。很多人最終選擇了正義，對自己的親友依法處置，招來無數親友的白眼和六親不認的數落，陷入苦惱之中。

要解除這種痛苦，有一個好辦法，就是不要總是充當黑臉包公，而要黑臉紅臉一起上，扮完了黑臉扮紅臉。這是為人的一個很重要的法寶，這也能讓自己避免了一個人生陷阱。

諸葛亮是中國歷史上著名的政治家和軍事家，人們一直把他看做智慧的化身。西元 228 年，諸葛亮率軍北伐，迅速攻下了天水、南安和安定三郡，收降了魏將姜維，一時關中大震。諸葛亮派馬謖帶領軍隊進駐街亭，迎擊魏軍。馬謖自以為他熟讀兵書，嫻熟韜略，既不遵照諸葛亮的部署，又不聽副將王平的勸告，終於被魏軍圍困在山上，斷了水源，殺得大敗。

諸葛亮被迫退回漢中，第一次北伐就這樣失敗了。諸葛亮和馬謖一家交誼深厚，但馬謖丟失了街亭，軍法當斬，諸葛亮便黑著臉下了處死馬謖的命令。執法後，諸葛亮流著淚親自為馬謖祭奠，這一段，在《三國演義》中寫得如泣如訴，一詠三嘆。這段「諸葛亮揮淚斬馬謖」一直被後世傳為佳話。

諸葛亮作為一個蜀國的丞相，自然要嚴守軍法規定，這樣才能服眾，才能建立威信，因此必須充當「黑臉」；但諸葛亮又是一個重情義的人，馬謖和自己交情甚好，不能一斬了事，因此還需祭奠，還需「揮淚」，還需充當「紅臉」。這樣才能讓將士們看到，我們的丞相是一個重義氣的人，這事只怪馬謖不好，我們只要好好跟丞相做，他是不會虧待我們的。諸葛亮的一個黑臉、一個紅臉，既樹立了威望，又贏得了人心。

需要注意的是，黑臉、紅臉的順序一定不能變，如果先扮紅臉，先對犯了過錯的部下述說一番兩個人的友情，再換上一副黑面孔，那就容易被人看做鱷魚的眼淚，從心底裡生出反感。先黑臉後紅臉，距離逐漸減小，能顯出人情味來。

某位總理生前就很有人情味，他一方面不許自己的親友擁有特別待遇，另一方面又盡量想方法幫助有難處的親朋好友，比如從自己的薪資中拿出一些錢來幫助自己的親友，這樣一來，不管是旁人還是親友，都很敬佩他的為人。

從某種意義上來說，人的處世藝術就是一種征服人心的本領。眾叛親離是比喻一個人失去了民眾和親人的支持，落入孤家寡人的悲慘境地。從這裡可以看出，黑臉、紅臉二者都是很重要的，不可偏廢。有的人就是陷入了只知一味地黑臉的人生陷阱中不能自拔，鐵面無私，對自己的親人不講一點情面，從而落了個六親不認、沒心沒肺的名聲。

春秋戰國時期，衛國人吳起為了當上攻打齊國的將領，不惜殺死自己的妻子（齊國人），以求解除對自己的嫌疑。這樣的方式是令人不齒的，亦無人性可言，不值得後人效仿。

從國家的利益出發，應該對自己的親友不徇私情，但不妨借鑑一下「諸葛亮揮淚斬馬謖」的方式，在保證法令執行嚴肅性的同時，多帶一點人情味，這樣才會贏得人們的親近和信賴。

8. 自我貶低，自矮三分

有些人討厭可憐蟲，但自己就是可憐蟲。因為他們不是先被別人看不起而垂頭喪氣，而是因為自己總是愛貶低自己，所以變得無精打采，毫無鬥志。

這些人片面地誇大了自己身上存在的缺點和毛病。如果一個人認為自己滿是缺點和毛病，自認為是一個笨拙的人，是一個總是面臨不幸的人，承認自己絕不能取得其他人所能取得的成就，那麼，他就會因為自我貶低而失敗。這樣的人其實已經踏人一個自掘的人生陷阱之中，把自己活埋了。

如果你總是顯出一副狡黠的神色，就好像你撿了他人丟失的東西一樣，那麼，你將會被人們視作小人。的確，其他人對我們的評價與我們自身的狀況、成就有很大的關係，而我們不可能擺脫這種關係。

有這樣一位公司負責人，他身為董事長卻總是躡手躡腳地走進董事會議室，就好像是一個無足輕重的人，就好像他完全不能勝任董事長的職位。作為董事長的他竟然還感到奇怪：自己為什麼只是董事會中一個無足輕重的人？自己為什麼在董事會其他成員中威信這麼低？自己為什麼很少受人尊重？

他沒有意識到他應該好好反思一下。如果他給自己全身都貼滿無能的標籤，如果他像一個無足輕重的人那樣立身、行事、處世，如果他給人的印象是他並不了解自己，也不相信自己，那他怎麼能希望其他人好好地對待自己呢？

如果我們對自己的前途有更清楚的認知，如果我們對自己有更大的信心，那麼，我們將取得更豐碩的成果。只要我們能更好地了解我們身上的潛力和高貴的一面，那麼，我們將會對自己充滿更大的信心。

如果我們始終能以積極的心態對待自己，也就會留給人們這樣的印象，即我們自己將來終會有所成就，而且這種信心是堅強而有力的，是充滿必勝信念的，充滿了鬥志的。如果我們以消極的心態面對人生，我們就會以悔恨、自我貶損和逃避他人的心態出現在世人面前，面對著這樣一個人生陷阱，完全看當事人怎樣處置了。

人為什麼要哭哭啼啼、畏首畏尾地去追隨別人，做別人的跟屁蟲呢？為什麼總是亦步亦趨地去模仿他人，而不敢求助於我們本身的靈魂或思想呢？學會善待自己，好好評價自己，相信自己有能力做成自己決心從事的任何事業。

如果說有一種任何明智的雇主都會輕視的做法，那它肯定就是職員對他的唯命是從、唯唯諾諾、百依百順和卑躬屈膝的討好心態。明智的雇主常常更喜歡他周圍那些能以平等身分接近他的人，他會本能地蔑視那種點頭哈腰、卑躬屈膝和唯唯諾諾的人。他絕不可能去尊重那些自我貶低的職員。他喜歡那些有骨氣的人，使他覺得具有人格尊嚴的人和渴望獲得尊重的人，最根本的原因，是他願意和有骨氣的人共事。

一般說，一個人也絕不可能完成自信心所不能承受的事情，這也就是人之所以不能自貶自己的根本原因。

通常，一個人最大的缺陷就是自我貶低，因為絕大多數人的自信心都不一定足。許多失敗者如果在年輕時使自信心得到適當的調整和加強，那麼他們是完全能夠成為成大事者的。

就拿一個膽怯、害羞、敏感和畏縮的人來說，如果不斷地教導他相信自己，開導他不要陷入自我貶低的泥潭，讓他相信會有光輝燦爛的前途，那麼他一定能成為社會有用之才。對他不斷地進行訓練、調教，就可以使他充滿堅強的自信心。這種堅強的自信心不僅能增強他的勇氣，同樣也能

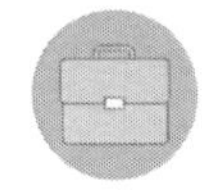

加強他其他方面的能力，也同樣能夠獲得成功。

其實，我們的整個生命過程一直都在複製我們心中的理想圖景，一直都在複製我們心中為自己描繪的畫像。沒有哪一個人會超越他的自我評價。如果一個天才相信他會變成一個白痴，並且一直那麼想，那麼他就會真的成為一個白痴。一個人目前的整體能力是不是很強這一點倒不大重要，因為他的自我評估將決定他的努力結果，將決定他是否能取得成功。一個自信心很強但能力平平的人所取得的成就，往往比一個具有卓越才能但自信心不足的人所取得的成就要大得多。

如果你形成了偉大、崇高的自我評價，那麼，你身上的所有能量就會被動員起來，幫助你實現理想，因為人生總是跟著你確定的理想走，總是朝著人生目標確定的方向走。

所以，一定要對自己有一個崇高而重要的自我評價，一定要相信自己有非同一般的前途。就像西方非常流行的一句諺語，「上帝之所以安排一個人來到這個世界，就一定有他存在的價值」。如果你堅持不懈地努力實現越來越高的理想，如果你堅持不懈地努力達到那種越來越高的要求，那麼，由此而產生的精神動力就會幫助你去實現你的理想。

千萬不要自我貶低，這樣能極大地鼓舞一個人去充分發揮其他能力、勇敢，這是你戰勝自我、挑戰困難、走向成功的強大力量。信心越大，我們的勇氣就會越盛，方法就會越多，通往成功的道路就會越走越順暢。

9. 不能忍耐，徒毀前程

古今中外，幾乎所有的成功者都牢記「忍為高」這句話。能夠克己忍讓的人，是深刻而有力量的，是有雄才大略的。他們之所以忍讓，是因為他們知道自己的前程在哪裡，又該怎樣走。

有一個名叫婁師德的人，是唐武則天時期一位既有學問又氣量寬宏的朝廷重臣。

一次，他的弟弟當上了代州刺史，臨上任之前，婁師德對弟弟說：「我輔助宰相，你現在又管理一個州，受皇上寵幸太多了。這正是別人所嫉妒的，你打算怎樣對待這些人的嫉妒以求自免災禍呢？」婁師德的弟弟跪在地上，對哥哥說：「從今以後，即使有人朝我臉上吐唾沫，我自己擦去唾沫，絕不叫你為我擔憂。」婁師德說：「這正是我所擔憂的。人家向你吐唾沫，是對你惱怒的緣故。如果你將唾沫擦淨，那不是違反了吐唾沫人的意願嗎？別人會因此而增加對你的憤怒。不擦去唾沫，讓它自己乾了，應笑著去接受它。」

「忍」字成為眾多有志之士的人生哲學。

韓信也罷，越王句踐也罷，都曾忍受過別人的胯下之辱，經歷過臥薪嘗膽，最終度過了難關，成就了大業。

戰國時期，有一位出生於魏國的范雎，因家境貧窮，事業剛開始時，只在魏國大夫須賈手下當門客。有一次，須賈奉命出使齊國，范雎作為隨從前往。到了齊國，齊襄王遲遲不接見須賈，卻因仰慕范雎的辯才，叫人賞給范雎黃金和美酒，但范雎辭謝了。須賈卻由此產生了疑心，認為范雎是把祕密情況告訴齊國，才得了禮物。回國後，須賈將自己的疑心告訴了魏國宰相魏齊。

魏齊下令把范雎傳來，用竹板責打他，打斷了肋骨，並且輪流朝范雎身上小便。後來，范雎在百般羞辱之下，忍住不吭一聲，才保住了性命。後來他改換姓名，輾轉到了秦國，當了秦國的宰相，終於成就大業。

忍，實在是醫治磨難的良方。忍人一時之疑，一方面是脫離被動的局面，同時也是一種意志、毅力的磨練，為日後的發憤圖強、勵精圖治、事業有成奠定了正常情況下所不能獲得的基礎。

現實生活本身並不全然是理性的，其中也充斥著很多無奈的邏輯。譬如，某些人的性格帶有攻擊性，這就意味著另一些人往往會無端地遭到挑釁攻擊。如果我們對所有的攻擊，都施之以反擊的話，那我們生活的環境就充滿火藥味，生活也將是一個戰場了。

一般說來，社交過程中產生什麼矛盾的話，雙方可能都有責任，但作為當事人應該主動地禮讓三分，從自己方面找原因。忍讓，實際上也就是讓時間、讓事實來表白自己。在社交中採取忍讓的態度可以讓很多事情冷處理，可以擺脫相互之間無原則的糾纏和不必要的爭吵。

有一天，歌德（Johann Wolfgang von Goethe）到公園散步，迎面走來了一個曾經對他作品提出過尖銳批評的批評家。這位批評家站在歌德面前高聲喊道：「我從來不給傻子讓路！」歌德卻答道：「而我正相反！」一邊說，一邊滿面笑容地讓在一旁。歌德的幽默避免了一場無謂的爭吵。歌德這樣的一笑，就可以避免各種矛盾衝突，也可以消除自己的惱和怒。從某種意義上說，既可以為自己擺脫尷尬難堪的局面順勢下臺，又能顯示出自己的心胸和氣量。

俗話說，「不如意事，十常八九。」期望愛情甜蜜者，難免有失戀的苦惱；一向和諧的家庭，也少不了摩擦的爭吵；被認為可信賴的朋友，偶爾的誤會竟產生隔閡；為事業而奮鬥打拚，也許遭到平庸者的嫉妒……生活中的這些不如意事，常常檢驗著一個人的修養水準：有的泰然處之，從容對待，以真誠化干戈為玉帛；有的則怒形於色，耿耿於懷，因褊狹積小怨為仇端。學會忍讓，這看似極簡單的事兒，卻有化解你生活中各樣煩惱的神力，而使你人生路上充滿信心、愉快和陽光。

忍讓是一種眼光和度量，一個「忍」字，從古至今一直散發著神奇的光芒。古今中外，幾乎所有的成功者都牢記「忍為高」這句話。

馬爾辛利剛任美國總統時，指派某人做稅務部長。當時有許多政客反對此人，他們派遣代表前往總統府進謁馬爾辛利，要求他說明委任此人的理由。為首的是一位身材矮小的國會議員，他脾氣暴躁，說話粗聲粗氣，開口就把總統大罵了一番。馬爾辛利卻不吭一聲，任憑他聲嘶力竭地罵著，最後才極和氣地說：「你講完了，怒氣該可以平息了嗎。照理你是沒有權力這樣責問我的，不過我還是願意詳細地給你解釋……」

這幾句話說得那位議員羞慚萬分，但總統不等他表示歉意，就和顏悅色地對他說：「其實也不能怪你，因為我想任何不明真相的人都會大怒。」接著，他便把理由一一解釋清楚。

其實不等馬爾辛利解釋，那位議員已被他折服，他心裡懊悔，不該用這樣惡劣的態度來責備一位和善的總統。因此，當他回去向同伴們彙報時，只是說：「我記不清總統的全部解釋，但有一點可以報告，那就是——總統的選擇並沒有錯。」

這就是忍的妙處。忍不但使馬爾辛利的解釋獲得好的效果，而且使那位議員從此悔悟，以後永遠不再做出令人難堪的舉動。別人故意用種種奸計，使你大發脾氣，你一氣之下，就會做出不理智的事情，這樣無異是自討苦吃。

歷史上最有名的「忍」的例子就是韓信忍惡少胯下之辱。那時的韓信潦倒落魄，無心也無力與惡少爭鬥，只好忍辱爬過惡少胯下。孫臏忍龐涓之辱也很有名，裝瘋賣傻，就怕龐涓把他殺了。結果呢？韓信留下有用之身，終於成為大將，如果他當時爭氣鬥盛，恐怕要被惡少打死了；孫臏保住一命，終於收拾了龐涓。

當形勢比人強時，你是很難施展的，彷彿困獸一般。有些人碰到這種情形，常會順著情緒來處理，像被羞辱了，乾脆就和他們幹一架，被老闆罵了，乾脆就拍他桌子，然後自動走人。其實，不能忍一時，反而會毀了你的一生。因為人生的事很難說，有時甚至會因禍得福、弄巧成拙。但不能忍，絕對會使你的事業造成某種程度的中斷。那些依據經驗不能忍的人因禍得福的不多，大部分人都不如意，總是要到中年了才會感嘆地說：「那時實在是年輕氣盛啊！」其中的關鍵倒也不在於這種不能忍的人命運不好，而是不能忍的人走到那裡都不能忍，不能忍氣、忍苦、忍怨、忍謗，他總是要發作、要逃避、要抗拒，所以常常形勢還沒好轉他就垮了。

有一部分人，他們從來沒有考慮過關於耐性的問題。有些人認為有沒有耐性是天生的，就像眼睛的顏色、鼻子的長短一樣。有些人以丈夫或妻子的缺乏耐性為傲，說：「他一秒鐘也靜不下來，無法忍受和別人長時間閒聊。」好像脾氣暴躁是高智商或具有個性的證明。但是，事實正相反，忍耐是一種美德。同時必須認識，忍耐絕對不是天生的，忍耐是學習而來的，並且是能以堅強的意志力培養和提高的。

有許多人把忍耐和怠惰、不關心、懶散混為一談，其實不是，後者只是缺乏生命力的精神狀態。相反，忍耐卻是一種控制生命力的能力，而且是毫不混亂地把生命力誘導到目的地的能力。在人生面臨困難的時刻，我們必須傾注全力、不屈不撓地追求目標。

顯而易見，對於每個人來說，必須掌握的一門課程就是忍耐。許多人貌似強大，才幹出眾，可是最終卻無法取得重大的成就，甚至平平淡淡過了幾十年，可能就是因為他們缺乏忍耐精神。

的確，忍耐並非人人都能承受。年輕人更多的是衝動、易怒、不顧一切，不論在什麼時候，他們都急於證明自己比別人高出一頭，迫不及待地想要打敗對手，為自己的人生增添光彩的一筆。

相比之下，讓怒火爆發、隨心所欲是何等容易，而困難的卻是，必須一而再、再而三地忍受挫敗和失落，而且每次經受挫敗後都必須從頭開始、重新整合，找出新的策略與同盟。當我們必須面對競爭、交易、生病等等困境的時候，忍耐就是勇氣的別名，要有忍耐精神，才會要有超人的勇氣。

勇氣是著手去做的能力，忍耐則是再度挑戰的能力，因為每一天、每小時、每分鐘都必須重新面對不確定的狀況，為了能夠堅持到底，必須不斷重複這種狀況。我們即使待在家裡，也需要學會忍耐。就業之後，我們每一個人便開始面臨考驗，這時候，你會驚訝地發現即使自己言談舉止有不妥之處，也沒有人為你糾正，但你卻必須為自己的一切錯誤付出代價和承受意想不到的損失。人生的一切可以從現在開始，請從現在學會忍耐吧，只有這樣，你才能成為一個成功快樂的人。

10. 喪失個性，人海迷失

不管有心或無意，我們每個人多多少少都在掩飾自己的本來面目。尤其當我們在從事自己認為重要的事情時，這種掩飾的痕跡就愈加明顯，好像一切都很完美。但這時，自我就完全喪失了，個性也完全被淹沒了。

從我們來到這個世界的那一刻起，我們便得到了家人及社會的關懷與關注，我們便擁有了生存權、受教育權、發展權等基本人權。直到我們開始受教育起，沒有人要求對這些恩賜進行回報，沒有人要求我們對家人、對社會盡什麼義務。但是，我們不可能一直都如此，當我們有了獨立生存的能力時，我們必須對家人，對社會盡一定的責任。這就客觀地要求我們每一個人都尋找著在這個社會的立足點，選擇奮鬥方向，明確奮鬥目標。而在實現這一目標的奮鬥過程中，總會遇到這樣那樣的可預知和不可預知的事情，解決這些問題，在尋找切實可行方法的同時，保持自己獨特的個性，以本色天性面世，坦然面對身邊的人和事就是非常重要的。

所謂個性就是自己獨特的思維和行為方式。

當貝蒂．福特 (Betty Ford) 成為美國第一夫人時，她即以坦白率直聞名。當那些緊迫不捨而又唯恐天下不亂的新聞記者問到她對各種問題的觀點時，她總是直率而坦白地回答。有一次，一個冒失的記者甚至問她和丈夫做愛的次數，當時她竟能從容不迫地回答：「盡我所能地多。」另外，她也從不隱瞞有關她早期精神崩潰及服用藥物、酒精等不怎麼體面的過去。但是，福特夫人這種坦誠的個性贏得了美國人民的愛戴。

教皇保羅八世之所以到處受歡迎，部分原因是由於他完全不掩飾。他一生都很胖，而且出身於貧苦的農家，但他從不掩飾外貌與出身的缺陷。在他當上教皇後，有一次去拜訪羅馬的一所大監獄，在他為那些犯人祈禱時，他坦誠地說他這一次到監獄是為了探望他的姪子。很多人都認為他就是耶穌（Jesus）的化身，這其中除了他知道怎樣分享別人的苦樂外，另一個原因就是他從不戴著面具生活。

保持個性就是接受我們現在的樣子，包括缺點以及我們的能力，做到自我接受。但是，我們要認清這些只是屬於我們，而不是等於我們，這樣一來，自我接受就會更加容易。這如同說，你或許會犯一個錯誤，但這並不是說你等於一個錯誤；你或許不能適當並且充分地表達自己，但這並不是說明你就是不好，其實是接受真實的自己，因為我們絕大多數人一生都沒有什麼機會可以贏得大獎，如奧斯卡獎、諾貝爾獎或金球獎等，大獎總是保留給那些少數的菁英分子。

從理論上來說，每個人都有當上領袖的機會，但是實際上，大多數人只有羨慕別人當上這個職位的份。不過我們都有得到生活中的小獎的機會和能力。比如說每個人都有機會得到一個擁抱、一個親吻、一封示愛的信件，或者只是一個穩定的職位。生活中到處都有喜悅，也許只是一杯冰茶，一碗熱湯，或是一輪美麗的落日。更大一點的樂趣與獎項也不是沒有，但生活中的各種喜悅就應該夠我們感激一生了。這許許多多快樂都值得我們細細去品味，去咀嚼，也就是這些小小的快樂，讓我們的生命更可親，更眷戀，因為，「知足者常樂」。

如果生命的大獎落到你頭上，務必心懷感恩，即使它們與你失之交臂，也無須嗟嘆。盡情去享受生活的小獎也是一種成功，一種幸福。

再次是脫下面具。我們為何經常要躲在面具的後面？我們躊躇於表現自己和保護自己的衝突之間，也長久在追求功名、保持隱私之間掙扎與矛盾，這種做法常使很多人嗟嘆「生活真累」。

你是否曾有過和某人一見面，便不由得心情愉悅，並有和他進一步交談的動機呢？有些人對他人的交遊廣泛，感到很不可思議。其實博得人緣的祕密，除了實力這個因素外，就在於一個人是否有親和力。

與人共處的親和力並非一朝一夕便能營造而成，它是由許多因素共同構成的，但最重要的是用體諒別人的心去學習成長，如此一定能得到眾人真心的喜愛。要達到這個目標其實也不容易，但先決條件就是摘掉面具，保持個性。

金聖嘆是明末清初的一位大文人，他滿腹才學，卻無心功名八股，安心做個靠教學評書養家餬口的六等秀才。在獨尊儒術，崇高理學的時風中，偏偏獨鍾為正統文人所不齒的稗官野史，被人稱為「狂士」、「怪傑」。他對此全不在意，終日縱酒著書，我行我素，不求聞達，不修邊幅。當時有記載，說他常常飲酒諧謔，談禪說道，能三四夜不醉，仙然有出塵之致。

清順治十八年二月清世祖駕崩，哀詔傳至金聖嘆家鄉蘇州，蘇州書生百餘人以哭靈為由，哭於文廟，為民請命，請求驅逐貪官縣令任維初，這就是震驚朝野的「哭廟案」。清廷震怒，捉拿此案首犯 18 人，全部斬首。金聖嘆也是為首者之一，自然也在劫難逃，但他毫不在意，臨難時的《絕命詞》，沒有一個字提到生死，只念念不忘胸前的幾本書，赴死之時，從容不迫，口賦七絕。《清稗類鈔》記載，他在被殺的當天，寫家書一封託獄卒轉給妻子，家書中也只寫有：「字付大兒看，鹽菜與黃豆同吃，大有胡桃滋味，此法一傳，吾無遺憾矣。」

人生活在世間，能以本色天性面世，不費盡心機，不被那些無謂的人情客套、禮節規矩所拘束，能哭能笑，能苦能樂，泰然自在，怡然自得，真實自然，保持自己的個性特徵，豈不是一件樂事？

歷史上，凡是有思想的人都是個性十分鮮明的人，沒有個性便沒有創造力，更沒有主見；沒有獨立的人格，也就不會有什麼深邃的思想。每個人的個性都會有所不同，但保持自己獨特的個性，正確地認識、分析自己，揚長避短，就一定會贏得大家的尊重，同時也會有助於你事業發展。

偉大的劇作家莎士比亞（William Shakespeare）曾說過：「你是獨二無二的。」這才是最高境界的讚美。

11. 偏激發量，終誤大事

偏激，是做人處世中的一個不可小覷的缺陷，這也是一個人生陷阱。

三國時代，漢壽亭侯關羽，過五關、斬六將，單刀赴會，水淹七軍，是何等英雄氣概。可是，他致命的弱點就是偏激。當他受劉備重託留守荊州時，諸葛亮再三叮囑他要「北拒曹操，南和孫權」。可是，當吳主孫權派人來見關羽，為兒子求婚，關羽一聽大怒，喝道：「吾虎女安肯嫁犬子乎！」總是看自己「一朵花」，看人家「豆腐渣」，說話辦事不顧大局，不計後果，終於導致了吳蜀聯盟徹底破裂。最後刀兵相見，關羽也落個敗走麥城、被俘身亡的下場。本來，人家來求婚，同意不同意在你，怎能出口傷人。以自己的個人好惡和偏激情緒對待關係全域性的大事，這本來就是一種致命的錯誤，導致失敗的結局也就在所難免了。

假若關羽少一點偏激，不意氣用事，那麼吳蜀聯盟大約不會遭到破壞，荊州的歸屬可能也不是另外一種局面。關羽不但看不起對手，也不把同僚放在眼裡。名將馬超來降，劉備封其為平西將軍，遠在荊州的關羽大為不滿，特地給諸葛亮去信，責問說：「馬超能比得上誰？」老將黃忠被封為後將軍，關羽又當眾宣稱：「大丈夫終不與老兵同列！」目空一切，氣量狹小，盛氣凌人，其他的人就更不在他眼裡，一些受過他蔑視侮辱的將領對他既怕又恨，以致當他陷入絕境時，眾叛親離，無人救援，促使他迅速走向滅亡。

現實生活中，凡不能正確地對待別人的人，就一定不能正確地對待自己。見到別人做出成績，出了名，就認為那有什麼了不起，甚至想盡千方百計詆毀貶損別人；見到別人不如自己，又冷嘲熱諷，藉由壓低別人來抬高自己；處處要求別人尊重自己，而自己卻不去尊重別人；在處理重大問題上，意氣用事，我行我素，主觀臆斷。像這樣的人，在事業、工作上成事不足，敗事有餘，在社會上恐怕也很難與別人和睦相處。

偏激的人看問題總是戴著有色眼鏡，以偏概全，固執己見，鑽牛角尖，對人家善意的規勸和平等商討一概不聽不理。偏激的人怨天尤人，牢騷太盛，成天抱怨生不逢時，懷才不遇，只問別人給他提供了什麼，不問他為別人貢獻了什麼。偏激的人缺少朋友。人們交朋友喜歡同聲相應，意氣相投，都喜歡結交博學而又謙和的人。那種老是以為自己比對方高明，開口就梗著脖子和人家說話，明明無理也要攪三分，是根本交不到朋友的。

其實，偏激是一種心理疾病，它的產生源於知識的極端貧乏，見識的孤陋寡聞，社交上的自我封閉意識，思維上的主觀唯心主義等等。

對此，只有對症下藥，要不斷地學習，豐富自己的知識，增長自己的閱歷，多參加有益的社交活動，同時，還要掌握正確的思想觀點和思想方法，才能有效地克服這種「一葉障目，不見泰山」的偏激心理。

一個人有主見，有頭腦，不隨人俯仰，不與世沉浮，這無異是值得稱道的好品質，但是，還要以不固執己見，不偏激執拗為前提。無論是做人還是處世，頭腦裡都應多一點辯證觀點。死守一隅，坐井觀天，把自己的偏見當成真理至死不悟，這也是做人與處世的人生陷阱。

12. 喜怒於色，天真幼稚

在現實生活中，無論是誰，只要在社會上生存了一段時間，便多多少少練就察言觀色的本事，學會根據別人的喜怒哀樂來調整和自己相處的方式，並進而順著這種喜怒哀樂來為自己建立合適的環境。或許你也會在不知不覺中，意志受到了別人的引導和掌控而不知。但如果你的情緒表達失當，有時也會招來無端之禍，步入人生的災難之中。

因此，高明的人一般都不隨便表現這些情緒，以免被人窺破自己的弱點，予人以可乘之機，越是精於此道的人，城府便越深。

事實上，喜怒哀樂是人的基本情緒，世界上根本沒有那種心如止水的人。

沒有喜怒哀樂，這種人其實蠻可怕的，因為你不知道他對某件事的反應、對某個人的看法，讓人面對他時，有不知如何應對的慌亂。其實，沒有喜怒哀樂的人並不存在，他們只是不把情緒表現在臉上罷了。尤其對於一個領導者來說，在人際交往中要做到這一點是很重要的。所以，要把情緒藏在口袋裡，別輕易拿出來給別人看。

在某些條件下，一個人一旦露出了真實面目，就容易被別有用心的人所利用，以至於受到撥弄，而導致做出錯誤的決策。

所以，「喜怒不形於色」，亦即盡量壓抑個人的感情，而以冷靜客觀的態度來應付事情，這種性格的人能成為人生的成功者。

這種性格至少有三大優點。

當遭遇困難時，如果一個人露出不安的表情或慌亂的態度，便會影響到全域性，一旦根基動搖，就會帶來崩潰。這種情況下，如果能保持冷靜、從容不迫的態度，最能擺平不利的局面。

在對外交涉時，能夠具有從容鎮定、成竹在胸的風度。如果把持不住露出感情，如同自亮底牌一般，容易被對方控制，而屈居下風。

在生活中，不輕易表露自己的觀點、見解和喜怒哀樂，這是古今中外的成功者用以控制別人的一種重要方法。歷來聰明的成功者一般都喜歡把自己的思想感情藏起來，不讓別人窺出自己的底細和實力，這樣，那些別有用心的人就難以利用了，就會對你感到神祕莫測，產生畏懼感，也容易暴露他們的真實面目。

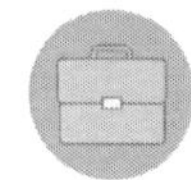

13. 沮喪自憐，不能自拔

沮喪和自憐往往會使現實向不利的方向發展。沉浸在沮喪之中不能自拔的人，最終只能使自己變得更加沮喪，這種人生陷阱是不可不防的。

著名心理學家 A · 阿德勒（Alfred Adler）曾說：所有人生的失敗者——罪犯、吸毒者、自殺者、墮落者等等，他們之所以失敗，都是因為他們缺乏歸屬感和社會生活興趣，從而對生活產生強烈的沮喪情緒。他們在處理職業、友誼和性等問題時，都不相信這些問題可以用合作的方式加以解決，於是對現實充滿了失望，甚至產生了絕望。

自憐無益於修復破碎的自我，一味地沮喪也往往會帶來更殘酷的現實。

雖然沮喪是人類的正常現象，但如果長年逃避和否定自己，陷於持續的沮喪之中不能自拔，卻又習慣把責任一古腦推給他人，那麼這樣的人大都是些缺乏以勇氣和能力去承擔不幸的人。

沮喪者雖然也大都在各自掙扎，並很想求助於別人，可是孤獨和害怕被拒絕的心理使他們往往不敢求人。自卑的態度使他們無法正視自己的脆弱，只好以假裝快樂的方式來掩飾自己。除了配偶和孩子等家中親人，周圍的人往往都無從了解他們的內心世界，認識其糟糕的情緒，因而也難以給他援助。事實上，即使知道了他們情緒上的沮喪，旁人也常常無能為力。

有些所謂的功成名就者有時也會產生沮喪。例如有些事業有成的男人，當他的妻子不安心操持家務，而決定要去讀書或找份兼職工作時，面對此他也往往會產生強烈的沮喪感。因為他們覺得自己辛苦工作，賺了那麼多錢，在社會上也有地位，家中該有的都有了，結果妻子仍不安心，還要去尋找什麼自我，他就會產生自己所追求的這些東西究竟有什麼意義一類的疑惑。如果無法很好地解決這些心理上的困擾，他可能就會逐漸變得灰心失望，情緒沮喪。

沮喪的人灰心是很自然的。一個人辛辛苦苦地奮鬥，其理想不管是大是小，如果他不能獲得事業的成就感、家庭的幸福感，那麼他是不會感到快樂和欣慰的，他會不斷地自問：「我得到的究竟是什麼？」這時如果不能夠及時調節、克服沮喪情緒，就很容易產生絕望的情緒。

每個人在其人生的幾個重要階段都很可能表現出沮喪，因此童年時期，健全的感情發育和培養很重要。如果家庭生活不幸，比如父母離婚、喪失親人等，都容易導致其產生沮喪感。青年時期，健全的社會關係包括戀愛、婚姻、朋友等等都十分重要。戀愛、婚姻的挫折會使人沮喪，而沒有真正的朋友更會使人沮喪。老年時期，健全的人生就顯得更為重要，如果老年喪偶、中年喪子很容易使人陷於孤獨的情感世界。

沮喪情緒常常會擴大生活的不幸，所以對被持續強烈的沮喪情緒困擾的人來說，很有必要接受一定的心理治療。但這些人又常常不願意承認自己有心理問題，對心理諮商和心理治療採取拒絕排斥的態度，這就不可避免地會對他們的工作、生活、婚姻、家庭，造成進一步的破壞。其實，這樣反而更加重了他們的沮喪，也更使他們產生自憐，這同樣是一個可怕的人生陷阱。

有的人在沮喪中形成了對他人的冷漠的態度，認為這樣可以打擊報復別人，其實這樣不但無助於事情的解決，還會更進一步損害自己。因為這樣做，無論在肉體上、精神上都將進一步影響自己的情緒，使自己無法堅強地面對現實。

其實，雖然在生活中每個人都會有沮喪的時候，但沮喪並不是不可征服的。要拿出勇氣改變自己的生活態度，找出引起沮喪的原因並努力設法改變現狀，沮喪情緒就會被克服。所以說，就像對待所有其他的不幸後果一樣，對於不幸帶來的沮喪，不要聽之任之，一味地自怨自艾、怨天尤人，而要振作起來，採取勇敢、奮進的態度去直視它，並且努力克服現實中的挫折和困難。

成功快樂的人就在於他們能夠以開放的心態接受各種情緒的影響，他們具有較強的情緒承受能力，並能透過適當途徑克服消極情緒所帶來的困擾，始終保持樂觀向上的精神狀態，對生活也充滿了希望和信心，從而才會有更大的勇氣和耐心去征服生活中的一個又一個艱難險阻。而一味沉浸於沮喪之中不能自拔的人，最終只能使自己變得更加沮喪，也會在這個人生陷阱中越陷越深。

人人都有沮喪的時候，關鍵是要學會自我排解。當你心情不好時，不妨到處走走，不是要你躲避挫折，而是尋找能平靜心情的最佳去處。或者去找一些朋友聊一聊，看看他們如何從挫折中掙扎過來，學學他們的經驗，聽聽他們的建議。做一個人，你又何必太執著於人世間某些無謂的事呢！

14. 困於俗見，難以飛昇

在人生路上，一旦讓世俗的標準左右你的認識，讓世俗的俗見成為你的人生理念，那麼你就將失去了自我選擇的自由，難以讓人生再上一個新臺階了。

有這樣一個例子。

有一位女士 30 多歲，得了一種肥胖症。當她去看醫生時，一坐下來就開始抱怨，她的體重之所以總是過高，是新陳代謝功能不太好，因為小時候母親總是要她多吃好長身體。如今她還是吃得很多，因為丈夫不照顧她，而孩子也不為她著想。她還抱怨，為了減肥，她已經嘗試了各種方法 —— 節食、吃減肥藥、參加各種減肥訓練，甚至還採用了灌腸等減肥術，但都沒有什麼效果。她最後沒有別的辦法，只好求助於心理療法。

在她看來，不能減肥的原因顯而易見 —— 每一個人、每一件事都在跟她作對，包括她的母親、丈夫、孩子甚至自己的身體。很顯然，她是一個典型的受俗見控制的人。在她看來，使她發胖的是自己的母親、丈夫、孩子，以及自己身上某些無法控制的原因，而事實上，這一切與她在某時某刻大吃某種食品是毫無關係的。和她對於這一問題的認識一樣，她在努力解決這問題時，注意力也側重於外界。她並沒有意識到自己過去選擇了過度飲食，而現在要降低體重就必須學會做出新的抉擇。

經過心理醫生幾個星期的治療之後，她逐步意識到了自身的問題：她之所以精神不愉快、體重偏高，這都是自己選擇的結果，並不是因為他人造成的。她開始承認自己經常吃得太多，同時又很少進行體能訓練。

於是，她做出的第一個決定便是實行嚴格的自我控制。此外，她還改變了自己對母親的看法，原先她總以為是母親在控制她的生活。後來，她意識到，母親並沒有控制她，她願意何時去看望母親就何時去，而不必非要遵守母親指定的時間。同樣，即使母親叫她吃塊巧克力，她也並不一定非吃不可。最後，她終於意識到，心理醫生也無法幫她減肥，唯一的辦法只有靠她自己。

在生活中，有許多宿命論者以及相信運氣的人都屬於這種人，他們受俗見影響太深，講得是外界的原因讓他們的人生坎坷不平，於是他們以為，人的一生是由命運預先安排的，自己只能聽天由命地生活。如果你屬於這一類，你在很多方面都可能受到一些約束，以致在生活中總是謹小慎微，不敢有半點出格。

如果一個人不衝破外界因素的控制，或總是認為有外界的因素在控制著你，你就不可能真正地生活，不可能有所作為。

真正的生活並不意味著要消除生活中的所有問題，而意味著將外界控制轉變為內在控制。這樣，你就要對自己感受到的每一種情緒負責。你不是一個機器人，無須依據他人制定的各種莫名其妙的程式，糊里糊塗地度過自己的一生。你應該更為嚴格地審視這些「條條框框」，學會逐步控制自己的思想、情感和行為，這樣的人生才是自由的人生。

15. 瑣屑纏人，浪費光陰

生命是這樣的短促，我們再也不能因為顧及一些小事情而浪費了自己的大好光陰，以致空度人生。而真正的道路，也就是我們的人生大事正等著我們去完成。

有一句名言：「法律不會去管那些小事情。」

一個人有時偏偏為一些小事憂慮，讓自己始終得不到平靜，這的確是很不值得的事情。

荷馬・克羅伊，是美國19世紀寫過好幾本書的普通作家。以前他寫作的時候，常常被紐約公寓暖氣的響聲吵得快發瘋，蒸氣會砰然作響，然後又是一陣嗞嗞的聲音——而他會坐在他的書桌前氣得直哆嗦。

後來，荷馬・克羅伊說，「有一次我和幾個朋友一起出去露營，當我聽到木柴燒得很響時，我突然想到：這些聲音多像暖氣的響聲，為什麼我會喜歡這個聲音，而討厭那個聲音呢？我回到家以後，跟自己說：『火堆裡木頭的爆裂聲，是一種很好的聲音，暖氣的聲音也差不多，我該埋頭大睡，不去理會這些噪音。』結果，我果然做到了，頭幾天我還會注意暖氣的聲音，可是不久我就把它們整個完全忘了。」

很多其他的小憂慮也是一樣，我們不喜歡那些，結果弄得整個人很沮喪，只不過因為我們都誇張了那些小事的重要性。

狄士雷裡說過：「生命太短促了，不能再顧及小事情。」

這些話安德烈・摩瑞斯（Andreas Moritz）在《本週》雜誌（*Diese Woche*）裡說：「曾經幫我捱過很多痛苦的經驗。我們常常讓自己因為一些小事情，一些應該不屑一顧和忘了的小事情弄得非常心煩……我們活在這個世上只有短短的幾十年，而我們浪費了很多不可能再補回來的時間，去愁一些在一年之內就會被所有的人忘了的小事。不要這樣，讓我們把我們的生活只用在值得做的行動和感覺上，去運用偉大的思維，去經歷真正的感情，去做必須做的事情，因為生命太短促了，不該再顧及那些小事。」

生命是這樣的短促，不能再顧及小事。

有一場有名的官司 —— 這場官司打得有聲有色，後來還有一本專輯記載著，書的名字是《吉布林在維爾蒙的領地》。

故事的經過情形是這樣子的：吉布林娶了一個維爾蒙地方的女孩子凱洛琳．巴裡斯特，在維爾蒙的布拉陀布羅造了一間很漂亮的房子，在那裡定居下來，準備度他的餘生。他的舅爺比提．巴裡斯特成了吉布林最好的朋友，他們兩個在一起工作，一起遊戲。

然後，吉布林從巴裡斯特手裡買了一點地，事先協定好巴裡斯特可以每一季在那塊地上割草。有一天，巴裡斯特發現吉布林在那片草地上開了一個花園，他生起氣來，暴跳如雷，吉布林也反脣相譏，弄得維爾蒙綠山上的天都變黑了。

幾天之後，吉布林騎著他的腳踏車出去玩的時候，他的舅爺突然駕著一輛馬車從路的那邊轉了過來，逼得吉布林跌下車。而吉布林也昏了頭，告到官裡去，把巴裡斯特抓了起來。接下去是一場很熱鬧的官司，大城市裡的記者都擠到這個小鎮上來，新聞傳遍了全世界。事情沒辦法解決，這次爭吵使得吉布林和他的妻子永遠離開了他們在美國的家，這一切的憂慮和爭吵，只不過為了一件很小的小事：一車子乾草。

克里斯在 2,400 年前說過：「來吧，各位！我們在小事情上耽擱得太久了。」

哈瑞．愛默生．傅斯狄克博士說過的故事裡最有意思的一個是有關森林裡的一個巨人在戰爭中怎麼樣得勝，怎麼樣失敗的故事。

「在科羅拉多州長山的山坡上，躺著一棵大樹的殘軀。自然學家告訴我們，它曾經有 400 多年的歷史。初發芽的時候，哥倫布（Christopher Columbus）剛在美洲登陸；第一批移民到美國來的時候，它才長了一半大。在它漫長的生命裡，曾經被閃電擊過 14 次；400 年來，無數的狂風暴雨侵襲過它，它都能戰勝它們。但是在最後，一小隊甲蟲攻擊這棵樹，使它倒在地上。那些甲蟲從根部往裡面咬，漸漸傷了樹的元氣。雖然它們很小，但持續不斷的攻擊。這樣一個森林裡的巨人，歲月不曾使它枯萎，閃電不曾將它擊倒，狂風暴雨沒有傷著它，卻因一小隊可以用大拇指和食指就捏死的小甲蟲而終於倒了下來。」

我們豈不都像森林中的那棵身經百戰的大樹嗎？我們也經歷過生命中無數狂風暴雨和閃電的打擊，但都撐過來了。可是卻會讓我們的心被一些小事情小煩惱咬噬 —— 那些用大拇指跟食指就可以捏死的小甲蟲。

解除憂慮與煩惱，記住規則：「不要讓自己因為一些應該丟開和忘記的小事煩心。」

其實，在現實生活中，我們也千萬不要讓自己因為一些應該丟開和忘卻的小事煩心。回顧人生之路，你會發現自己很少因為做了某事而感到遺憾。恰恰相反，正是那些你所沒有做的事情使你耿耿於懷。

人們常常被一些憂煩所困擾。憂煩一旦出現，人生的歡愉便不翼而飛，生活中宛如再沒有了晴朗的天，吃飯不香，喝酒沒味，工作沒勁，做事業沒心，這一切，只因為我們陷入了多餘的憂煩之中。

注意，千萬要避開瑣屑這個人生陷阱。

16. 優柔寡斷，難成大事

生活中有很多人一事當前總是舉棋不定、猶豫不決，這就是所謂的優柔寡斷。這種人在採取措施前自己往往拿不定注意，一定要去和他人商量，這種主意不定、意志不堅的人，自己都不相信自己，更不會為他人所信賴。

優柔寡斷的壞處不只是成功的障礙，它給人最大的負擔是精神上的壓力。而通常在慎重行事的同時，少一分顧慮，就多一點成功的可能。

但有些人的優柔寡斷簡直到了無可救藥的地步，他們不敢決定任何事情，不敢擔負起應負的一丁點責任。而他們之所以這樣，是因為他們不知道事情的結果會怎樣：究竟是好是壞，是凶是吉。他們常常對自己的決斷產生懷疑，不敢相信他們自己本身能夠解決重要的事情。因為猶豫不決，優柔寡斷，很多人使自己美好的想法陷於破滅。

有一個讓人深思的故事：某地發生水災，整個鄉村都難逃厄運，村民們紛紛逃生。一位上帝的虔誠信徒爬到了屋頂，等待上帝的拯救。不久，大水漫過屋頂，剛好有一隻木舟經過，舟上的人要帶他逃生。這位信徒胸有成竹地說：「不用啦，上帝會救我的！」木舟就離他而去。片刻之間，河水已沒過他的膝蓋。剛巧，有一艘汽艇經過，拯救尚未逃生者。這位信徒則說：「不必啦，上帝一定會救我的。」汽艇只好到別的地方救其他的人。

幾分鐘後，洪水高漲，已到信徒的肩膀。這個時候，有架直升飛機放下軟梯來拯救他。他死也不肯上機，說：「別擔心我啦，上帝會救我的！」直升飛機也只好離去。最後，水繼續高漲，這位信徒最後被淹死了。死後，他升上天堂，遇見了上帝。他大罵：「平日我誠心祈禱您，您卻見死不救，算我瞎了眼啦。」

上帝聽後叫了起來：「你還要我怎樣？我已經給你派去了兩條船和一架飛機！」

機會只敲一次門，成功者應該善於當機立斷，抓住每次機會，充分施展才能，最終獲得成功，得到命運的垂青。

對於成功者來說，猶豫不決、優柔寡斷實在是一個陰險的仇敵，在它還沒有傷害你、破壞你，限制你一生的機會之前，你就要即刻把這一敵人置於死地。要想人生成功，就要逼迫自己訓練一種遇事果斷堅定、迅速決策的能力，對於任何事情千萬不要猶豫不決。

還有一位女士，當她要買一樣東西時，她一定要把所有出售那樣東西的商場都跑遍。從一個櫃檯，跑到另一個櫃檯，從這一部分，跑到那一部分。她從櫃檯上拿起貨物時，會從各方面仔細打量，看了再看，還是不知道喜歡的究竟是什麼。她看了又看，還是會覺得這個顏色有些不同，那個樣式有些差異，也不知道究竟要買哪一種好。當然，她還會問各種問題，有時問了又問，弄得店員十分厭煩，結果，她常常一樣東西也買不到，總是空手而去。

主意不定和優柔寡斷，對於這些人來說，實在是一個致命的弱點。它可以破壞這種人的自信心，也可以破壞他的判斷力，並大大有害於他的全部精神能力。

當然，對於比較複雜的事情，在決斷之前需要根據各方面的訊息來加以權衡和考慮，要充分調動自己的知識進行最後的判斷。一旦打定主意，就不要再更改，不再留給自己回頭考慮、準備後退的餘地。一旦決策，就要排除雜念，付諸實施，並根據實際情況修正實施方案。只有這樣做，才能養成堅決果斷的習慣，既可以增強自己的自信，同時也能博得他人的信賴。有了這種習慣後，在最初，也許有時會做出錯誤的決策，但由此獲得的自信等種種卓越品質，足以彌補因錯誤決策可能帶來的損失。這也是邁向成功之路的第一步。

一個人的成功與果斷決策的能力有著密切的關係。如果沒有果斷決策的能力，那麼你的一生，就像深海中的一葉孤舟，永遠漂流在狂風暴雨的汪洋大海裡，永遠到達不了成功的目的地。

要想從根本上克服猶豫不決、優柔寡斷的弊病就應從平時做起。

在行動之前，要反覆冷靜地思考，給自己充分的時間思考主題和問題。

一旦做好心理準備，就立即行動，遲疑是最大的禁忌。不要要求每件事都達到十全十美，不論心情好壞，都要有規則地持續工作。

不要浪費時間，一定要握住現在。「手中的一個，頂得上天上的十個。」

要有遠見、有計畫的工作，蒐集對將來有用的訊息，一點一滴地長期累積。

17. 恃功自傲，自入死地

恃功自傲者的下場往往就是自入死地，這是被歷史反覆驗證了的一個結論。

韓信是漢朝的第一功臣。在漢中獻計出兵陳倉，平定三秦，率軍破魏，俘獲魏王豹；破趙，斬成安君，捉住趙王歇；收降燕，掃蕩齊，力挫楚軍。連最後垓下消滅項羽，也主要靠他率軍前來合圍。

司馬遷在撰寫歷史時都說，漢朝的天下，三分之二是韓信打下來的。但是他功高震主，又不能謙遜自處，加上他犯了大忌，看到曾經是他部下的曹參、灌嬰、張蒼、傅寬都封疆列候，與自己平起平坐，心中難免失去平衡。樊噲是一員猛將，又是劉邦的連襟，每次韓信訪問他，他都是「拜迎送」。但韓信一出門，總要說：「我今天倒與這樣的人為伍！」自傲如此，全然沒有當年甘受胯下之辱的情形。

就這樣，終於一步步走上了絕路。後人評價說，如果韓信不恃功自傲，不與劉邦討價還價，而是自隱其功，謙遜退避，也不致自己走上不歸路。

人人都會想表現聰明，裝愚其實是很難的。這需要有愚的胸懷風度，既能夠愚，又愚得起。古人說「大智若愚」，意思是絕頂聰明的人看起來似乎很傻，但這種「愚」其實是真正聰明的表現。《菜根譚》說「鷹立如睡，虎行似病」。也就是說老鷹站在那裡像睡著了，老虎走路時像有病的模樣，這就是他們準備獵物前的手段，所以一個真正具有才德的人要做到不炫耀，不顯露，這樣才能很好地保護自己。

《三國演義》中有一段「曹操煮酒論英雄」的故事。

當時劉備落難投靠曹操，曹操很真誠地接待了劉備。劉備住在許都，以衣帶詔簽名後，為防曹操謀害，就在後園種菜，親自澆灌，以此迷惑曹操，放鬆敵人對自己的注視。

一日，曹操約劉備入府飲酒，談起以龍狀人，議起誰為世之英雄。劉備點遍袁術、袁紹、劉表、孫策、劉璋、張繡、張魯、韓遂，均被曹操一一貶低。曹操指出英雄的標準——「胸懷大志，腹有良謀，有包藏宇宙之機，吞吐天地之志。」劉備問：「誰人當之？」曹操說，只有劉備與他才是。劉備本以韜晦之計棲身許都，被曹操點破是英雄後，竟嚇得把筷子也丟落在地下，恰好當時大雨將到，雷聲大作。劉備從容俯拾筷子，並說「一震之威，乃至於此」。

巧妙地將自己的惶亂掩飾過去。從而也避免了一場劫數，劉備在煮酒論英雄的對答中是非常聰明的。

劉備藏而不露，人前不誇張、炫耀、吹牛、自大、裝聾作啞不把自己算進英雄之列，這辦法是很讓人放心的。他的種菜至少在表面上收斂了自己的行為。一個人在世上，氣焰是不能過於張揚的。

孔子年輕的時候，曾經受教於老子。當時老子曾對他講：「良賈深藏若虛，君子盛德若愚。」即善於做生意的商人，總是隱藏其寶貨，不令人輕易見之；而君子之人，品德高尚，卻容易顯得愚笨。其深意是告誡人們，過分炫耀自己的能力，將欲望或精力不加節制地濫用，是毫無益處的。

舊時的店鋪裡，在店面是不陳列貴重貨物的，貨主總是把它們收藏起來。只有遇到有錢又識貨的人，才告訴他們好東西在裡面。倘若隨便將上等商品擺出來，豈有賊不惦記之理？不僅是商品，人的才能也是如此，俗話說「滿招損，謙受益」正是此理。才華出眾的人又喜歡自我炫耀的人，必然會招致別人的反感，吃大虧而不自知。所以，無論才能有多高，都要善於隱匿，即表面上看似沒有、實則充滿的境界。

胡適先生晚年曾說：「凡是有大成功的人，都是有絕頂聰明而肯作笨功夫的人。」

1805 年，拿破崙 (Napoleon) 乘勝追擊俄軍到了關鍵的決戰時刻。此時，沙皇亞歷山大 (Czar Alexander I) 見自己的近衛軍和增援部隊到來，便不想撤退而與法軍決戰。庫圖佐夫 (Kutuzov) 勸他繼續撤退，等待普魯士軍隊參加反法戰爭。此時拿破崙知道了俄軍內部的意見分歧，害怕庫圖佐夫一旦說服沙皇，就會失去戰術機，於是裝出一見俄軍增援到來就害怕的樣子，停止追擊，派人求和，願意接受一部分屈辱條件。這更加刺激了沙皇，以為拿破崙如果不是走投無路，這樣傲慢的人決不會主動求和，因此斷定現在正是回師打敗拿破崙的時機，於是不聽庫圖佐夫的意見，向法軍展開進攻，結果落進了法軍圈套，被法軍打得狼狽不堪、一敗塗地。

所以聰明不露，才能有任重道遠的力量，這就是所謂「藏巧守拙，用晦如明」。人們不管本身是機巧奸猾還是忠直厚道，幾乎都喜歡「傻呵呵」不會弄巧的人，這並不以人的性情為轉移。所以，要達到自己的目標沒有機巧權變是不行的，要學會裝傻，懂得藏巧，不為人所識破，也就是大智若愚，這樣才能不走上恃功自傲，自入死地之途。

18. 缺乏熱忱，生活沒勁

一個人成功的因素很多，其中之一就是要有熱忱。熱忱是發自內心的興奮，熱忱也是心裡的光輝，是一種熾熱的精神特質，因為它深存於一個人的內心，這樣的人自然也就是成功的人。

史克下班回到家，發現他的小兒子豆豆又哭又叫地猛踢客廳的牆壁。小豆豆再十天就要開始上幼稚園了，他不願意去，就這樣以示抗議。按照史克平時的作風，他會把孩子趕回自己的臥室去，讓孩子一個人在裡面，並且告訴孩子他最好還是聽話去上幼稚園。由於已了解用這種做法並不能讓孩子歡歡喜喜地去幼稚園，史克決定運用剛學到的知識：熱忱是一種重要的力量。

他坐下來想：「如果我是豆豆的話，我怎麼樣才會樂意去上幼稚園呢？」他和太太列出所有豆豆在幼稚園裡可能會做的趣事，例如畫畫、唱歌、交新朋友等等。

然後他們就開始行動，史克對這次行動作了生動的描繪：「我們都在飯廳桌子上畫起畫來，我太太和我都覺得很有趣。沒有多久，豆豆就來偷看我們究竟在做什麼事，接著表示他也要畫。『不行，你得先上幼稚園去學習怎樣畫。』我以我所能鼓起的全部熱忱，以他能夠聽懂的話，說出他在幼稚園中可能會得到的樂趣。第二天早上，我一起床下樓，卻發現豆豆坐在客廳的椅子上睡著了。『你怎麼睡在這裡呢？』我問。『我等著去上幼稚園，我不要遲到。』我們全家的熱忱已經鼓起了豆豆內心裡對上幼稚園的渴望，而這一點是討論或威脅、責罵都不可能做到的。」

其實，無論個人、團隊、公司和整個社群都能培養出熱忱，其報償必然是積極的行動、成功和快樂幸福。這也可以從體育比賽中看出來。美式足球史上最偉大的教練之一是溫士·龍哈迪。皮爾博士（Dr.Norman Vincent Peale）在他的《熱忱——它能為你做什麼》這本小說中，講了這麼一個故事：

龍哈迪到達綠灣的時候，他面對著的是一支屢遭敗績而失去鬥志的球隊。他站在他們前面，靜靜地看著他們，過了一段很長的時間之後，他以沉靜但是很有力量的聲音說：「各位，我們就要有一支偉大的球隊了，我們要戰無不勝，聽到了沒有？你們要學習阻擋，你們要學習奔跑，你們要學習攔截，你們要勝過與你們對抗的球隊，聽到了沒有？」

「如何做到呢？」他繼續說：「你們要相信我，你們要熱衷你們的事業。一切的祕訣就在這裡（他敲著自己的腦門）。從此以後，我要你們只想三件事：你的家、你的球迷和球隊，就按照這個次序——讓熱忱充滿你們全身！」

隊員都從他們的椅子上坐正。走出會議室之後，他寫下他的感想：「覺得雄心萬丈。」那一年中他帶領球隊打贏了七場球，球員還是去年的球員，但是去年卻敗了十場。第二年他們贏得區冠軍，第三年贏得了世界冠軍。怎麼會呢？原因不只是球員的辛苦學習、技巧和對運動的喜愛，還有熱忱才會造成這樣的不同。

皮爾繼續寫道：「發生在綠灣包裝者隊身上的情形，也可以發生在教室、公司、國家或一個人身上。頭腦想什麼，結果就會是什麼。一個人真的充滿了熱忱，你就可以從他的眼神裡，從他勤快、感動人心而受人喜愛的為人中看得出來，你也可以從他的步伐中看得出來，你還可以從他全身的活力看得出來。熱忱完全可以改變一個人對他人、對工作以及對全世界的態度。熱忱使得一個人更加喜愛人生。」

確實，熱忱是成功的祕訣之一。成功的人和失敗的人在技術、能力和智慧上的差別通常並不很大，但是如果兩個人各方面都差不多，具有熱忱的人將更能得償所願。一個人能力不足，但是具有熱忱，通常必會勝過能力高強但欠缺熱忱的人。

最後，再重申一遍：一個人成功的因素很多，熱忱也是其中最重要的因素之一。沒有熱忱，不論你有什麼能力，都發揮不出來。

19. 推卸責任，必失人心

「一切責任在我。」

1980 年 4 月，在營救駐伊朗的美國大使館人質的作戰計畫失敗後，當時的美國總統吉米．卡特 (Jimmy Carter) 立即在電視機裡作了如上的宣告。

在此之前，美國人對卡特總統的評價並不高。甚至有人評價他是「誤入白宮歷史上最差勁的總統」。但僅僅由於上面的那一句話，支持卡特總統的人居然驟增了 10%以上。

生活原本就是一連串的過失與錯誤，再仔細、再聰明的人也有陰溝裡翻船的時候。可翻了自己的小船便也罷了，而一旦不小心捅漏了多人共同謀生的大船，也就真有可能弄個吃不完兜著走的下場。因此，沒有哪個人不害怕擔責任的。但是，要做一個成功的人就必須要有責任感，要勇於承擔責任。

試想有一天你不幸闖了大禍，如驚弓之鳥般向上司報告之後，憂心忡忡地捱到第二天，坐到了那個如同公審大會的會場上聽候發落時。上司竟如卡特總統般眾目睽睽之下擲地有聲地來了句：「一切責任在我！」那該是何種心境？卡特總統的例子充分說明，人們對一個人的評價有相當部分決定於他是否有責任感。

但事實上，像卡特總統那樣大難即將臨頭還能宣告「一切責任在我」並不容易。大多數人在處理失誤和錯事的時候，總是想提出各種理由為自己開脫，唯恐遭到連累，引火燒身。殊不知這樣本身就喪失了一個人做人的基本立場。

所以有責任感的人總是在闖禍之後，首先冷靜地檢討一番自己，然後心平氣和地分析整個事件，明白錯在何處，然後勇於承擔責任，這才是一個成功者的作風。

那種不勇於正視問題，不勇於承擔責任的人，是永遠不可能被人擁戴的。

20. 歧視殘弱，自謂完美

作為一個社會人，歧視殘弱，自謂完美是非常幼稚可笑，也是非常錯誤的。

俗話說：「金無足赤，人無完人。」人都有長處也都會有缺陷，所謂「尺有所短，寸有所長」，各有各的長處，又各有各的短處，正如太陽也有黑子，月亮也有圓缺，哪怕再精美的璧玉也會有瑕疵一樣，任何東西都不可能十全十美。

一個人的優點與缺點往往是相互連繫的，就像一對孿生兄弟，有所長必有所短。一個人，大事聰明，小事也精明的極少；大事聰明，小事糊塗的好；小事精明，大事糊塗的糟。能人，一般都是大事不糊塗而在小事上可能有這樣那樣的缺點。

三國時魏國人才學家劉劭在《人物誌》中曾這樣描述人物：

厲直剛毅，材在矯正，失在激訐。

柔順安恕，每在寬容，失在少決。

雄悍傑健，任在膽烈，失在多忌。

精良畏慎，善在恭謹，失在多疑。

彊楷堅勁，用在禎幹，失在專固。

論辯理繹，能在釋結，失在流宕。

普博周給，弘在覆裕，失在溷濁。

清介廉潔，節在儉固，失在拘扃。

休動磊落，業在攀躋，失在疏越。

沉靜機密，精在玄微，失在遲緩。

樸露徑盡，質在中誠，失在不微。

多智韜情，權在譎略，失在依違。

可以說，這段話精闢地指出了人的辯證，統一的性格雙重性，道出了人的矛盾對立性，從正反兩方面剖析了十二種不同性格的人物的優缺點。

既然實際上不存在「完人」，又為什麼總有人想做「完人」，想用「完人」呢？原因全在於這是人的主觀標準、主觀願望而已。

一般地，人們所追求的「完人」，實際上是「聽話」、「順從」的人。在他們眼裡，這種人幾乎「完美無缺」，叫他做什麼就做什麼，叫他往東他不往西。這種人，與其說是「完人」，不如說是庸人，多是無能之輩。「完人」者，庸人也。如果用這種「完人」，事業的成功就無望了。

某個集團公司，它的總經理是位頗有名氣的企業家，然而也是個有「爭議」的人物。論才能和業績，他才能出眾，有管理現代企業的能力，他所管理的企業成就突出；但另一方面，他極有個性，不那麼「聽話」，和某些主管部門的上司關係不太融洽。於是，在一些人中間引起爭論，有人誇獎他，有人斥責他。誇獎他的人，說他有不凡響的業績，是徒人；斥責他的人，認為他的毛病很多，甚至比一般人還突出。

古人說得好：「事之至難，莫如知人。」辨人才最為難，而辨別人才的能用與否則更難。這是因為很多事看起來都有似是而非的地方。例如「剛直開朗似刻薄，柔媚款軟似忠厚，廉價有節似偏隘，言訥識明似無能，辨博無實者似有材，遲鈍無學者似淵深，攻忤謗訕似端直，一一較之，似是而非，似非而是，人才優劣真偽，每混淆莫之能辨也。」所以說，世上最難的事沒有比識人更難了。每一個聰明的人都應善於學會和有缺陷、有殘弱的偏才相處。

一般認為，在待人方面的規律還是能遵循的。

- 不要以人的短處而捨棄有長處的人。
- 不要以自己的長處去衡量別人。

- 不可因小過而失大人才。
- 使用人才的智慧，應避免他把聰明才智用於欺詐；使用人才的勇氣，要避免他濫用自己的膽識。
- 用人才時不僅要充分利用他們的長處，而且還要忽視他們的短處，使他們能更加揚長避短。
- 對有雄才大略的人，不要計較其短處；對有高尚道德的人，不要挑剔其小毛病。

有缺陷的可用之才大體可分為兩種：一種是才能不足之人，另一種是德行不足之人。

對於才能方面明顯不足的人才，要對他們授予謹慎處事的祕訣，讓他們在日常的人際交往中正視自己的不足，注意虛心學習，同時也可以避免因逞強好勝而引起的是是非非。只有「論功則推諉於人，論過則引為於己」的人，才能吸引有為之士來到自己的身邊。

一般來說，人的本性是見利不能不求，見害不能不避。趨利避害是人的本性，商人做買賣日夜兼程不遠千里，為的是追求利益；漁民下海，不怕海深萬丈，勇於逆流冒險搏鬥，幾天幾夜不返航，因為利在海中。因此，對許多人來說，只要有利可圖，縱然山高萬丈也要攀登，水深無底也要潛入。所以，善於和人相處的人，對周圍的人要順勢引導。

21. 怒氣氾濫，淹沒理智

生活中，有時為了一些事不得不去斥責一些人。然而，在責罵別人的時候，千萬不可以用到「笨蛋」或「混蛋」這一類的字眼。

你可以用強調言辭的內容來加深對方的印象。只要是稍有常識或自尊心的人，你只要提醒他，就足以讓他知道事情的嚴重性。對於反應固執的人，有時不得不使用打擊治療法：「你到底知不知道該怎麼做？」「你認為自己盡到責任了嗎？」

有時候，你還必須很大聲地告訴他們：「因為這是你錯了，所以我也必須用這種方法提醒你。」尤其是對那些即使犯了錯也認為「這沒什麼大不了的」或是「只要不說，就假裝忘記好了」的馬虎人，更得清楚地告誡他們不能有這種想法。

除了對當事人之外，有時候也可以提醒周圍的人，如果能讓其他人產生「他真的生氣了！還是小心點好」的想法，那就成功了。但是，義正詞嚴地批評人的時候，一定要清楚地點明問題，如果讓對方捱了罵也不知道是為什麼，那可就一點意義也沒有了，不但如此，還會讓大家認為你莫名其妙呢。

「雷聲隆隆」地指責完別人之後，別忘了適時地給予安慰。讓捱了罵而沮喪萬分的人，有再重新衝刺的勇氣。但是，安慰也要得法，可別讓對方以為你是罵了人而後悔，這樣可就會產生讓對方看輕的反效果。所以，在斥責與安慰之間，應該保持一段適當的時間，最好是在半天到一個星期之間。

在生活中，偶然發一頓脾氣的效果，要比你冷言冷語挖苦或用激將法來得有效。只不過，這是需要掌握天時、地利、人和的，否則在別人的眼中，你恐怕生氣不成，還要被譏笑為瘋子呢。

真正懂得精妙地運用「勃然大怒」於生活中的人，發怒的機會反而會很少，但其力量卻非常強勁深遠。

發怒時一定要注意一些基本守則。

(1) 一戰即勝的大發雷霆。

真正能發揮效果的怒氣都看重事後的威力，故此，要掌握快、狠、準的要訣，不但要發對脾氣，發對人，還要適得其所，才會有平地一聲雷般的氣勢。只有這樣、才能產生出真正奏效的阻嚇作用。而自以為是的咬牙切齒或惡狠狠地放冷箭傷人，日子長了卻反會演變成一種積怨，實際上是一點效果也沒有的。

(2) 貨真價實的憤怒演出。

一般地，為了樹立權威，並使別人聽命行事，通常會在事情嚴重的頭次發生安排一次完美無瑕的憤怒表演，而目的就是為了警告眾人：「我可不是好惹的啊！」不過，可別以為發怒一定是可以事先排好的，若你沒有非凡的表演天賦，或已練就一身發威的好本領，這麼做只不過會讓人留下笑柄，效果也絕對比不上一舉發作時的真正怒氣呢。

(3) 勃然大怒應適可而止。

在工作中發怒要達到神奇的效果，發洩怒氣的原因與理由必須讓人清楚知道。因為發怒有理，才能發得心安理得，而事後彼此也能維持彬彬有禮的圓滿結局。但最重要的，還是發脾氣的人一定要知道收斂，否則若一時頭腦不濟而欲罷不能，動輒便來一次發作，三番四次後沒好的由來也大發雷霆，後果就難以控制了。

(4) 對下對上都要有分寸。

生氣要對事不對人，但偏偏當你憤怒的對象正是你根本惹不起的人時，你也只好私底下自個兒捶胸頓足了。事實上，對根本惹不起的人發起怒來，若遇上的是一位通情達理的人也就算了，怕就怕遇上一個小心眼又暴躁的人。所以，當你準備「以下犯上」時，謹記要小心處理，而發怒的時機也是重要的因素。只要秉持尊重的態度，並且見好就收，相信一般明白事理的上司，都會認真地聽取你的寶貴意見。

22. 言行隨意，自汙形象

中國古代聖人孔子說過一句話：「臨之以莊，則敬。」

這句話意思說，一個人不要和其他人過分地親近，要與他們保持一定的距離，給別人一個莊重的臉孔，這樣就可以獲得他們的尊敬。

行為有時比語言更重要，人的身分權威，很多往往不是由語言而是由行為表現出來的，聰明的人尤其應該如此。

和別人在一起時，要適當表現出自己的某種不可侵犯性。特別是在辦公場所裡與人相處，別人應該一眼就能瞧出誰是其中有權威者。如果你不能表現出這一點，給人的印象就可能正好相反，那麼，你的形象就是失敗的。

你雖然不必過於矜持，但起碼要讓人意識到，你是一個有自尊的人，這樣，即使再活潑、輕佻的人也不至於去拍你的肩膀，或拿你的缺點肆意開玩笑。他在你面前會小心謹慎，會看你的臉色行事，甚至當你們一起離開辦公場所時，他甚至會恭恭敬敬地把門開啟，讓你先行。

做人一定要保持自己的威嚴，時刻注意在無形中造成別人對你的尊敬之意，這會為你工作的開展創造條件，別人會處處——至少在表面上尊重你的意見，當他們執行任務有困難時，會與你商量，而不會自作主張，自行其是。

同時，做人也要注意自己的講話方式。在辦公場所裡跟人講話，一般說要親切自然，不能讓別人過於緊張，以便更好地讓對方領會自己的意思。但是在公開場合講話，譬如面對許多人演講、報告；應該要有威嚴和震懾力。

但不管在哪種情況下，講話都要一是一，二是二，堅決果斷，切忌含糊不清。

跟別人交談時，即使一方處於主動，你也應注意聽取對方談話，表示出尊重對方的意思，但切忌唯唯諾諾，被對方左右。如果對方意見與自己意見相左，可以明確給予否定，如果意識到他的意見確是對自己有利的，也不要急於表態。

多思考、少說話，可以用「讓我仔細考慮一下」或「讓我們研究、商量一下」一類的話來結束談話。這樣，在回去之後，對方不會沾沾自喜，而會更加謹慎。你也可以利用時間從容仔細考慮是取是捨，這在無形中增加了你的權威，總比草率決定為好。

行為是無聲的語言。很多人交談、交往的機會不是很多，他們了解你往往是遠遠地看到你的一舉一動，或透過其他一些材料，當然，他們也會根據每一個較小的事情來判斷你。

比如，如果是在酒桌的應酬，那麼，這時，你不妨幽默活潑一點，活躍酒桌的氣氛是必要的，但酒桌上更有一些必須遵循的禮儀，注意言行檢點。又活潑，又守禮，才能使場面熱鬧，又有序，使活動獲得圓滿成功。這樣可大大加強你與他人之間的關係，更能提高你在眾人心目中的形象。

擺宴席離不開酒。酒一定要喝，但要適可而止。切忌一醉方休，開懷大飲，酒醉之後容易生事，而且醉態本身也影響到旁人對你的形象評價。

具體說來，喝酒也有一些忌諱的。

(1) 忌酒後失言，禍從口出

喝酒過多，酒精會對大腦造成暫時的麻痹，此時，很多人往往失去理智，管不住自己，只管胡言亂語。雖是平日敬服你的人，此時心中也不免生厭，一旦說出不恭不敬的話，將大大影響你日後的形象。況且，人們常說：「酒後吐真言。」一旦在醉意朦朧之下，不管面前是誰，輕易向他說出你心中的祕密，或者你輕易答應別人的請求，會讓你日後後悔萬分。正所謂「禍從口出」，這也正是醉酒者所忌。

(2) 忌酒後失態，有失大雅

醉酒的人由於小腦受到麻醉，行為不聽使喚，站立不穩，東倒西歪，這些在明白人看來，都有失雅觀。有人喝酒過多，容易嘔吐，有害健康，不利於環境；有人醉後如一堆爛泥，伏地不起；還有人醉後想起痛心之事，嗚嗚大哭。這些在酒後難以克制的行為發生在一般人身上，絕不會給人留下好印象，更不用說發生在一個準備成功的人身上了。

酒桌不同於正式的工作場合，因此，在言語上就要有不同於正式工作的地方，也就是說，要有和正式工作場合不同條忌。所謂「到什麼山唱什麼歌」，酒席間的談吐要符合當時的氣氛，否則，你便不是一個成功者。

在酒桌上，言談還必須注意。

- 不要長篇大論地談論工作，這會使在場的人感到緊張和壓抑，或者根本就是厭煩。
- 不要說教，給別人一點空間，多聽一點他人的意見，不要損害了酒席上應有的氣氛。
- 切忌談論某人的缺點和弱點，使別人下不了臺。

還需要注意的是，在酒席上肆無忌憚地高談闊論，使人反感，尤其當席間有女性在場時，不要說出帶有輕侮女性的話。

一個成功者在任何時候都能和別人打成一片。酒席上氣氛活躍，你要投入到這種氣氛中，比如向人們敬酒，說一些祝願的話，或者就這個機會對別人稱讚一番，再加上適當的鼓勵，或者和人聊一些大家都比較感興趣的問題，易消除距離感。

另外，也要注意與別人保持一定的距離。

首先，可以避免別人的嫉妒和緊張。如果你與某些人過分親近，勢必在另外一些人中引起嫉妒、緊張的情緒，從而人為地造成不安定的因素。

其次，與人保持一定距離，可以減少別人巴結自己的恭維、奉承、送禮、行賄等行為。

第三，與別人過分親近，可能使別人對自己所喜歡的人的認識失之公正，干擾自己的判斷。

第四，與別人保持一定的距離，可以樹立並維護自己的權威，因為「近則庸，疏則威」。

作為一名成功者，要善於掌握與別人之間的遠近親疏，使自己的威信得以充分發揮其應有的作用，這一點是非常重要的。

有些人想把所有的人團結成一家人似的，這個想法其實是很可笑的，事實上也是不可能的，如果你現在正在做這方面努力，勸你還是趕快放棄。

退一步說，即使你的每一個朋友都與你親如兄弟。當你與親如兄弟的朋友利益發生衝突、矛盾時，你又該如何處理呢？

所以，請你記住這句忠告：「城隍爺不跟小鬼稱兄弟。」

23. 心胸狹窄，難於相處

要想在人生路上一路平坦，你必須是一個有涵養的人，同時也要有寬廣的心胸。

郊外的小河，可以聽到潺潺的水聲，而無垠的大海，反而不見動靜。緩流的小河中，只有小魚；而靜默的大海裡，卻隱藏著大魚。小河中的魚，只要稍有動靜，就會驚跳躍起，可是，深淵裡的魚，卻悠閒自在地游著。一旦河水上漲，小魚就有被沖走之虞；而深淵裡的大魚僅僅擺動尾巴，卻毫髮無傷。又如陀螺，轉動得越快就越穩定，猶如靜止一般，待到要停止時，卻搖擺不定。認真工作的人就應像陀螺一般「動靜如一」，看起來寧靜祥和；不認真工作的人，反而會搖擺不定，聒噪不休。《法句經》(*Dhammapada*) 上說：「深淵水清，如靜。」有智慧的人，不會為了小事情而顯得慌亂，面臨重大問題時也能果斷地下判斷，輕易地度過難關。相反，愚蠢的人往往只顧眼前，一旦面臨抉擇，就會不知所措起來。

作為一個成功者，首先要有寬廣的心胸，善於求同存異，虛心聽取各種不同的意見和建議，不要總是對一些細枝末節斤斤計較，更不要對一些陳年舊帳念念不忘，你的一言一行，都可以成為別人在意的焦點。

處變而不驚，以不變應萬變，以寬容對狹隘，以禮貌謙恭對冷嘲熱諷，不將心思牽於一事一物，不將一絲哀怨氣惱掛在心頭，這是一個成功者理應具備的容人雅量。

俗語說「宰相肚裡能撐船」，對於現代人來說，肚子裡要能跑火車才行。對於具有不同脾氣、不同嗜好、不同優缺點的人，你要學會去團結他們，你必須要具備一顆平常心。

如果別人看不起你，不尊重你，並且和你鬧彆扭，甚至讓你吃過虧，上過他的當，你仍要擺好自己的位子。

也許你會說：我也曾試圖這樣做，但我就是做不到。

是的，這樣做，也許對你來說有些太苛刻了。但是你想一想，如果有一天你走進一家百貨商店購買商品，或者到一家理髮店接受服務，店員對你態度溫暖如春，你自然是心情舒暢，十分滿意。但是，如果對方是一副冷冰冰的鐵板面孔，惡語寒人，對你的合理要求不理不睬，進而聲色俱厲，你又會如何應對呢？

在這種情況下，生氣是難免的。但是，如果你每每遇到此類情況，就和對方大吵大鬧一場，最後以自己悻悻離去而收場，冷靜下來，仔細想一想，難道你不該捫心自問：這樣兩敗俱傷，又何必呢？

其實，仔細考慮一番，事情就是這麼簡單。

你只有敞開胸懷，團結各種類型的人，包括那些與自己有過節，有過矛盾，甚至經常對你評頭論足、抱怨不止的人。團結了他們，方顯出你的氣量，你才能群策群力，集思廣益，使自己的事業和生活與日俱升。

有一位朋友，在他跳槽到另一個單位時，原單位上司找他談了一次話，請他談調走的原因。他提了三條，都是關於企業在用人方面的，結果上司獎勵他 3 萬元。這位朋友個性孤僻，平日裡不好相處，但他在工作上卻是個「拚命三郎」，他調走多半是他個人的原因，但其所在單位的上司卻能夠躬身請教用人之道，令人欽佩。

這使人想起古時周公「一沐三握髮」、「一飯三吐哺」那種求賢若渴的精神。但知人是一回事，容人卻又是另外一回事，作為成功者必須要有容人的雅量。

無論成功者，還是一般人，誰都喜歡心胸開闊能容人的人。容人是一種美德，也展現出一種思想修養水準，它是人生的真諦。你能容人，別人才能容你，這是生活的辯證法則。

俗話說，「將軍額上能跑馬，宰相肚裡能撐船」，這是容人的最高境界。那麼，容人究竟容什麼？

(1) 容人之長

人各有所長，取人之長補己之短，才能相互促進，事業才能發展。劉邦在總結自己成功經驗時講過一段發人深省的話：「運籌帷幄之中，決勝於千里之外，吾不如子房；安國家，撫百姓，給餉銀，不絕糧道，吾不如蕭何；統百萬之軍，戰必勝，攻必取，吾不如韓信。此三者，皆人傑也。吾能用之，所以取天下也！」善於用人之長，首先是容人之長。蕭何月下追韓信、徐庶走馬薦諸葛，這些容人之長的典故早已成為千古美談。相反，有的人卻十分嫉妒別人的長處，生怕同事和部屬超過自己，而想方設法進行壓制，其實這種做法是很愚蠢的。

(2) 容人之短

金無足赤，人無完人。一般來看，越是在一個方面有突出才能的人，往往在另一個方面的缺點也越明顯，正所謂「有高山，始有谷底」。人的短處是客觀存在的，容不得別人的短處勢必難以成事。「管鮑分金」的故事就很耐人尋味。春秋時期，鮑叔牙與管仲合夥做生意，鮑叔牙本錢出得多，管仲出得少，但在分配時卻總是管仲多要，鮑叔牙少要。鮑叔牙並沒有覺得管仲貪財，而是認為管仲家裡窮，多分點沒關係。後來鮑叔牙還把管仲推薦給齊桓公，輔佐其成就霸業，管仲也因此成為著名的政治家。

(3) 容人個性

由於人們的社會出身、經歷、文化程度和思想修養各不相同，所以人的性格各異。因此容人根本上來說就是能夠接納各種不同個性的人，這不僅是一種道德修養，也是一門領導藝術。具有容人個性，才能善於團結各種不同個性的人共同協調工作，從而充分發揮個人的主動性、積極性和創造性，推動事業的不斷發展壯大。

(4) 容人之過

「人非聖賢，孰能無過」，只要我們寬容他人過錯，激勵他人改過自新，他人便會出發出無限的創造力，一心一意為企業，為社會打拚努力，做出自己的貢獻。

(5) 容人之功

別人有功勞，應該感到高興，千萬莫心胸狹窄，害怕別人的功勞大了對自己構成威脅 —— 所謂「功高蓋主」。做為一個明智的人應該知道，有功之人，對企業、社會做出了貢獻，那是大家的光榮。

(6) 容己之仇

這是容人的極致，是一種高尚的品德。齊桓公不計管仲一箭之仇，任用管仲為大夫，管理國政而成就霸業；魏徵曾勸李建成早日殺掉秦王李世民，後來李世民發動玄武門之變當了皇帝，不計前嫌，重用魏徵。魏徵為李世民出了不少治國安邦的良策，出現了貞觀之治。

我們更要超越古人，做一個能容人、識人、用人的富有遠見卓識、高素養的現代人，不斷開拓新的事業領域，創造更加輝煌。

24. 太缺心眼，難以自保

在現實生活中，做人都要留個心眼，留點心眼是一種防範方法。也就是說，和人打交道時需要「先小人，後君子」，這種「見人須留三分意，不可全拋一片心」的做法，恰恰是保護自己避免陷入尷尬甚至是危險境地的需求。

用人以心機，並不是讓你和人勾心鬥角、爾虞我詐，而是指與人相處時要有一定的獨特性和創造性，有時候可以透過心機暗示來達到目的。

- 緘默是一種處事的技巧和智慧。它展現了深沉、縝密的心機，可以防止別有用心的人往你身上推責任。
- 人們都願意說自己只受理智的支配，其實，整個世界都被感情所掌握，明白了這一點，就掌握了控制的鑰匙。
- 一個極平常的動作，一個臉部表情，一個語調，都在向他人傳達你心中的思考。如果你樂觀、自信、向他人表示你的尊敬和體貼，人際關係便會順利融洽，從而開闢美好的人生。
- 移位是一種高級謀略。於不動聲色之中，轉移對手敵對情緒的視線，消除積鬱的憤怒。
- 一旦矛盾公開激化，鑄成無以補救的大錯，透過私了可能就是最佳的選擇。
- 如果與他人理智地對話，他們的思考會受到啟發；如果訴諸於他人感情，他們的言行就會受到刺激。
- 宣洩，它是內心情緒的一種自然流露，讓人宣洩，才能使心理達到平衡。

- 每個人都渴望他人的理解，要處理好人際關係，應該先從理解對方開始。
- 要打動對方的心，推動對方行動，需要有效的溝通。
- 聽完別人的話，有時還應複述其大意，以求不產生誤會。
- 不可許空願；不能做事虎頭蛇尾；更不可炫耀，以免招致非議。
- 用智慧對付他人，而不是愚笨地表達自己的淺見。
- 如果你真正關心一位失敗者的話，你就救了他的性命，他就有可能報答你。
- 善於透過眼睛觀察，而不是透過手腳辦事。
- 該說的可以不說，不該說的更不能說。
- 可以做的，先不說；先說的，可以不做。
- 總是把對手置於警戒線中加以審視。

待人有心機，則無往而不利，尤其在今天的時代裡，沒有獨特性和創造性的與人相處之道，只能束手束腳做不成大事。

25. 心存成見，難察眞實

現實生活中，有些人從心底看輕某些不如他們自己的人，其原因可能與此人的性格有關，例如此人很小氣，或者不一定也有才華等等。

心中有了成見後，人的有色眼鏡也就會隨之而來。

有時或許他們的出發點是善意的。他們特別關照那些人，但那些人反而會認為，因為我們對他們心存偏見，才不賦予他們特殊的對待。久而久之這些人將更加被動，甚至變得自暴自棄。如此將形成一種惡性循環，他們的表現也越來越差，人們也越看扁他們。

這類人真的那麼不可救藥嗎？答案是否定的。根據法國的兩位學者馬佐尼和巴索的分析，大家怎麼看待一個人，那人就往往會朝著那些期望的方向發展。其實確實如此，人的潛力是無窮的，如果一個人不心存偏見，被別人激勵，自然會有傑出的表現。

任何人之所以覺得對方不好應付，往往是由於某些先入為主的偏見所造成的。

當你發覺別人對自己有所誤解，或由於別人的偏見而把你視為不好應付的人時，你必須主動與其溝通，設法消除彼此間的心理障礙。

在目前的企業中，最可怕的「職業病」莫過於人際關係瀕臨破裂以及嚴重壓力下所造成的精神危機。幾乎任何一家公司的經理均表示，上班族由於人事間糾紛而導致心理健康發生問題的例子，實在不勝列舉。

誠如以上所提及，人際關係發生問題通常起因於當事人先入為主地覺得對方是「不好應付的人」，或由於對方的氣質、性格傾向、平常的習慣等與自己無法投合，於是產生出強烈的厭惡感。而這種厭惡感一再累積的結果，勢必造成雙方無法共處的情況，嚴重時甚至形同水火。如此一來，人際間以及氣氛上造成的不良影響，自是毋庸贅言。其實，唯有雙方坦誠溝通，解開彼此的繩結，才是根本的解決之道。

產生成見的原因是多種多樣的。

- 總覺得對方有不好應付的地方，包括性格傾向、出身背景、平常的習慣等。
- 由於自己的自卑感遭受刺激，譬如學歷、容貌、家世、甚至是收入等條件比對方低時。
- 當對方有反抗性的態度時，例如忽視對方、批評對方或其他顯而易見的反抗性態度等。
- 當自己的自卑感被別人所刺激時。
- 對方或自己屬於獨裁的、施壓的、說話惡毒的人。
- 認為別人把自己看成無能的人，且相當蔑視自己的存在。

事實上，成見往往因雙方的偏見所產生，但偏見是可以認識的，也是可以改正的。

26. 隨意傷人，到處樹敵

作為社會中的一員，能不能、會不會尊重別人，這也是一個現實的難題。如果別人在你這裡得不到尊重，就可能做不到尊重你，輕則會拿你做的事當宣洩對象，重則使你的人際關係緊張，缺少凝聚力，甚至會造成你事業失敗。所以說，尊重是健康人格中的正常需要。

人們生活在社會中，總是希望得到別人的尊重，也想去尊重別人，即使是對自己也該認認真真地給予尊重。

其實，一個人有一定價值的高品味「尊重」是很不容易的，它是人的高層次需要，更為重要的還有它的影響作用以及它所帶來的附加值。尊重他人，就是對他人的能力與成就的肯定與讚賞。

人和人有分工之別，但沒有貴賤之分，誰也絕對不可以說出傷害他人自尊的話，比如：「你真笨！」「我看不起你！」等等。話一出口，猶如覆水難收，再想恢復到原有的相互對等的關係便十分困難，甚至會引起別人強烈的反感和對抗行為。

和別人談話時，口氣非常重要，同一種意思，同一個出發點，言辭表達得過於激烈，就會傷害到對方的自尊，一個人如果經常有意無意地傷害到他人的自尊心就會產生出許多不良影響，比如不得人心，連帶著產生溝通的障礙，影響事業進展。在傷害了別人的自尊之後，別人一定會良久不忘，如果不做妥善的處理，這種心理的疙瘩便會越結越硬。因此我們此時不要不好意思說「對不起」。或者還有比這更好的處理方法，就是找一個和他關係比較好的人從中斡旋，自己再做一點積極的表示。

尊重別人，首先就要尊重他們的自尊。對於人的尊重，還表現在留有餘地上，一邊讚揚對方的長處，一邊提出具體的建議，不下過於絕對的結論式的斷言，給自己和對方都留下一點餘地，就可以達到溝通的目的。

尊重別人的另一表現是不觸及別人的弱點。個人的弱點一旦被觸及，便會產生反抗心理或者是消極情緒，因此，弱點不可隨意碰觸，應和言善語幫助別人。

作為一個成功的社會人，只有尊重了別人，便是尊重了你自己，為自己贏得了尊重。如果忘記了尊重別人，別人便可能意志消沉，甚至「以眼還眼，以牙還牙」。失去了別人的支持和配合，一個「光桿司令」還怎樣能作戰呢？因此，無論於公於私，無論於人於己，都要切記「尊重」二字。

一位社會學家說：「社會要進步確實需要條條框框，但第一條規定應是尊重別人，如果把第一條規定做好了，一切就好辦了。」事業的發展基石就是對別人個性的尊重和對人能力真誠、堅定的信任，只有相信、尊重個人，尊重尊嚴，才能激發別人的能動性。

正因為人都有追求自尊與心理滿足的需要，也正因為每個人都有他存在的重要性，因此，一定要尊重每個人的重要性。只有這樣大家才能在一起很好地合作做事情，才會與別人之間有著良好的互動。如果有一方被輕視了，那雙方的溝通就不會有好的結果。顯然，如果你不重視別人的感受，不尊重別人，就會大大打擊別人的積極性，從此大大削弱他們的活力；反之，亦是如此。這時，懶惰和不負責任等情況將隨之發生。

尊重是加速別人自信力爆發的催化劑，尊重是一種基本的激勵方式；相互尊重是一種強大的精神力量，它有助於人們之間的和諧，有助於社會精神和凝聚力的形成。正像歌中所唱：人字的結構就是相互支撐。

因此，要創造良好的心理環境，就得尊重人們的個性，排除心理障礙，營造關心人、理解人、尊重人的融洽文化氣氛，以展現對生命的尊重。

人們大多數是不喜歡被人呼來喚去的，當你用命令的口氣指著別人做事時，就等於在向他們傳遞三條訊息：

1. 他很笨。
2. 他並不重要。
3. 他比不上你。

作為社會人的你一定要深切的意識到在社會中，每個人都是很重要的。儘管在工作業績上有所差異，但那也只是暫時的。

在和別人溝通時，你可以考慮這麼做：「你認為這樣行嗎？」這樣的建議性指令方式，將會使別人有一種身居某個重要位置的感覺，並對問題產生足夠的重視。這樣別人也願意和你打交道，也願意與你合作。這樣才有利你事業的發展。

27. 無法容人，難以團結

大凡恃才傲物的人一般都有一些共同特性。

- 高傲自大，目中無人。自以為本事很大，有一種至高無上的優越感，常常說話硬中帶刺，做事我行我素。
- 自命清高，眼高手低，好高騖遠，自己做不來，別人做的又瞧不起。
- 孤芳自賞，固執己見。性格孤僻，喜歡自我欣賞，聽不進也不願聽別人的意見。

與這類人相處，我們必須有的放矢，科學地採取有效的措施和辦法。

首先，要用其所長，切忌壓制打擊。一般來講，恃才傲物的人大都懷有一技之長。否則，無本可「恃」，便無「傲」之本。所以，我們在與這種人相處時，要有耐心，要視其所長而用之。絕不能採取冷處理的辦法，更不能為了壓其傲氣將其擱在一邊不予重用。只能正確疏導，發揮其長處，讓他心情舒暢，到時候再慢慢糾正他的行為。

其次，要有意用短，善於挫其傲氣。俗話說「金無足赤，人無完人」，恃才傲物者也並非萬事皆通。因此，如果我們欲消除恃才傲物者的傲氣，就要設法讓他們能夠認識自己的不足，最好是在無他人的場合下，背地裡給他一兩件使他做起來比較吃力，比較陌生的工作，並且要求限時完成任務。他們要完成這些任務就必須付出更大的努力，即使勉強完成了任務，也會深感做好一件自己不熟悉的工作是相當困難的，也許他們經過努力仍無法完成任務，這時，我們就應該私下與其和風細雨地促膝交談，使他們清楚地意識到自己的不足，其傲氣便會自然消除。

其三，要敢擔擔子，以大度容傲才。由於恃才傲物的人自命清高，眼高手低，做什麼工作都掉以輕心，即使再重要、再緊迫的事情，在他們面前也會表現得漫不經心、微不足道，所以，常常會因其疏忽大意而誤事。在這種情況下，我們不可落井下石，一推了之，要勇於站出來幫他們挑擔子，使他們感到大禍即將臨頭時，是你幫他們解危了。

其四，要提高素養，達到以才服人。一般來講，大凡這種人都瞧不起外行。一個滿口外行話，盡做外行事的人，這種人是不會任你擺布的。所以，你要與恃才傲物的人和諧相處，提高專業素養和能力是至關重要的。

28. 難對小人，不能靈活

在我們的現實生活中，到處都有「小人」的存在。「小人」確實是社會的一大毒瘤，如果與小人的關係沒處理好，一個人的一生絕無成功和快樂可言。

生活中到處都有小人，即使是教育界那種強調道德的地方也不例外。通常，很難說清什麼是小人，這個「小」既不是指年齡，也不是指長得大小。小人和小人物是兩回事。小人沒有特別的樣子，臉上也沒寫上小人二字，有些小人甚至長得既帥又漂亮，有口才也有文才，一副大將之才的樣子，並且還很聰明。

其實，社會上出現小人的歷史是很長的。早在 2,000 多年前就出現了小人了，他們是君子的反義詞。小人的生存和繁衍，實際上與君子的行為相伴隨，就像有真必有假，有陰必有晴一樣，只要還有君子存在，小人就永遠不會滅絕。大體而言，小人就是那種做事做人不守正道，以邪惡的手段來達到目的的人。

西元前 527 年，楚國的國君楚平替兒子娶親，選中的姑娘是秦國人，楚平王派大夫費無忌前去秦國迎娶。費無忌到秦國看到姑娘後大吃一驚，這姑娘太漂亮了，美若天仙。在回來的路上，費無忌開始思索起來，他認為這麼美麗的姑娘應該獻給正在當權的楚平王。這時，車隊已接近國都，國人也早知太子要娶秦國姑娘為妻，但費無忌還是搶先一步到王宮，向楚平王描述了秦國姑娘的美麗，並說太子和這位姑娘還沒見面，大王可先娶了她，以後再給太子找一位更好的姑娘。楚平王好色，被費無忌說動了心，於是便同意了，並讓費無忌去辦理，費無忌稍做手腳，三下兩下，原本是太子的媳婦，轉眼成了楚平王的妃子。完成這事之後，費無忌既興奮又害怕，興奮的是楚平王越來越寵幸他；害怕的是因這事得罪了太子，太子早晚會掌大權的。於是費無忌又對楚平王說：「那事之後，太子對我恨之入骨，我倒沒什麼，關鍵是他對大王也怨恨起來，望大王戒備。太子握有兵權，外有諸侯支持，內有老師伍奢的謀劃，說不定哪一天要兵變呢。」楚平王本來就覺得對不起兒子，兒子一定會有所動作，現在聽費無忌這麼一說，心想果不出所料。便立即下令殺死太子的老師伍奢及其長子伍尚，進而又要捕殺太子，太子與伍奢的次子伍員只好逃離楚國。

用小人二字形容費無忌這種人實在是再合適不過了。總之，小人的言行舉止是有一些基本特點的，比如：

- 喜歡造謠生事。小人的造謠生事都另有目的，並不是以造謠生事為樂。說謊和造謠是小人的生存本能。
- 喜歡挑撥離間。為了某種目的，他們可以用離間法挑撥朋友間、同事間的感情，製造他們的不合，他在一邊看熱鬧，好從中取利。
- 喜歡拍馬屁奉承。這種人雖不一定是小人，但這種人很容易因受上司所寵而趾高氣揚，在上司面前說別人的壞話，只要一有機會就會抬高自己。
- 喜歡陽奉陰違。這種行為代表他們這種人的行事風格，因此小人對任何人都可能表裡不一，這也是小人行徑的一種。
- 喜歡追隨權力。誰得勢就依附誰，誰失勢就拋棄誰，這是小人的一大特點。
- 喜歡踩著別人的鮮血前進。也就是利用他人利益為其開路，而別人的犧牲他們是不在乎的。
- 喜歡落井下石。只要有人跌跤，他們會追上來再補一腳，在小人眼裡，看別人跌跤是最快樂的事。
- 喜歡找替死鬼。明明自己有錯卻死不承認，硬要找個人來背罪。

事實上，小人的特色並不只這些。這種人帶有普遍性，凡是不講法、不講理、不講情、不講義；不講道德的人都帶有小人的特色。

那麼，該如何妥善處理和小人的關係？

有一些原則可以化解小人的卑劣手法。

- 不要得罪他們。一般來說，小人比君子敏感，心裡也較為自卑，因此你不要在言語上刺激他們，也不要在利益上得罪他們，尤其不要為了正義而去揭發他們，那只會害了你自己。自古以來，君子常常鬥不過小人，因此小人到處為惡，讓有力量的人去處理吧。
- 保持適當距離。別與小人們過度親近，保持淡淡的關係就可以了，但也不要太疏遠，好像不把他們放在眼裡似的，否則他們會這樣想：「你有什麼了不起！」於是你就要倒楣了。
- 少聽小人說話。說些「今天天氣很好」的話就可以了，如果談了別人的隱私，談了某人的不是，或是發了某些牢騷不平，這些話絕對會變成他們興風作浪和有必要整你時的依據。
- 不要與小人有利益瓜葛。小人常成群結黨，霸占他人利益，形成勢力，你千萬不要想靠他們來獲得利益，因為你一旦得到利益，他們必會要求相當的回報，甚至就如牛糞那般黏著你不放，想脫身都不可能。
- 與小人相處，吃些小虧無妨。小人有時也可能會因無心之過而傷害了你。如果是小虧就算了，因為你找他們不但討不到公道，反而會結下更大的仇，所以，原諒他們吧。

29. 自我失控，一場糊塗

自我失控也是造成人生陷阱的原因之一。造成這種情況的主要原因之一是每個人都兼具理性與感性兩種行為，對大小瑣事都想用理智做衡量是不可能的，而且大部分的行為都是以感情為出發點，這其實是人性真實的一面。有些人往往因為旁人的一句話，便耿耿於懷，動輒勃然大怒，時而血管崩漲，熱血上頭，根本無法自我控制。等到情緒過後，才又懊悔當初，這是一般青年人的通病，也是成功的死敵。

有一回，古希臘哲學家蘇格拉底（Socrates）帶著學生一同回家，他太太不知因何生氣，還當著客人的面掀翻桌子。

這位學生十分不悅，說道：「就算是師母，也要有個師母的樣子，真是太過分了。」說完轉頭就想離開。

蘇格拉底心平氣和地說：「上次我去你家，不是有一隻母雞從窗戶外頭跑進來，把桌子搞得亂七八糟嗎？那時我們不是都沒有生氣嗎？」

生氣的對象如果是人就會發怒，一旦換成動物便無從憤怒，這也是人之常情。蘇格拉底利用妻子的行為教育弟子，完全希望他們能從此事件中領悟更深的哲理。人都難免有生氣惱怒的時候，這時若把對方視為低等動物，便可以使心情恢復平靜。同時，也不必因為別人的錯誤而折磨自己。

這種貶低別人以求心理平衡的方法，只不過是權宜之計，對於人格的提升毫無幫助，暫時先將心情平定以後，自己仍要做反省。

時間是醫療心理創傷最佳的療傷藥，遭受失敗的打擊，經過長時期療養，傷痕就會漸漸消失。

人們總是在意想不到的時候產生不愉快的想法，所以，重要的是，不但要學會如何排除掉不愉快的想法，還應學會怎樣在騰空了的地方裝上健康而積極的念頭和想法才是人生正道。

譬如說，你剛剛疲憊地做完了白天的工作，回到家裡沖一個澡，熱水沖在身上，讓你感到非常舒服。你正在怡然自得的時候，突然想起了上個月跟鄰居吵架的事，一下子，你滿腦子都充滿了不愉快的回憶。

此時你應該將和鄰居的種種不愉快的回憶通通排除掉。在這個時候，你根本解決不了跟鄰居爭吵的事，但是能夠把澡洗得痛痛快快。情緒愉快是理所當然的，而不去破壞這種情緒的責任在你自己身上。

把頭腦裡的煩惱念頭清除掉以後，你可以選擇用些別的積極念頭來取代，也可以挑選任何喜歡的東西來鼓舞自己。只要你不自覺地想起了洩氣的事情，就必須有意識地馬上行動起來，把那些念頭趕跑。

在你想要放鬆自己休息一下時，你腦子裡那些洩氣的想法往往趁你平靜的時候會更為頻繁地出現。比如在躺下要睡覺時，周圍沒有了其他的聲音，沒有了其他的刺激，你就開始發愁和擔心，煩惱的事情也一起湧上心頭。

不管什麼時候，只要腦子裡出現洩氣的想法和問題，就要採取措施。只有你自己才能夠控制你的頭腦，把那些壞情緒壞事物徹底趕走，留出地方來裝即將到來的快樂和成功。

出現了消極因素並不可怕，只要清除乾淨就能保持正常生活。這樣，你才能著手盤算如何愉快起來，才能有時間覺得痛快，談論歡樂的時刻，鼓舞未來的計畫，為自己以往的回憶和現在體驗中得到的積極因素感到高興。於是，隨著這些積極的措施，便會產生出積極的行動和情緒。

你想，一個人如果因為自我失控而洩氣，還能做成什麼事？這種人性的弱點，常常是致命的。不能正確認識這一點，要談什麼成功？簡直不可能。

30. 無謂爭論，不智之極

一般地說，無謂的爭論都是毫無價值的，只是徒增爭論者煩惱而已。

其實，天底下只有一種能在爭論中獲勝的方式，那就是避免爭論。

十之八九的爭論結果是會使雙方比以前更相信自己絕對正確。從某種意義上講，你贏不了爭論。要是輸了，當然你就輸了；即使贏了，但實際上你還是輸了。為什麼？如果你的勝利，即使將對方的論點被攻擊得千瘡百孔，證明他一無是處，那又怎麼樣？你應該知道，爭論的最高境界是「雙贏」。此外就是「雙輸」，不論哪方「單贏」，他也是實際上的「輸」，因為他實際上為自己樹立了一個對立面，甚至是一個「敵對者」。

切記，人的意願是不會因為爭論而改變的。

有一位愛爾蘭人名叫歐·哈裡，他所受的教育不多，可是很愛抬槓。他當過人家的汽車司機，後來因為推銷卡車不成功而來求助於卡內基 (Dale Carnegie)。聽了幾個簡單的問題以後，卡內基就發現他老是跟顧客爭辯。如果對方挑剔他的車子，他立刻會漲紅臉大聲強辯。歐·哈裡承認，他在口頭上贏得了不少辯論，但並沒能贏得顧客，他說：「在走出人家的辦公室時我總是對自己說，我總算整了那混蛋一次。我的確整了人一次，可是我什麼都沒有能賣給他。」

歐·哈裡後來是紐約懷德汽車公司的明星業務員，他是怎麼成功的？他這樣說：「如果我現在走進顧客的辦公室，而對方說：『什麼？懷德卡車？不好！你要送我我都不要，我要的是何賽的卡車。』我會說：『老兄，何賽的貨色的確不錯，買他們的卡車絕錯不了，何賽的車是優良產品。』」

這樣他就會無話可說了，沒有抬槓的餘地。如果他說何賽的車子最好，我說沒錯，他只有住嘴了。他總不能在我同意他的看法後，還說一上午的：『何賽車子最好。』我們接著不談何賽，而我就開始介紹懷德汽車的優點。」

當年若是聽到他那種話，我早就氣得臉一陣紅、一陣白了 —— 我就會挑何賽的錯，而我越挑剔別的車子不好，對方就越說它好，爭辯越激烈，對方就越喜歡我競爭對手的產品。」

現在回憶起來，真不知道過去是怎麼做推銷的！以往我花了不少時間在抬槓上，現在我守口如瓶了，果然有效。」

正如明智的班傑明．富蘭克林（Benjamin Franklin）所說的：「如果你老是抬槓、反駁，也許偶爾能獲勝，但那只是空洞的勝利，因為你永遠得不到對方的好感。」

因此，你自己要衡量一下，你是寧願要一種字面上的、表面上的勝利，還是要別人對你的好感？

一個人可能有理，但要想在爭論中改變別人的主意，這一切肯定都是徒勞。

美國威爾遜總統（Woodrow Wilson）任內的財政部長威廉．麥肯羅以多年政治生涯獲得的經驗說了一句話，卻道出了一個真理：「靠辯論不可能使無知的人服氣。」

比方，所得稅顧問衍生，為了一筆關鍵性的 9,000 元跟一位政府的稅務員爭論了 1 個小時，衍生解釋這 9,000 元事實上是應收帳款中的呆帳，不可能收回來了，所以不該收所得稅。

「呆帳！大頭鬼！」稽核員上火了：「非徵不可。」

「那位稽核員非常冷酷、傲慢，而且頑固。」衍生在課堂上說：「任何事實和理由都沒有用……我們越爭執，他越頑固，所以，我決定不再和他論理，開始改變話題，說些使人愉快的話。」

「我說：『比起其他要你處理的重要而困難的事情，我想這實在是不足掛齒的小事。我也研究過稅務問題，但那是書生的死知識，你的知識全是來自實務工作的經驗。有時我真想有份像你這樣的工作，那樣我就會學到很多。』我說得很認真。」

「這下，稽核員伸直身子，靠在椅背上，花很多時間談論他的工作，他告訴我他發現過許多稅務上的鬼花樣，他的口氣慢慢友善起來。接著又談起他的孩子，臨別的時候他說要再研究研究我的問題，過幾天會通知我結果的。」

「三天後，他打電話到我辦公室，通知我那筆稅決定不徵了。」

這位稅務稽核員表現了人性最常見的弱點，他要的是一種重要人物的感覺，衍生越和他爭論，他越高聲強調職務上的權威，但一旦對方承認了他的權威，爭執自然也就偃旗息鼓了。有了表現自我的機會，他就變成一位有寬容態度和同情心的人了。

拿破崙的家庭總管康斯坦（Constant）在《拿破崙私生活拾遺》中曾寫到，拿破崙常和約瑟芬（Josephine）打撞球，並說：「雖然我的技術不錯，我總是讓她贏，這樣她就非常高興。」

我們可從康斯坦的書裡得到一個教訓：讓我們的朋友、丈夫、妻子，在瑣碎的爭論上贏過我們。

釋迦牟尼說：「恨不消恨，端賴愛止。」爭強疾辯不可能消除誤會，而只能靠技巧、協調、寬容以及用同情的眼光去看別人的觀點。

要記住：懦弱愚蠢的人好激動和大吵大嚷，聰明能幹的人什麼時候都會保持自己的尊嚴，他們當然也就不會為了無謂的內容去大吵大嚷了。

31. 賣弄口舌，終致禍端

一般地說，青年人由於血氣方剛，遇到事時就容易衝動，不能很好地控制自己的情緒。這樣逞強顯能，往往都會給自己帶來重大損失，給走向成功設下一些自己都不知道的陷阱。逞強顯能賣弄口舌即是其中一個人生陷阱。

即使是卡內基在人際關係上也有過這樣的失誤。

第二次世界大戰剛結束的某一天晚上，他在倫敦參加一場宴會。宴席中，坐在他右邊的一位先生講了一段幽默故事，並引用了一句話：「謀事在人，成事在天。」那位健談的先生說，他所引用的那句話出自《聖經》。

「錯了，是莎士比亞。」卡內基很肯定地知道出處，他立刻反脣相譏：「怎麼會出自《聖經》？不可能！絕對不可能！那句話出自莎士比亞。」

卡內基的老朋友法蘭克·葛孟坐在他左邊，已研究莎士比亞的著作許多年，於是他倆都同意向他請教。葛孟聽了，在桌下踢了卡內基一下，然後說：「你錯了，這位先生是對的。這句話是出目《聖經》。」

回家的路上，卡內基問葛孟說：「法蘭克，你明明知道那句話出自莎士比亞。」「是的，當然。」他回答，「《哈姆雷特》(*Hamlet*) 中的第五幕第二場。可是親愛的，我們都是宴會上的客人，為什麼要證明他錯了？那樣會使他喜歡你嗎？為什麼不給他面子？他並沒問你的意見啊。他不需要你的意見。為什麼要跟他抬槓？」

卡內基謹記了這個教訓。

卡內基早年是個賣弄口舌、積重難返的「槓頭」。小時候，他幾乎和哥哥曾為天底下任何事物而抬槓。進人大學，他又選修邏輯學和辯論術，也經常參加辯論比賽。他曾一度想寫一本關於這方面的書，他聽過、看過、參加過，也批評過數千次的爭論。這一切的結果，使他得到一個結論：天底下只有一種能在人生的談話中獲勝，就是杜絕賣弄口舌。

要杜絕賣弄口舌，有一些基本建議是非常有用的。

(1) 歡迎不同的意見

記住這樣一句話：「當兩個夥伴意見總是相同的時候，其中之一就不需要的了。」如果有些地方你沒有想到，而有人提出來的話，你應該衷心感謝。不同的意見是你避免重大錯誤的最好藥方。

(2) 不要相信你的直覺

當有人提出不同意見的時候，你第一個自然的反應可能是自衛，但此時你要慎重，要保持平靜，並且小心你的直覺反應。

(3) 控制你的脾氣

記住，你可以根據一個人在什麼情況下會發脾氣的情形，測定這個人的度量究竟有多大。

(4) 耐心聽完

讓你的反對者有說話的機會，讓他們把話說完，不要抗拒或爭辯。否則的話，只會增加彼此溝通的障礙。努力建立了解的橋梁，不要再加深誤解。

(5) 尋找同意的地方

在你聽完了反對者的話以後，首先去想你同意的意見。

(6) 要誠實

承認你的錯誤，並且老實地說出來，為你的錯誤道歉。這樣有助於解除反對者的武裝和減少他們的防衛。

(7) 同意仔細考慮反對者的意見

出於真心同意你的反對者，他提出的意見可能是對的，並願意考慮他們的意見。

(8) 為反對者關心你的事情而真誠地感謝他們

任何肯花時間表達不同意見的人，必然和你一樣對同一件事情很關心。把他們當做真心幫助你的人，或許就可以把你的反對者轉變為你的朋友。

(9) 延緩採取行動，讓雙方都有時間把問題考慮清楚

要多問自己：反對者的意見是完全對的，還是有部分是對的？他們的立場或理由是不是有道理？我的反應到底是有益於解決問題，還是僅僅會減輕一些挫折感？我的反應會使我的反對者遠離我還是親近我？我的反應會不會提高別人對我的評價？我將會勝利還是失敗？如果我勝利了，我將要付出什麼樣的代價？如果我不說話，不同的意見就會消失了嗎？這個難題會不會是我的一次機會？

歌劇男高音歌唱家簡·皮爾士 (Jan Peerce) 結婚差不多有 50 年之久了。一次他說：「我太太和我在很久以前就定下了協定，不論我們對對方如何的憤怒不滿，我們都一直遵守著這項協定。這項協定是：當一個人大吼的時候，另一個人就應該靜聽 —— 因為當兩個人都大吼的時候，就沒有溝通可言了，有的只是噪音和震動。」

32. 掩蔽錯失，自蒙自騙

一般地說，一個人犯錯以後，往往會自蒙自騙，不敢面對責任。其實，如果我們知道自己錯了，免不了會受責備，何不自己先認錯呢？聽自己譴責自己不是比挨人家的批評好受得多嗎？如果我們對自己作了指責和批評，別人十之八九也會對你予以諒解而原諒你的錯誤。同時，你也可以為下一次不致重蹈覆轍打了預防針。

華倫，一位商業藝術家，他使用這個方法 —— 坦率地承認自己的錯誤，即給錯誤曝光，卻贏得了一位暴躁易怒的藝術品主顧的好感。

「對不起，這個畫框的尺寸有點誤差，不太符合你的要求。責任應由我承擔，因為精確和一絲不苟，是製作商業廣告作品最重要標準。」華倫先生這樣對顧客說。

有些藝術編輯要求他們把所交下來的任務立即完成，在這種情況下，難免會發生一些小錯誤。某廣告公司一位藝術組長，總是喜歡從雞蛋裡挑骨頭。人們每次離開他的辦公室時，總覺得倒胃口，不是因為他的批評，而是因為他攻擊人的談話方法。最近，有個女孩 A 交了一件匆忙完成的畫稿給他，他打電話給 A，要 A 立即到他的辦公室去，說是出了問題。當 A 到了他的辦公室後，正如 A 所料 —— 麻煩來了。他滿懷敵意，很高興有了挑剔 A 的機會，他惡意地責備了 A 一大堆，這正好是 A 運用所學到的自我批評的機會，因此 A 說：「先生，你的話不錯，我的失誤一定不可原諒。我為你做畫稿這麼多年，實在該知道怎麼畫才對。我覺得慚愧。」

他立刻開始為 A 辯護起來：「是的，你的話沒有錯，不過這終究不是一個嚴重的錯誤。只是……」

A 打斷了他，A 說：「任何錯誤要付的代價都可能很大，叫人不舒服。」

他開始插嘴，但 A 不讓他插嘴。A 很滿意，有生之年第一次批評自己 —— A 非常高興這樣做。

「我應該更小心一點才好。」A 繼續說，「你給我的工作很多，照理應該使你滿意，因此，我打算重新再來。」

「不！不！」他反對起來，「我並不想那樣麻煩你。」他開始讚揚 A 的作品，告訴 A 只要稍微改動一點就行了，再說，一點小錯不會多花他公司多少錢，畢竟，這只是小節 —— 不值得擔心。

A 後來說：「我急切地批評自己，使他怒氣全消了。結果，他還邀我一起午餐，離開前，他開給我一張支票，又交代給我另一件工作。」

即使聰明人也會為自己的錯誤辯護 —— 大部分的聰明人都會那麼做 —— 但能承認自己錯誤的人，卻會得到別人的諒解，能讓自我有個再提升的機會，因為他們是真正聰明的人。

還有一個很典型的例子就是美國南北戰爭時，李將軍（Robert Edward Lee）有一段美好的記載，就是他把畢克德進攻蓋茲堡的失敗完全歸咎於自己。

畢克德的那次進攻，無異是西方世界最顯赫最輝煌的一場戰鬥。畢克德本身就很輝煌。他長髮披肩，而且跟拿破崙在義大利作戰一樣，他幾乎每天都在戰場上寫情書。在那悲劇性的 7 日午後，當他的軍帽斜戴在右耳上方，輕盈地放馬衝刺北軍時，他那支忠誠的部隊不禁為他喝采起來。他們喝采著，跟隨著他向前衝殺，隊伍浩蕩，軍旗翻飛，軍刀閃耀，陣容威武，北軍也不禁發出了驚訝的讚嘆。

畢克德隊伍輕鬆地向前衝鋒，穿過果園和玉米地，踏過花草，翻過小山。雖然北軍的大砲一直沒有停止轟擊，但他們繼續挺進，毫不退縮。

突然，北軍步兵從隱伏的墓地山脊後衝出來，對著畢克德那支毫無提防的軍隊，一陣一陣地開槍。山間硝煙四起，慘烈有如屠場，幾分鐘之內，畢克德所有的旅長，除了一名之外全部陣亡，50 公尺內士兵折損 4,000 人。

阿姆斯德統率餘部奔上石牆，拚死衝殺，把軍帽頂在指揮刀上指揮，高喊：「兄弟們！宰了他們！」

他們拼了。他們跳過石牆，用槍把、刺刀拚死肉搏，終於把南軍軍旗豎立在山脊的北方陣線上。

旗幟在那裡飄揚了一會兒，雖然那只是短暫的一瞬，卻是南軍戰功的輝煌紀錄。

畢克德的衝刺雖然勇猛、光榮，卻是失敗的開始，於是李將軍失敗了，他沒有辦法突破北方。

南方的命運就此被決定了。

李將軍震驚不已，大感懊喪，他將辭呈送上南方峨維斯（Jefferson Davis）總統，請求改派一個年輕有為之士。如果李將軍要把畢克德的進攻所造成的慘敗歸咎於別人，那他可找出數十個藉口。但是，李將軍太可貴了，他不願遷怒別人。當畢克德的殘兵從前線退回南方戰線時，李將軍隻身騎馬出迎，自我譴責起來：「這是我的過錯。」他承認說：「責任全在我，是我一個人的錯誤導致輸了這場戰鬥。」

歷史上很少有李將軍這種勇氣和情操的人，即使是現在，這樣的人似乎並不多，因為這種勇氣的確可使人避開那「人生陷阱」。

艾柏．赫巴是曾鬧得滿城風雨的最具獨特人格的作家之一，他那尖酸的筆觸經常惹起強烈的不滿。但是赫巴也常常以少見的為人處世的技巧，化敵為友。

當一些憤怒的讀者寫信給他，表示對他的某些文章不以為然，結尾又痛罵他一頓時，赫巴就如此回答：

回想起來，我也不盡然同意自己。我昨天寫的東西，今天就不見得全部滿意。我很高興你對這件事的看法。下次你來附近時，歡迎駕臨，我們可以交換意見。遙祝敬意。

赫巴謹上

面對一個這樣對待你的人，你還能怎麼說呢？

當我們對的時候，我們就要試著溫和地、巧妙地讓對方同意我們的看法；而當我們錯了——若是我們對自己誠實，就要迅速而坦率地承認。這種技巧不但能產生驚人的效果，而且在任何情形下，都要比我們掩蔽自己的錯，自蒙自騙，以為天下大吉要好得多。

33. 得意忘形，醜態百出

人的一般心理都是在取得了成績之後，難免要得意一下，這實屬正常的情形。但得意也要有一定的限度，不能忘乎所以，否則，就會徹底成為阻礙你繼續前進的絆腳石。

有一個女孩阿悅，大學畢業後到一家公司工作，她是以當時公司的最高學歷進入這家貿易公司工作的。上班一開始，阿悅就受到了上司的器重，公司裡的重大事件幾乎都有她的參與。很快地，她便以雷厲風行的作風在公司出了名。她的能幹是無可挑剔的，可惜的是，阿悅很快就懈怠下來，她覺得工作沒有挑戰性，從而失去了工作熱情，變得拖拖拉拉，這種工作作風導致工作上常常出現一些小差錯。如此一來，慢慢地引起了上司的不滿，不再把重大的工作交給她，而是委派其他的同事，阿悅感到很失落，明明是自己看不上眼的工作，現在卻交給了別人，總有一種受委屈的感覺，於是阿悅改變了態度，她重新審視自己的工作，發現自己在經受一段時間的鍛鍊以後，有了一點成績就忘乎所以了，停滯不前是導致目前狀況的根源。她不再滿足於眼前的小小成就，決心從零做起，重新開始，很快她又憑著進取心和熟悉的業務獲得了上司的重用。

我們在生活中都能遇到類似的情況，許多人在工作學習、生活中取得了一點點成績，就認為可以鬆懈了，可是，他們沒有看到，社會的環境在不斷的變化，人們的心態也在不斷的跟著轉變。雖然在剛開始的時候，一切都覺得到新鮮，但總有一天成績也會褪色，甚至會變得毫無價值。

有許多事情，在初始的時候總是新奇而富有創造性的，但不用多久，一切就變得又老又舊。年輕人總認為中年以上的人是古板的；相反，年長的人又總是認為現代的年輕人是多麼的無知，這其實都是片面的認識。

33. 得意忘形，醜態百出

任何人對於自己所想要做的事情，在達到目的之前，都會花很多的時間去做種種的努力。但是有很多人往往在取得初步成就後，就抱著守成的觀念，再也不肯前進一步了。我們常把這種人比作「小農意識」，稱這種行為是「小富即康」。像這種人就會阻礙自己前進的步伐，甚至壓抑其他人的成長。因此，眼前的小小成就只可以讓一個人小小的高興一下，但不可因此而得意忘形，忘記了你的最終目標是什麼，甚至忘記了你自己。

我們不妨從以下幾方面來分析一下。

如果不滿足目前的小小成績，就會繼續充實自己，提升自己，上班的人仍不忘繼續學習，做生意的不斷蒐集資訊，強化企業實力等等，這些都是在創造機會，尋找機會的典型事例。

小小成就也是一種成就，這也是自己安身立命的資本。但社會的變化太快，長江後浪推進前浪，如果你在原地踏步，社會的潮流就會把你拋在後頭，後來者就會從後面追趕過去。相比之下，你的小小成就在經過一段時間後，根本就不再是成就，甚至還有被淘汰的可能。比如在十年、二十年前，大學畢業生確實稀罕，而現在呢，已經到處都是，大學生找不到工作已經不是新聞了。

一個人如果不滿足於目前的成就，就會積極向高峰攀登，就能使自己的潛力得到充分的發揮。比如說，原本只能挑 100 斤重擔的人，因為不斷的練習，進而突破極限，挑起 120 斤甚至 150 斤的重擔。但是一個人只要安於現狀，就會失去上進求變的動力，沒有了動力，自然也就無法付諸切實的行動。

如果我們想做成某件事，最佳時機一定是當我們目標明確、激情勃發、鬥志昂揚的時候。每一個人在情緒飽滿時，做什麼事情都可能變得輕而易舉。相反，如果一次次的拖延和延緩，就會削弱我們的意志，反而需要用越來越不情願付出的努力或犧牲來達到目的。

不可能指望一個放任自己隨波逐流的人能有什麼大作為，因為他們往往是安於現狀的。即使他們知道自己還有許多潛力可挖，也還是以各式各樣的方式白白地浪費耗損，面對停滯不前的現狀他們還是不為所動、安之若素。也許他們總會有這樣那樣的收穫或成就，但他們永遠只能被眼前的小小成就徹底矇蔽了眼睛，看不到山外有山，天外有天。這些小成就往往成了他們可炫耀的資本，他們常常為之得意忘形，卻不知自己還有更多偉大的目標等著去實現。就這樣甘於平淡的生活，他們體內曾潛藏的那點潛能也將因為長久的被棄之不用而逐漸荒廢消亡。只有那些不滿足於現狀，渴望著點點滴滴的進步，時刻希望攀登上更高層次的境界，並願意為此挖掘自身全部潛能的人，才有希望達到成功的巔峰。

當然也不能排除有的人生來就不需要為自己的理想打拚，從小過著錦衣玉食的生活，享受優厚的物質生活條並據說好萊塢著名影星道格拉斯(Kirk Douglas)的兒子，才剛剛 1 歲多，就開始獨自享受瑞士某著名酒店 300 美元一小時的房間服務，而目的只是道格報斯為了讓他的寶貝兒子睡個午覺。但這畢竟是人類中的極少的個案。可以說 99%的人都要靠自己的努力來獲取成功，假設我們出生在豪門，每天都是錦衣玉食、高枕無憂，唯一的目標就是盡情地享受生活，盡情地嬉戲玩樂，並逃避所有的工作和不愉快的經歷，那麼，人類的最終歸宿恐怕只能是很快退回到茹毛飲血的原始狀態了。這或許也是一個人不能為小成就得意忘形的原因，因為一切的成就如果不繼續前進，也會徹底喪失殆盡。

人類有著眾多的欲望與追求，如渴望晉升到更高的職位，渴望生活得更舒適幸福，渴望接受更深更好的教育，渴望家庭溫馨美滿，渴望自己變得學識淵博，渴望獲得更多的財富和社會地位等等，正是這些欲望促使人充分挖掘自身的潛能，一代一代傳遞著進步的動力。

那些永遠追求前面目標的人是不會陶醉在已有的成就裡的，他們總是想方設法達到更美好、更充實、更理想的境界，正是在這一次次的進步當中，他們完善著自我，也完善著人生。

弗蘭克・狄福被譽為是 20 世紀 80 年代美國最著名的體育專欄作家，他曾經為《體育畫報》(*Sports Illustrated*) 執筆 27 年之久，先後得過 6 次體育專欄作家獎，完成了 10 本著作，達到了人生的巔峰。然而弗蘭克狄福卻在年過 50 歲以後，一手推翻了多年來在體育界所累積的聲譽，改任《國家報》的總編輯。理由是他覺得從前的工作已不再具有挑戰性，他願意接受新的冒險，進入一個全新的領域。

弗蘭克・狄福擁有著傲人的成就，可他卻未因此而洋洋得意，驕傲自滿，反而更加鞭策自己必須不斷地進行突破和創新。

與此相反，現實生活中有許多人取得了一點成就就驕傲自大，自狂、懈怠而導致一敗塗地。原本辛苦打下的江山，也因未能精益求精而輕易化為烏有。得意忘形是失敗的溫床，雖然大家都明白這個道理，可還是有許多人不自覺地犯了這個毛病。究其原因，就是這些人錯把當初取得的小小成功當做了最終的奮鬥目標，當自己取得了一些小的成績就以為大功告成而鬆懈了繼續奮鬥的勁頭。

而真正追求成功的人只是把眼前取得的成就看做是對過去的一個總結而已。在這一點，居禮夫人 (Maria Curie) 堪稱典範。

一次，一位朋友到居禮夫人家中做客。他發現居禮夫人的小女兒手裡正在玩弄的是英國皇家科學院最近授予居禮夫人的一枚金質獎章。他不禁大吃一驚，連忙問：「居禮夫人，能夠得到一枚英國皇家科學院頒發的獎章是極高的榮譽，你怎麼能讓孩子隨便拿著玩呢？」居禮夫人笑著說：「我只是想讓孩子知道，榮譽就是玩具，只能看看而已，絕不能永遠守著它，否則就將一事無成。」

居禮夫人正是以這種不斷進取的精神，一心撲在科學研究上，不斷取得了新的成就。她和丈夫共同發現了鐳元素，然後她又獨自發現了氧化鐳，並分析出鐳的單體，為科學研究和醫療事業做出了極大的貢獻。她成為迄今為止世界上唯一的兩次獲得諾貝爾物理學獎的女性。

不論是個人還是企業，不論是服務、知識、技術、能力、市場等哪一個方面，都永遠都不能停滯不前，尤其是現在競爭如此激烈，即使你今天站在高處，誰也不能保證你明天不會栽下來。

有一條普通規律就是，在任何的高峰期之後，緊接著就是陡降的下坡期，必須不斷的改良、演變，才能生生不息。

人類需要探求的知識是無窮無盡的，只有那些虛懷若谷，得意而不忘形，不斷前進的人才有可能實現更高層次的追求。

34. 自護缺陷，自挖墳墓

生活中，我們常會看到這樣的現象，人們常常把失敗的原因歸咎於別人，而實際上很多問題都是出在自己身上，很多麻煩都是自找的。每一個人在先天性格上甚至後天習慣中都有一些缺陷，只是我們不願承認失敗是出於自己。

這種自護缺陷的行為，其實無異是在自挖墳墓。

每個人最大的敵人其實就是自己，一個真正成熟的人應該具有相當的反省能力，既能誠實面對，又能予以正確改善。

你一定聽過「自討苦吃」、「自找麻煩」、「搬起石頭砸自己的腳」、「自作孽，不可活」等等諸如此類的話，這些都是在描述一個人所犯的錯誤，結果把自己逼到失敗的境地。

仔細想想，包括我們在內的每一個人，好像一不小心難免都會犯些錯誤，只不過是程度嚴重與否的問題。無怪乎有句話說：「自己才是自己最大的敵人」，因為我們總是不斷地用各種方法來加害自己，那種不正視自我缺陷的行為就很典型。

心理學家分析指出，其實，在我們每一個人的內心深處，多少都隱藏了一些「自毀」的傾向，這種內在情緒的衝動常常會驅使一個人做出危及自己的行為。譬如，有人整天絮絮叨叨，看什麼事都不順眼，動不動就抱怨這個、抱怨那個，好像所有的人都做了對不起他的事；還有的人生活漫無目標，整日無所事事，只會嫉妒別人的成就，自怨自艾為什麼好運永遠不會落在他的頭上。

此外，還有的人嗜酒如命、沉於藥物、好財成性、飲食不知節制、消費成癖、縱情聲色等等，這些都稱得上是自毀行為。

這種莫名其妙的自毀心理很容易讓人理解，但如果我們對自己的缺點渾然不覺或者不知反省，就會把自己一步一步推向人生的陷阱中。

美國心理學家安德魯．杜柏林（Andrew J.DuBrin）就提出警告，如果你出現了下列症狀，而且情況嚴重，你就注定要成為輸家。

- 活在自欺當中。這種人只知道活在過去，死抱著以前做事、生活的方式不放，而沒有心思注意眼前的事實。
- 不斷地仰賴別人的掌聲或讚許才能生存，以克服內心深處的自卑感。
- 馬失前蹄。在壓力愈大的時候，表現愈不理想，變得非常緊張，放不開。
- 虎頭蛇尾。做任何事從來不堅持到底，也不夠專注，總是找藉口減輕責任。
- 輕諾背信。動不動就撒手走人，留了一堆爛攤子讓別人收拾殘局。
- 單打獨鬥。喜好做獨行俠，一碰上團隊合作就束手無策，心生抗拒。
- 嫉妒心重。見不得別人比自己好，動不動就吃醋。
- 自制力差。按捺不住內心的衝動，而且老是故態復萌。
- 逃避問題。習慣當鴕鳥，不論任何大小問題，一概熟視無睹，不假思索。
- 渴望被別人喜愛，而且不計代價地處處討好別人。
- 恩將仇報。對有恩於你的人不知感激，甚至反咬對方

「生命的指令碼可由演出者的主觀意志加以改變」。有人認為，每個人天生的性格固然會影響他的行為模式，但即使你的輸家指令碼是與生俱來的，你也可以決定不再依賴這種指令碼過日子。

是，你願不願意正視你的缺陷，改變你的自毀行為，不再繼續自討苦吃。

想要不再與自己為敵，並且停止加害自己，就要找出行之有方法。當

然，你要革除多年的自毀習慣，絕非一蹴而就，必須持之以恆的努力。重要的是，當你一點一滴慢慢剷除這些障礙的時候，你就會發現：你已經不再是自己最大的敵人，而是最好的朋友。

35. 性情孤傲，四面楚歌

要想在人生成功的舞臺上獲得選票，應該首先在人生、人性和人情上先獲得選票。而關於這些，性情孤傲者則在許多方面先丟失了許多選票。

有個名叫潘子良的人很精明，在工作上獨當一面，在上司面前也能適時地說些得體的話，因此，在上司的眼中看來，他是相當可靠的一名部屬，所以很照顧他，而他也了解上司的期望，因而工作也就更賣力，逐漸確立了在公司裡的地位。

但潘子良其實是一個性情相當孤傲的人。

於是，那位上司在一次偶然的機會裡，發現他在同事之間並不受歡迎。起初這位上司並不願相信這個事實，但是，同事們都紛紛議論：

「潘子良眼皮總往上看，不願與同事們來往。」

「邀請他下班後去喝一杯，也經常吃閉門羹。」

「他的工作能力未必比別人高出多少，我看很多時候不過是擅於應付而已。」

「他這個人好像沒有多少同情心。我們同事之間有人遇到困難，大家商量要幫助，只有他淡然處之。」

「他只顧慮自己的升遷問題，根本不把與同事們的感情溝通和合作當回事。」

很多同事都這樣異口同聲地批評這個姓潘的人。

既然好幾個同事都有相同的意見，又沒有一個人願意替他辯駁，上司逐漸不得不相信，同時也開始懷疑潘子良是不是一個有著雙重性格的人。

這種例子在生活中有許多，這個例子或許有一些極端，而且也可能是潘子良的同事們看到他特別受到上司賞識，在嫉妒心驅使下，才聯合起來攻擊他。可是，既然被同事如此批評，表明他情商太低或者確實存在缺點。而他遭到同事如此漠視，說明他的缺點已經到了非常嚴重的地步。

對潘子良來說，他的確擁有一位好上司；同時，對上司而言，也有一名優秀的部屬，然而，卻不是別人心目中的好同事。這對潘子良來說，未嘗不是一種不幸。

但如果潘子良完全沒有察覺到這種不幸，或者縱然已察覺，卻認為那與升遷無關而不以為然，問題就會更加嚴重。這樣做，潘子良一類的人遲早會遇到很大的挫折。

人的一生不可能一帆風順，往往會遭遇失敗，甚至有時因失敗而掉進痛苦的深淵。這時候，有的人會依靠自己的力量再站起來；有的人即使想憑藉自己的力量，卻是心有餘而力不足，此時多半得依賴同事適時的伸出援助之手。

一個四面楚歌的人是很難在社會上立足的。雖然在受薪階級的環境裡，同事可能也就是競爭的對手，可是，一旦遇到困難，則往往必須靠那些原是競爭對手的同事來鼎力相助。然而，像潘子良這種性情孤傲之輩，可能就很少有人願意幫助他。

而且這種人即使被人提拔，也不能獲得足夠的選票來獲得支持。就是說，做人不但要有較高的智商，還要有較高的情商才行。因為，一個人要想在人生路上獲得選票，必須首先在人生、人性和人情上獲得選票。

36. 畏懼逆境，前途無望

眾所周知，從古至今，很多有所作為的人都出身於貧寒低微的底層社會，他們幾乎都是歷盡千辛萬苦，經受了許許多多的磨難才有所成就的，他們對自己所走過的人生之路，都有著不同程度的苦盡甘來的感受。

逆境，在人生之路上就如同加油站、磨刀石，它能錘鍊和磨礪人的品性，同時也為人們走向成功提供足夠的動力。人們處在順境之中，進取精神就容易懈怠，而當身處逆境時，卻往往能激起自身的潛能，為改變和擺脫困境而多方尋求辦法，與命運抗爭。

怎樣讓逆境成為前進動力的來源呢？有一個事例很典型。

有一個人曾經是個農民，做過木匠，做過泥瓦工，收過破爛，賣過煤球，在感情上受到過致命的欺騙，還打過一場三年之久的麻煩官司。現在他獨自闖蕩在一個又一個城市裡，做著各式各樣的工作，居無定所，四處飄蕩，經濟上也沒有任何保障。他看起來仍然像個農民，但是他與鄉村裡的農民不同的是，他雖然也日出而作，但是不日落而息 —— 他熱愛文學，寫下了許多清澈純淨的詩歌，每每讀到他的詩歌，都讓人覺得感動，充滿驚奇。

「你這麼複雜的經歷怎麼會寫出這麼柔情的作品呢？」有人曾經這樣問他，「有時候我讀你的作品總有一種感覺，覺得只有初戀的人才能寫得出來。」

「你說我該寫出什麼樣的作品呢？《罪與罰》嗎？」他笑著回答。

「起碼應比這些作品更加深重和黯淡些。」

他笑了，說：「我是在農村長大的，農村家家都儲糞。小時候，每當碰到別人往地裡送糞時，我都會掩鼻而過。那時我覺得奇怪，這麼臭、這麼髒的東西，怎麼就能使莊稼長得更壯實呢？後來，經歷了這麼多事，我卻發現自己並沒有學壞，也沒有墮落，甚至連麻木也沒有，就完全明白糞和莊稼的關係。

「糞便是髒臭的，如果你把它一直儲在糞池裡，它就會一直這麼髒臭下去。但是一旦它遇到土地，情況就不一樣了。它和深厚的土地結合，就成了一種有益的肥料。」

「對於一個人，苦難也是這樣。如果把苦難只視為苦難，那它真的就只是苦難。但是如果你讓它與你精神世界裡最廣闊的那片土地結合，它就會成為一種寶貴的財富，讓你在苦難中如同鳳凰涅槃，體會到特別的甘甜和美好。」

這是個充滿智慧的人，他所說的幾乎是真理，土地轉化了糞便的性質，他的心靈轉化了逆境中苦澀的流向。在這轉化中，每一場滄桑都成了他脣間的醇酒，每一道溝坎都成了他詩句的花瓣，他文字裡那些明亮的嫵媚原來是那麼深情、雋永，因為其間的一筆一畫都是他踏破苦難的履痕。

有的人只注意別人成功時的情景，而經常忘卻了他們身處逆境時的辛勞、痛苦與危難。因此在人生的征途上，我們需要對逆境形成一個正確的認識，而且還要在社會生活中去驗證苦難究竟會帶給我們什麼。

「天將降大任於是人也，必先苦其心志，勞其筋骨，餓其體膚，空乏其身，行拂亂其所為，所以動心忍性，增益其所不能」逆境是一種人生的考驗，有人能征服它，於是能夠忍受苦難，超越苦難，最終成為人們羨慕的成功者。有人被逆境折磨得不成人樣，於是淪為逆境的奴隸，最終成為人們譏笑的對象。

古時候，蒲松齡科舉屢試不中，憤而撰寫小說，並撰自勉對聯：「有志者事竟成，破釜沉舟，百二秦關終屬楚；苦心人天不負，臥薪嘗膽，三千越甲可吞吳。」終於寫成傳世鉅著《聊齋誌異》，在這副流傳至今的名聯中，蒲松齡用了「破釜沉舟」和「臥薪嘗膽」兩個成語典故，而這兩個典故恰恰也是從逆境中奮起的典型事例。

可見真正能激起振奮的只有逆境。

37. 不捨放棄，終累大局

一個人不懂放棄，只會不分輕重地將所有東西背在背上，這樣的結局只會是越來越不堪重負，倒在人生的途中。

而成功人士卻懂得放棄什麼，如何放棄。其實沒有放棄就沒有新的開始，學會放棄是人走向成功和明智處世的選擇。

有位留學日本的女子，從早稻田大學商學研究科畢業後，她當了香精香料公司的海外事業部翻譯。在工作中，她敏銳地發現了色彩在現代生活中的特殊地位，專業色彩顧問是任何產品面世時不可缺少的重要人物，而針對個人提供色彩建議的色彩工作室，在歐美和日本也已經不是新行業了，從小對美和顏色感興趣的她，忽然發現了自己夢寐以求的職業。

於是，她苦學了兩年色彩知識，透過了日本的國家級「服裝配套色彩能力鑑定」，取得了美國 CMB 公司專業色彩顧問資格。該公司在全球有 2000 多名色彩顧問，而她則是其中唯一的華人。最後她放棄了香料公司令人羨慕的職業，與人合資開了一家色彩諮商公司，從此開始在自己鍾愛的色彩世界裡闖蕩。

她對人們這樣介紹：「在香料公司工作的時候，我帶華人客戶團時特別緊張，因為害怕在外國人面前丟臉。」她忘不了那些尷尬的場面，華人因為著裝不得體往往鬧出笑話。「有次帶我們的客戶去海邊，他們從更衣室裡一出來我緊張得汗都滴下來了：一群人身上穿著游泳褲，腳上穿著襪子和皮鞋，我連忙把他們轟回去，跑去買拖鞋。每當在街上看到同胞因為穿得不合體被人暗地嘲笑，我真有一種恨鐵不成鋼的感覺。」於是，一個願望在她心中越來越強烈：想讓華人懂得打扮自己。

於是，她建起了一家色彩工作室。「剛開始我對市場絲毫不了解，完全憑主觀確定了價位。儘管工作室很快得到認可，但是卻得到個富婆俱樂部的稱號，我立刻意識到這違背了自己的初衷，我的工作室不是針對某一部分人群的，我是想讓所有的女性都漂亮起來。」不久，她調整了諮商價格，並將原來的服務拆成針對性更強的分類服務：如髮型諮商、配色諮商、服裝款式諮商……這樣一劃分，不僅年輕的時尚一族紛至沓來，連上了年紀的人也成了工作室的座上客，諮商電話響個不停。

「回國不久我就發現自己以前的認知錯了，華人不是不愛打扮，而是太缺乏獲得美學知識的途徑。我覺得來到工作室的每個顧客都像一塊渴望美的乾海綿，我教的東西她們立刻就吸收了，並且總覺得填不滿那些美學的缺口。」

面對巨大的華人市場 —— 經歷美感缺貨期的華人市場，她感到自身力量的微薄。「有太多啟發市場的工作要做。」她想把自己製作的小冊子推向書店；她還希望中學能使用關於色彩和美學的參考書；她更希望商界可以對色彩更了解，因為色彩戰術在國外已經是商業競爭中的要素。

「華人企業對包裝的認識還太薄弱，我們即將辦一個商場陳列技巧培訓，請了日本一流的專家。這本來是個難得的學習機會，但是我們發出好幾百封信函，只有兩封有回音。」

總結自己的創業經驗，她說成功的主要原因是懂得放棄，因為沒有放棄就沒有新的開始，她幾次放棄了已經開啟局面並令人羨慕的工作，而重新開始，這是因為她深深地了解自己的興趣、特點及自身的價值。

一個人的精力是有限的，每一個人不可能把精力分散到若干件事情上，還期望都有好的發展。學會放棄，是成功者明智的選擇。想成就大事業的人就要選定明確的目標，集中精力，專心致志地朝這個方向努力。

在我們生活的現實中，有的人曾經有過輝煌的時候，然而，隨著的時代的不同，社會的發展，他們的許多觀念已經遠遠落後了，卻依然抱得緊緊的捨不得丟棄，以至於影響了接受現代的觀念，進而影響了個人事業的發展。

這個故事給了人們一個啟示：就是只有懂得放棄舊的觀念，才能讓新的思想意識有一個生長的空間，更重要的是透過新概念為差別化的競爭帶來可能。人只有兩隻手，不可能什麼都抓得住，只有放下一些東西，才能抓住一些更新、更有價值的東西。這就是成功。

38. 不識時務，難成大事

古人說：「識時務者為俊傑。」

不變是相對的，變化是絕對的。做人的成功要素之一就是要識時務，要能看透世事發展的趨勢，並順應世事的發展，及時採取應變之策。而不識時務地瞎走，那只會是在人生陷阱中徒自掙扎而已，永遠也成不了大事。

一般識時務者大都是聰明人，他們知道如何防患於未然並轉危為安。固執的人對識時務者往往感到不齒，這源於一個人的地位和身分。可是，這個世界上沒有什麼是永恆不變的，特別是在考驗一個人是否識時務的關鍵時刻，原來的地位和身分似乎並不具有多少價值，在情勢複雜的時候，只要不涉及原則問題，大可做些變通的工作。「變則通，通則久」，這是一個應付變化世界的永恆法則。有了這樣的生存適應能力，人生往往能夠平穩地走下去。

而所謂時務就是指事態的發展狀態，發展趨勢。根據這個趨勢掌控自己的行為舉止，根據趨勢決定自己何去何從就是「識時務」。

一般認為，任何世事的構成或運動變化都是由系統內外條件和多種因素決定的，當某些條件和因素達到一定的排列組合和結構狀態時，只要從系統外部再加入一定的能量、資訊或物質，整個世事就會發生結構上的重大變化，而身處局內之人可能就會因此而被捲入這一變化之中，即將發生變化的這一轉捩點可以稱為世事。世事的事機對應著的時間數軸上的某一點，被稱為時機。事機和時機統歸於時務的涵蓋之下，時務則在事機和時機之上，更具有待選擇、決策和行動的意味，抓住時機和事機進行選擇、決策和行動，一般就能出現更高的工作效率，不僅時效高，效能大，運動的勢能強，而且實現預期目標的可能性更大。任何世事在其發展過程中都存在著時機和事機，尤其對人生選擇、經營決策、計畫實施等至關重要。能夠較準確地識別時機和事機的到來，並據此做出人生抉擇，即識時務者。

時務中最重要的是時機問題。準確地把握時機，便能事半功倍；一旦失去時機，兩手空空一無所獲不說，走向失敗甚至毀滅的境地也不為過。而良機不能坐等天上掉下來，捕捉時機，轉移視角或重新選擇都貴在善於捕捉。從某種意義上來說時機具有開放價值，它對每個人都是公平的，但並不是每個人都能得到和駕馭好。其原因正如著名生物學家巴斯德（Louis Pasteur）所說：「機遇只偏愛那種有準備的頭腦。」只有辛勤勞動，反覆思索，才能抓住靈感，贏得最佳時機。古往今來有多少人因錯失良機和不思變通而留下了千古悔恨和終生遺憾。

審時度勢是識時務最基本的功夫之一，看透世事發展的趨勢，並順應世事發展，及時採取應變之策，才是識時務的要義。

武則天是唐太宗的嬪妃，她入宮時只有 14 歲，她離太宗馴烈馬時因說了一句「馴烈馬要一用鐵，二用刀」的話而使太宗對她另眼相看。當唐太宗病危之時，她還非常年輕，太宗很有讓她隨去的意思。在這時，武則天除了與準皇帝——當時的太子，後來的高宗建立私情外，還主動選擇出家當尼姑這種當時時興的一種衍罪修身的方式。這樣一來，一則對太宗表示了忠貞，二則保全了自己的生命。她在特定情況下的這種選擇，一讓外人無可非議，二為自己日後大權在握埋下了伏筆。這是識時務中何等驚人的大手筆，這種人日後的手腕和作為也可想而知！

人生總有各式各樣難以應付的局面出現，關鍵是如何根據實際情況來保全自己。武則天削髮為尼，表面上是遁世逃避，實則為東山再起積聚力量。

古人說：成者為王，敗者為寇。而歷來古今中外之成就者，無一不是識時務的俊傑。識時務從本質上講是一種變的哲學，「窮則變，變則通」實乃千古不變之理。

漢朝開國皇帝劉邦，曾聽從謀士的建議，大力改變個人的一些生活細節問題。《史記》中記載：「沛公（劉邦）居山東時，貪於財貨，好美姬。今入關，財物無所取，婦女無所幸，此其志不在小。」這種個人生活習慣的調整，成就了劉邦統一天下的大業。

孫中山、郭沫若、魯迅，早年都是學醫的，但由於人們的生活環境及條件的變化，各自都進行了人生大目標的調整。

孫中山後來投身政治，為推翻清王朝，建立中華民國做出了巨大貢獻，成為中華民國第一任大總統。

魯迅轉而獻身文學，成為中國新文學的倡導者之一。

郭沫若則亦文亦政，既是中國現代文學的巨匠，又參加過南昌起義，還擔任過國務院副總理、中國科學院院長等高級領導職務。

這三個成功卓越者，都先後把學醫之志調整掉了，對應於時世，做出了正確的利於時代、利於自我的可貴抉擇。

要成功卓越，就必須要審時度勢，睜大眼睛，不斷進行人生步伐的調整。只要能識時務的調整，就一定會使自己找到通向成功的捷徑；只要是識時務的變故，就一定會使自己踏上通往幸福之路。

39. 難於自省，難以成事

對自己做錯的事，能夠自省，知道悔悟和責備自己，這是敦品勵行的原動力。不反省便不會知道自己的缺點和過失，不悔悟就無從改進，這也是一種人生陷阱。

著名作家李奧．巴斯卡力 (Leo Buscaglia)，寫了大量關於愛與人際關係方面的書籍，影響了很多人的生活。

據說，他之所以有這樣卓越的成就，完全得力於小時候父親對他的教育，因為每當吃完晚飯，他父親就會問他：「李奧，你今天學了些什麼？」這時李奧就會把在學校學到的東西告訴父親。如果實在沒什麼好說的，他就會跑進書房，拿出百科全書學一點東西，告訴父親後才上床睡覺。這個習慣他一直維持著，並在每天晚上，他就會拿十年前父親問他的那句話來問自己。若當天沒學到點什麼東西，他是絕對不會上床的。這個習慣時時激勵他不斷地吸取新的知識，產生新的思想，不斷進步，這也使得他取得了今天的成就。

無獨有偶，在一位作家的書房裡，赫然醒目地掛著一張條幅：「在飛逝的今天，你為生活留下什麼？」而且問號寫得特別大。

這個作家說：「這張條幅就像懸在我脊梁上的一條鞭子，問號像一把鋒利的離別鉤，直刺我的心靈。」他認為，善待每一天是成功人生的真實寫照，每一天都是描繪成功人生畫卷的一筆，我們必須認真地畫好每一筆。人生也好比一卷長長的電影膠片，每一格都記錄著每天的生活態勢。

所謂反省，就是反過來省察自己，檢討自己的言行，看一看有沒有要改進的地方。

反省是自我認識水準進步的動力，反省是對自我的言行進行客觀的評價，認識自我存在的問題，修正偏離的前進航線。

為什麼要經常反省？因為人不是完美的，總會有經驗上的偏失、個性上的缺陷、智慧上的不足、思想上的幼稚等，而年輕人更缺乏社會歷練，常常會說錯話、做錯事、得罪人。反省的目的在於建立一種監督自我的暢通的內在回饋機制，透過這種機制，我們可以及時知曉自己的不足，及時糾正不當的人生態度。

良好的反省機制是自我心靈中的一種「自動清潔系統」或自動糾偏系統。反省是自我砥礪人品的最好磨石，它能使你的想像力更敏銳，它能使你真正認識自我。自省就是免使自己誤人人生陷阱而不知，不然，那就太可悲了。

孟子云：「吾日三省吾身。」這是聖賢的修身功夫，凡人不易做得到，但時時提醒自己，檢視一下自己的言行卻不是太難的事，一個人有了不當的意念或做了見不得人的事，可能瞞過任何人，但絕對騙不了自己。人之所以會做對不起別人的事，不單是外界的誘惑太大，更多的是自己的慾念太強，理智屈就於本能衝動。一個常常做自我反省的人，不僅能增強自己的理智感，而且必定知道什麼是自己該做的，什麼是自己不該做的。

時下，許多行業都注重反省的習慣，以增強行業的凝聚力和工作效率。西方一家企業在一天工作結束時，抽出下班前的 10 分鐘，讓員工集合起來一起做一次「反省」，朗誦下面幾句話。

我今天的工作是否有任何缺點？

我對今天的工作是否盡了全力？

我今天是否說過不當的話？

我今天是否做過損害別人的事？

……

對個人來說，方式可以靈活機動些，只要是反省自己，隨時隨地都可以進行。建立自我反省機制是為了反觀自我的不足，以達到提升自我，健全自我和改善自我的目的。

正視人性的弱點，認識反省自我的必要性。毋庸置疑，人的通病都是「長於責人，拙於責己」或以「自我為中心」。反省要求的是「反求諸己」，而不是找他人的不是。

反省是一面心鏡，透過它可以洞觀自己的心垢。每一個白苧如同眼睛一樣可以盡情地看外面的世界，卻無法看到自己。三省機制的建立將徹底改變這一局限。說反省難就難在你願不願意去看自己的心垢，有沒有勇氣去洗刷它。

反省是認識自我、發展自我、完善自我和實現自我價值的最佳方法。成功學專家羅賓（Anthony Robbins）認為：我們不妨在每天結束時好好問自己下面的問題：今天我到底學到些什麼？我有什麼樣的改變？我是否對所做的一切感到滿意？如果你每天都能改進自己的能力並且過得很快樂，必然能夠獲得意想不到的豐富人生。真誠地面對這些提出的問題就是反省，其目的就是要不斷地突破自我的局限，省察自己開創的成功人生。

反省的內容就是時時捫心自問自己的言行，這是鄭重的人生之問。每天對自己的心靈進行盤點，有益於及時知道自己近期的得與失，思考今後改進的策略。

反省的立足點和取向主要是針對自己，省悟自身的不是。這不僅是自身素養不斷完善的手法，而且是融洽人際關係的法寶。比如，「念自己有幾分不是，則內心自然氣平；肯說自己一個不是，則人之氣亦平」；「自如其短，乃進德之基」；「先問自己付出多少，再問人家給了多少」等等，都是很好的反省方法。若我們能時時這樣去反省，就能使自己心平氣和，善結人緣，力求進取，開創光輝的人生。

反省的方式可以靈活多樣，反省的方法也多種多樣，有人寫日記，有人則靜坐冥想，只在腦海裡把過去的事拿出來檢視一遍。

只要我們都關注自身的發展，我們就無法迴避認識自我。我是誰？我能做什麼？我做得怎樣？我要到哪裡去？……茫茫的人生旅途跋涉，我們都必須亮起一盞心燈，時時叮囑自己：一路走好。只有這樣，我們的成功豐路才能越走越寬廣。

40. 羨慕別人，忘了趕路

人生中有一種可怕的情況，那就是，一味地羨慕他人。這種情形只會消解自我的奮進精神，甚至衍生出頹廢的情緒，從而跳入宿命的人生陷阱之中。

其實，在現實生活中，羨慕是一柄雙刃劍，它既能輝映出激勵自我的光芒，也容易滋生自卑的情緒。羨慕極易使一個羨慕者沉浸在非我的陶醉中，遮蔽自我的個性和天分。

大學畢業生萌萌是一位性情溫柔，容貌出眾，能歌善舞的好孩子，畢業後分配到報社工作，是眾多男同事傾慕的目標，也是周圍女孩羨慕的對象。不久前當她突然昏倒住進醫院時，人們才知道她患有嚴重的先天性心臟病。當同事們去醫院探望她時，她含著淚說：「我羨慕你們每個健康的人啊。」

羨慕像「圍城效應」，多少有點像捧著金飯碗要飯吃的愚蠢樣子。許多人常常抱怨自己生不逢時，運氣不好，感嘆人生苦澀，發財無門，卻對自身擁有的一切視而不見。

事實上，從某種意義上講，能來到這個世界本身就是一種幸運，能有一個健康的身體則是最大的幸運。無論你是誰，一定有許多相識的或不相識的人在由衷地羨慕你，羨慕你的健康，羨慕你的年輕，羨慕你的高大，羨慕你的聰明才智，羨慕你有一個溫暖的家庭，羨慕你寫的一手好字，甚至羨慕你光潔的皮膚、烏黑的長髮和雪白的牙齒……既然如此，又何必羨慕別人呢？

毋庸置疑，羨慕是一種極為普遍的心理活動，這源於我們不滿足自己的深層要求。

一般地說，人們從懂事起就一直在不停地羨慕他人，比如孩子羨慕大人，老人羨慕孩子，普通人羨慕名人，名人又羨慕普通人。同時也開始不停地變換著羨慕對象，一遍又遍地夢想著擁有羨慕對象的容貌、身材、學識、才能、名氣、地位、財富等等。這是何等錯位的現象。

羨慕的對象雖然各不相同，但羨慕的感覺卻都是相似的。失敗者羨慕成功者，醜陋者羨慕美貌者，窮人羨慕富翁，打工仔羨慕老闆，少年羨慕英雄，少女羨慕明星，如此等等，羨慕者都是希望自己的未來就是他人現在所擁有的一切。有人喜歡將羨慕之情溢於言表，有人則把羨慕的祕密藏在心底，將羨慕的情緒化作一股湧動的追求情懷，羨慕的對象是只有自己知道等待已久的夢。

但是，羨慕者往往為羨慕這種情緒所傷害。

一味地盲目的羨慕很容易導致自卑，人一自卑就很容易讓自身的進取精神萎縮，這是一種很危險的人生陷阱。一直以來，我們的學校教育也好，家庭教育也罷，都喜歡用所謂的楷模來激勵人的成長，認為榜樣的力量是無窮的。社會上的各種傳播媒體也喜歡演繹各種楷模的事蹟，用以鼓勵人的發展。結果使很多人學會了膚淺的羨慕，學會了無聊的比附，學會了笨拙的仿效，終日活在他人的影子下，處處幻想成為他人，就是沒有自己，這實在是羨慕的悲哀。

其實，楷模充其量只是一種參照，是學不來的。歷史上之所以會有綿綿不絕的東施效顰和邯鄲學步的笑話，大抵在於笨拙的仿效，忘記了自身的特點。真正的楷模是只能讓人去領悟的，絕不能完全複製。就如同模特兒穿著的時裝是很有魅力，但只有傻瓜才會認為自己穿上相同的時裝也會一樣漂亮。模特兒有他的身材和氣質，羨慕者卻不一定有。但是也未必要自卑，因為我們有自己的身材和氣質特點，我們可以塑造相應的魅力，犯不著強求他人的模樣，不過現實中這樣的人還確實不少。

人人都有自己的個性和特色，人人都有適合自己的生活空間，一味的羨慕和比附，等於是拋棄自己的個性和特色，這無異於自殺。

不論處於何種境況，一般而言，每一個人都注定擁有一份值得自豪、使自己榮光的才能優勢和個性潛質，生者有份，這是上帝造人的公平。

像世間的萬物一樣，生存在這個世上的一切，從不同的角度來看，都是有其作用的，對人來說就更是如此。小草如果看到參天大樹的挺拔和偉岸，只知道羨慕，那麼它就只有黯然神傷，只有羞愧地消失。但小草卻自信地意識到自身的潛質，依舊發揮自身的價值，這使它獲得了足夠的生存理由，正因為有了這足夠的生存理由，小草才能理直氣壯地遍及天涯海角。世間萬物尚且如此，那麼人類亦然。

人的一生委實太短暫了，能力也很有限，能將一件事情做得很好已經不錯了。對於匆匆而過的人生，你要不了更多，不要在乎他人正在做什麼，取得了什麼成績，重要的是你喜歡做什麼，你能夠做些什麼。

而人生的真實在於，他人的成功是他人的天賦、努力和機緣所致。你有你自己的人生，只要忠實於自己的天賦，願意付出相應的努力，善待機緣，每個人都有成功的時候。在追求成功的過程中，應該學會守望、忍耐和等待，守望自己的心願、忍耐艱辛的歷程和躬行默默的耕耘，也應該學會正確看待他人的成功和自己的堅守。

西班牙作家塞拉 (Cela) 在榮獲 1989 年諾貝爾文學獎後，在談及自己的成功之道時竟然如此說：「勤奮工作，認真嚴肅地對待自己的職業，不去嫉妒別人，也不理睬別人的嫉妒。」

一味地羨慕如同望梅止渴，對付口渴的需求，只能應付一時，不能持久，重要的是你要真正找到適合你解渴的水源。望梅焉能止渴，畫餅豈能充飢，與其羨慕別人所得到的，不如珍惜自己所擁有的，哪怕是疼痛、膚淺，是追悔、無奈，是無聲無息、普通平凡，一味羨慕無法彌補你的匱乏，更無法消解你的痛楚。珍惜自己所擁有的，接納實在的你。

只有真實的自我活法，你才會獲得一份自己曾經活過的青春證明，留下一道值得記憶和珍藏的生命印記。

因此，不要在一味羨慕他人的精神沼澤中失去自己，更不要在羨慕他人時輕視自己，使自己喪失進取的鬥志。因為羨慕是一種萬劫不復的人生陷阱，你一定不能自己掉下去。

放棄羨慕吧，你羨慕的人也許正在羨慕你，明天的你也許要羨慕今天的你。放棄羨慕，輕裝前進，按自己的信念走下去，就一定會有一個成功的人生。

41. 自卑作祟，難出牢籠

在現實生活中，每個人都或多或少存在著自卑，就如同每一個人都有著某方面的優越感一樣。但自卑並不可怕，可怕的是沉浸在自卑中而喪失追求成功的勇氣，這樣，自卑就成了牢籠，讓人無法真正地奔跑在人生的原野上。

從前有個人相貌極醜，街上行人都要掉頭對他多看一眼。他從不修飾，到死都不在乎衣著。窄窄的黑褲子，傘套似的上衣，到死都戴著一頂窄邊的大禮帽，彷彿要故意襯托出他那瘦長的個子，走路姿勢也相當難看，雙手晃來蕩去不知怎樣才合適。

他直到臨終，甚至已經身任高職，舉止仍是老樣子，仍然不穿外衣就去開門，不穿外套去公共場合，總是講不得體的笑話，往往在公共場合忽然就憂鬱起來，不言不語。無論在什麼地方 —— 在法院、講壇、國會、農莊，甚至於他自己家裡 —— 他處處都顯得不得其所。

他不但出身貧賤，而且身世蒙羞，母親是私生子，他一生都對這些缺點非常敏感。

沒人出身比他更低，但也沒有人比他升得更高。

他後來任美國大總統，這個人就是林肯（Abraham Lincoln）。

一個人有這麼大的弱點而不去補償，難道也能得到林肯那樣的成就嗎？

原來，林肯並不是用每一個長處抵每一個短處以求補償，而是憑偉大的睿智與情操，使自己凌駕於一切短處之上，置身於更高的境界。這才是人生成功的真諦所在。

林肯一生都在拚命自修來克服早期的障礙，他也非常孤陋寡聞，在20

歲以前聽牧師布道，他們都說地球是扁的。他在燭光、燈光和火光前讀書，讀得眼球在眼眶裡越陷越深，眼看知識無涯而自己所知有限，總是感覺沮喪，他填寫國會議員履歷表，在教育程度一項內填下的竟然是「有缺點」。

林肯的一生不是沉浸在自卑中，而是對一切他所缺乏的方面進行全面補償。他不求名利地位，不求愛情與婚姻美滿，集中全力以求達到更高的目標，他渴望把他的獨特思想與崇高人格裡的一切優點奉獻出來，造福人類，這就是林肯。

其實，自卑是由於一種過多地自我否定而產生的自慚形穢的情緒體驗。其主要表現為對自己的能力、學識、品質等自身因素評價過低；心理承受能力脆弱，經不起較強的刺激；謹小慎微，多愁善感，常產生猜疑心理；行為畏縮、瞻前顧後等。自卑心理可能產生在任何年齡和各式各樣的人身上。比如說，德才平平，生命仍未閃現出輝煌與亮麗，往往容易產生看破紅塵的感嘆和流水落花春去也的無奈，以至把悲觀失望當成了人生的主調；經過奮力打拚，工作有了成績，事業上創造了輝煌，但總擔心風光不再，容易產生前途渺茫、四大皆空的哀嘆；隨著年齡的增長，青春一去不回頭，往往容易哀怨歲月的無情和生發出紅日偏西的無奈……這種自卑心理是壓抑自我的沉重精神枷鎖，是一種消極、不良的心境。它消磨人的意志，軟化人的信念，淡化人的追求，使人銳氣鈍化，畏縮不前，從自我懷疑、自我否定開始，以自我埋沒、自我消沉告終，使人陷入悲觀哀怨的人生陷阱中而不能自拔，真是害莫大焉。

自卑是一種消極的自我評價或自我意識，自卑感是個體對自己能力和品質評價偏低的一種消極情感。自卑感的產生，不是其認識上的不同，而是感覺上存在差異。其根源就是人們不喜歡用現實的標準或尺度來衡量自己，而相信或假定自己應該達到某種標準或尺度，如「我應該如此這般」、「我應該像某人一樣」等。這些追求大多脫離實際，只會滋生更多的煩惱和自卑，使自己更加憂鬱和自責。

自卑是人生成功之大敵，自古以來，多少人為自卑而深深苦惱，多少人為尋找克服自卑的方法而苦苦尋覓。這才是陷入了人生陷阱之中並將自己掩埋了的典型。

其實，強者不是天生的，強者也並非沒有軟弱的時候。強者之所以成為強者，在於他善於戰勝自己的軟弱。

一代球王貝利 (Pele) 初到巴西最有名氣的桑托斯足球隊時，他害怕那些大球星瞧不起自己，竟緊張得一夜未眠，他本是球場上的佼佼者，但卻無端地懷疑自己，恐懼他人。後來他設法在球場上忘掉自我，專注踢球，保持一種泰然自若的心態，從此便以銳不可當之勢踢進了一千多個球。球王貝利戰勝自卑的過程告訴我們：不要懷疑自己、貶低自己，只需勇往直前並付諸行動，就一定能走向成功。

當然，消除自卑並不是能夠一蹴而就的。但是就過去的經驗來說，也並非完全如此，有幾位偉人的生平就是一部奮鬥史，顯示出藉由補償作用而獲得成就的可能性有多大。讀達爾文 (Charles Robert Darwin)、濟慈 (John Keats)、康德 (Immanuel Kant)、拜倫 (George Gordon Byron)、培根 (Francis Bacon)、亞里斯多德 (Aristotle) 的傳記，就不會不明白，他們的品格和一生，都是個人缺陷形成的。像亞歷山大 (Alexander)、拿破崙 (Napoleon)、納爾遜 (Horatio Nelson)，是因為生來身材矮小，所以立志要在軍事上獲得輝煌成就；像蘇格拉底 (Socrates)、伏爾泰 (Voltaire)，是因為自慚奇醜，所以在思想上痛下功夫而大放光芒。

唯一的問題在於，不是我們不能改變自己，也不是改變的困難，而是我們不要改變。只要別人或是別的事物改變了，你就會看到，我們把自己調整得多好。

現在就是開始的時候了，任何人都有自卑的時候，但不能因自卑而影響自己的生活，你可以過更好的生活。人不應讓自卑感作祟而使自己覺得難堪，應該像一般成功快樂的人那樣，好好地發揮自己自卑感原有的作用。雖然起初不大有把握，可是你會發現你自己不再受它的驅使，而是在利用它，將來會有一個更精彩更豐富的人生。

42. 指責別人，包庇自己

在生活中，對於某些人來說，指責別人比吃家常便飯還容易，反省自己卻比登天還難。所以人們也總是容易陷入別人的流言蜚語與指責評判之中。

古希臘時，一對年輕人，因通姦被捉而綁在了廣場上，人們萬分憤怒，指責與謾罵的聲音像海浪一樣，一浪高過一浪。有人竟然還提議用石塊將這對玷汙了人類靈魂的狗男女砸死，並還取得一致認可。這時恰巧耶穌 (Jesus) 路過。面對此景，他想了想便對憤怒的群眾說：「好吧，那麼就讓我們當中完全沒有犯過錯誤的人扔第一塊石頭。」結果群眾皆啞然了。「沒有人定你們的罪嗎？那麼我也不定你們的罪吧！」耶穌又對那對人說。

我們在批評別人之時，往往只看見別人的過失，卻看不見自己也犯了錯誤，這幾乎是人類的一個通病，這也是某些人人生失敗的原因之一。

有四個和尚為了修行，參加禪宗的「不說話修練」。

四個人當中，有三個道行較高，只有一個道行較淺。由於該修練必須點燈，所以點燈的工作就由道行最淺的和尚負責。

「不說話修練」開始後，四個和尚就盤腿打坐，圍繞著那盞燈進行修練。經過好幾個小時，四個人都默不作聲，因為這是「不說話修練」，無人出聲說話，這是很正常的現象。

油燈中的油愈燃愈少，眼看就要枯竭了，負責管燈的那個和尚，見狀大為著急。此時，突然吹來三分鐘熱風，燈火被風吹得左搖右晃，幾乎就快熄滅了。

管燈的和尚實在忍不住了，他大叫說：「糟糕！燈快熄滅了。」

其他三個和尚，原來都閉目打坐，始終沒說話。聽到管燈的和尚的喊叫聲，道行在他上面的第二個和尚立刻斥責他說：「你叫什麼！我們在做『不說話修驗』，怎麼開口說話？」第三個和尚聞聲大怒，他罵第二個和尚說：「你不也說話了嗎？太不像樣了。」第四個道行最高的和尚，始終沉默靜坐。可是過了一會兒，他就睜眼傲視另外三個和尚說：「只有我沒說話。」

四個參加「不說話修練」的和尚，為了一盞燈，先後都開口說話了；最好笑的是，有三個「得道」的和尚在指責別人「說話」之時，都不知道自己也犯下「說話」的錯誤了。

這就是人生的真相，我們在指責別人時，其實自己正在犯著相同的錯誤，但我們並不自知，這是多麼的可悲呀。

有一個學生問老師：「您在我的作文簿上所批的字，學生愚昧，實在看不出是什麼？請老師明示。」

老師說：「我只是告訴你，你的字寫得太潦草了，以後要寫清楚點。」

老師只看見學生的字「潦草」，沒想到自己也犯了寫字「潦草」的毛病。

金無足赤，人無完人。在美國電影《基督的最後誘惑》（*The Last Temptation of Christ*）裡就記載著耶穌的種種過錯。他不但在年輕時嫖過妓，中年時也曾受誘惑而犯下了色戒，甚至最後的死也與之有關。姑且不論這裡的故事是真是假，至少它以耶穌的名義告訴我們，錯誤是人生的組成部分這樣一個人生道理。我們一味地指責錯誤，實在是在指責一個根本無法解決的問題。

有一個叫阿濤的年輕人，他最大的嗜好就是和朋友在一起鬼混，打屁、喝酒、打麻將樣樣是強項。下班後，他總是喜歡跑到單位的單身宿舍與同事們搓上幾圈或豪飲幾盅。久而久之，已成婚的他竟成了公司裡那些沒家沒業年輕光棍們的靈魂人物，喝酒少了他不熱鬧，打牌少了他沒勁，而他又樂此不疲，很少回家，更別說找時間陪陪妻子了。

剛結婚的妻子十分溫順和善解人意，他們並沒因此發生過口角，而且妻子認為這樣也好，有利於鞏固阿濤與同事們的關係。漸漸地他越不像話了，不但很少回家，即使回來也是像旅店的客人一樣，僅是借宿一宿而已。這年大年三十，妻子了為能讓他在家裡過年，老早就準備好了一桌豐盛的大餐。剛要上酒的時候，同事又打電話來了，說他們幾個快樂單身漢已弄好了一桌酒菜，但他不在，總覺得少了點什麼，希望他能體恤兄弟疾苦來一趟。在這樣的時候，按理說阿濤應該多替妻子考慮考慮，可他卻撂下電話，對妻子說聲對不起就走了，弄得妻子生了一肚子氣，整個年都沒有過好。

於是，萬般無聊的妻子喜歡上了跳舞，並一發不可收拾。據說她的舞伴是個溫柔體貼的單身貴族，對她頗有好感。她也同樣。其實，迫於家庭和道德的約束，他們並沒有做出越軌的事情來，在某種程度上，妻子還是愛著阿濤，愛著這個家的，只不過妻子對他那種對家庭不負責任的做法感到不滿，想給阿濤一個警告。

一天，阿濤剛從外面喝酒回來，妻子指責了他，並佯裝提出離婚。此時，阿濤若要好好的反思一下自己，然後道個歉也就過去了。但他沒有，反而以聽到的風言風語來嘲笑妻子，指責妻子的放浪，還一口咬定妻子對他不忠，結果使本已對他不滿的妻子大為惱火，決定真的離婚。

在現實生活中，像阿濤這樣的例子比比皆是。我們似乎習慣了用一種近似刻薄的挑剔眼光來盯著別人的錯誤，而忽略了自己的過失，結果使夫妻不和，朋友離散。

前日本經聯會會長土光敏夫（Toshiwo Doko ）是一位地位崇高、受人尊敬的企業家。

土光敏夫在 1965 年曾出任東芝電器社長。當時的東芝人才濟濟，但由於組織太龐大，層次過多，管理不善，員工鬆散，導致公司績效不佳。

土光接掌之後，立刻提出了「一般員工比以前多用三倍的腦，董事則要十倍，我本人則有過之而無不及」的口號，來重建東芝。

他的口號是「以身作則最具說服力」。他每天提早半小時上班，並空出上午七點半至八點半的一小時，歡迎員工與他一起動腦，共同來討論公司的問題。

土光為了杜絕浪費，還藉著一次參觀的機會，給東芝的董事上了一課。

有一天，東芝的一位董事想參觀一艘名叫「出光丸」鞠巨型油輪。由於土光已去看過幾次，所以事先說好由他帶路。

那一天是假日，他們約好在「樓木町」車站的門口會合。土光準時到達，董事坐公司的車隨後趕到。

董事說：「社長先生，抱歉讓您等了。我看我們就搭您的車前往參觀吧。」董事以為土光也是坐公司的專車來的。

土光面無表情地說：「我並沒坐公司的轎車，我們去搭公車吧。」

董事當場愣住了，羞愧得無地自容。

原來土光為了杜絕浪費，使公司管理合理化，以身示範搭公車，給那位渾渾噩噩的董事上了一課。

這件事立刻傳遍整個公司，上上下下立刻心生警惕，不敢再隨意浪費公司的物品。由於土光以身作則點點滴滴的努力，東芝的情況才逐漸好轉。

指責別人之前先反省自己，會使受批評和教育的對象心服口服，同時更會在無形中提升一個人的威望。

先要嚴於律己，才能嚴以律人；先要看到自己也會有不足，才能寬待別人的不足。不要揪住別人的某些過失，耿耿於懷，一棍子打死，要給人自省更新的機會和餘地，這是做人的一大法則。

做人的另一大法則就是，在你決定要處理一個人時候，一定要先檢查一下自己有沒有不利的錯誤把柄被別人抓住。如果自己屁股上有屎，那你肯定會軟下來，放棄原則而苟同，正如貪官無法處理貪官一樣。只有自己堅信行得端做得正了，放手去處理別人，才不會有太大的風險。否則，別人反咬你一口，搞個魚死網破，同歸於盡，下場就不妙了。

43. 釋一人怨，得天下歡

俗話說：「寧可得罪十個君子，也別得罪一個小人。」

古代啟蒙讀物《增廣賢文》上也有這樣的句子：「休與小人為仇，小人自有對頭。」

小人是萬萬得罪不得的，然而「君子」最好也別去招惹。「君子」雖不致像小人似的給你使手段，但當你進退維谷時，如果他下狠心不來幫你，那也是很可悲的。所以，與其邀千百人之歡，不如釋一人之怨。

有人到一家醫院推銷藥品，上上下下都打點得很周到，結果仍然沒有成功。後來，這個人作了一次暗中調查，結果原因出在一位年長的清潔工身上。這位清潔工是某關鍵人物的近親，在業務員進行打點時，將他這個清潔工漏掉不說，甚至連正眼都未曾看過她，於是這個人早就懷恨在心了。推銷人員得知，急忙請客賠禮，專程拜訪，再送上一個大禮包，才使問題得到解決。

無論何時都不要小看一個人的力量，一條臭魚絕對是能腥掉一鍋湯的。

古時候，平原君趙勝是趙惠文王的弟弟，在趙國的公子當中，趙勝最賢良，喜歡結交賓客，到過平原君府上的賓客前後多達數千人。平原君的府地很大，前院客房住著門客，後蟲著眷屬，後院有一座高樓，住著他的妻妾。

有一天，一位美人站在高樓窗前觀看園中景色，忽然看到前院有個跛子外出取水，走起路來一瘸一拐。平原君的美人看到跛子走路的樣子，覺得與滿園桃紅的景色太不協調了，就忍不住大笑起來，並且指手畫腳地譏笑不止。跛子聽到了美人的譏笑，心中頓時異常仇恨。

第二天，這個跛子來到平原君面前對他說：「臣聽說您很喜歡賢士，賢士所以能夠從千里之外遠道來到您這裡，就是因為您能夠以賢士為貴啊。臣不幸有跛腿的毛病，而您後宮的美人居高臨下看見了，就譏笑我，臣希望得到笑話我的人的頭。」

平原君當著跛子的面答應了他的請求，背後卻說：「竟因為一笑的緣故而要殺我的美人，這也太過分了。」因此不把跛子的請求當回事。

結果呢，過了一年，平原君府上的賓客都逐漸地託故辭去，人數減少一半。

釋一人之怨可以給自己創造很多機會，結一人之怨則可能給自己埋下許多地雷。

宋朝郭進任山西巡檢時，有個軍校到朝廷控告他，宋太祖召見了那個告狀的人，審訊了一番，結果發現他在誣告郭進，就把他押送回山西，並給郭進處置。有不少人勸郭進殺了那個人，郭進沒有這樣做。當時正值北漢國入侵，郭進就對誣告他的人說：「你居然敢到皇帝面前去誣告我，也說明你確實有些膽量。但我既往不咎，赦免你的罪過，如果你能出其不意，消滅敵人，我將向朝廷保舉你。如果你打敗了，就自己去投河，別弄髒了我的劍。」那個誣告他的人深受感動，果然在戰鬥中奮不顧身，英勇殺敵，後來打了勝仗，郭進不計前嫌，向朝廷推薦了他，使他得到提升。

容忍別人對自己所犯的過錯，不記仇，別人必然以自己的一技之長來酬答你。寬大自己的仇人，仇人會良心發現，必會找機會以死相報。原因在於你不記他的過錯，給他以希望，他要報恩的感情存於胸中，所以一旦他的能量、才技被發揮出來，就能做一番大事業，對己對人，對社會都是一大貢獻。那些專門去收集別人的過錯，去尋找仇人的人，與郭進不殺自己的仇人相比，實在是天壤之別。

東漢時有個叫蘇不韋的人，他的父親蘇謙曾做過司隸校尉。李皓由於和蘇謙有嫌隙，懷著個人私憤把蘇謙判了死刑，當時蘇不韋只有 18 歲。他把父親的靈柩送回家，草草下葬。又把母親隱匿在武都山裡，自己改名換姓，用家財招募刺客，準備刺殺李皓，但事不湊巧，沒有辦成。不久以後，李皓升遷為大司農。

蘇不韋和人暗中在大司農官署的北牆下開始挖洞，夜裡挖，白天躲藏起來，花了一個多月，終於把洞打到了李皓的寢室下。

一天，蘇不韋和他的人從李皓的床底下衝出來，不巧李皓上廁所去了，於是只能殺他的小兒子和妾，留下一封信便離去了。李皓回屋後大吃一驚，嚇得在室內布置了許多荊棘，晚上也不敢安睡。蘇不韋知道李皓已有準備，殺死他已不可能，就挖了李家的墳，取了李皓父親的頭拿到集市上去示眾。李皓聽說此事後，心如刀絞，心裡又氣又恨，又不敢說什麼，沒過多久就吐血而死。

李皓只因一點私人恩怨，則置人於死地，而蘇不韋一生之中只為報仇，竭心盡力。李皓不忍小仇，結果招致老婆孩子被殺，連死了的父親也跟著受辱，自己最終氣憤而死，被天下人笑話，實在是太愚蠢了。

春秋時楚悼王死時，貴戚大亂，攻打吳起。吳起跑到了楚悼王的屍體前伏在屍上，要殺他的人就用箭射吳起，用刀刺吳起，當然也就自然而然刺中了已死的楚悼王。楚肅王登上王位以後，下令把所有作亂的人都殺死，因為吳起的死而犯法滅族的就有 70 多家。

吳起也是一個能記仇的人，自己臨死了還能想出這種辦法來為自己復仇。但以仇報仇，冤冤相報何時了，也是一個大難題。所以古人說：「血氣之初，寇仇之恨。報冤復仇，自古有聞，不在其身，則在子孫。人生世間，慎勿構冤。小吏辱秀，中書憾潘。誰謂李陸，忠州結歡？霸陵射死於禁夜，庾都督奪於鵝炙。一時之忿，異日之禍。張敞之殺絮舜徒，以五日京兆之忿；安國之釋田甲，不念死灰可溺之恨德而報怨。君子長者，寬大

樂易，恩仇兩忘，人已一致。無林甫夜徒之疑，有廉藺交歡之喜。噫，可不忍歟！」。莫慘乎深文以致辟，莫難乎以

結怨一人，你便在你人生與事業的大廈基座上埋下了引火線，一條可以隨時摧毀你現有一切的導火線。

44. 心哀即死，命當何存

很多時候，一個人的苦樂與成敗，並不是別人左右的結果，而是在於他的內在所決定的。如果一個人用悲傷的眼睛看世界，那麼世界便暗無天日；如果你用慈愛的眼光看待世界，你會發現，有許多事物值得我們去珍愛。如果一個人已悲傷到連心都死的時候，那就連生命的意義也不存在了。

美國鐵路公司有一位調車人員尼克，他工作相當認真，做事也很負責盡職，不過他有一個缺點就是：他對人生很悲觀，常以否定的眼光去看世界。

一天鐵路公司的職員都趕著去給老闆過生日，大家都提早急急忙忙地走了。不巧的是，尼克不小心被關在一個待修的冷藏車裡，大家都不知道。尼克在冰箱拚命敲打著喊著，全公司的人都走了，根本沒有人聽得到。尼克的手掌敲得紅腫，喉嚨叫得沙啞，也沒人理睬，最後只能頹然地坐在地上喘息。他愈想愈害怕，心想：冰箱的溫度只有零度，如果再不出去，一定會被凍死。他只好用顫抖的手，找了筆紙來，寫下遺書。

第二天早上，公司的職員陸續來上班，他們開啟冷藏車，赫然發現尼克倒在地上。他們將尼克送去急救，已沒有生命跡象。但是大家都很驚訝，因為冰箱的冷凍開關並沒有啟動，這巨大的冰箱也有足夠的氧氣，更令人納悶的是，櫃子裡的溫度一直是零上十幾度，但尼克竟然給「凍」死了。其實尼克並非死於冰箱的溫度，他是死於心中的冰點，他已給自己判了死刑，他已徹底地死去。

可見，影響你的生命的不是外在環境，而是自己的心，自己被自己給打敗，再多的後援都徒勞無功了。

一家雜誌社的主編，他曾講了這樣一個故事。

在前往舊金山的飛機上，與他同坐的是一位 86 歲的女士。他們之間相談甚歡。她說她是一個英國人的後裔；她在加州距離巴墩不遠的地方，為老年的英國人建了一個家。她雖已屆 86 歲的高齡，但不僅每週仍以「榮譽會長」的身分去探視這個家，並經常抽空去參加一個她所助建的老人俱樂部的集會。

「我每週都朝氣蓬勃。」她對這位主編說。

這位主編問：「你不覺得你的高齡對你有所不便嗎？」她說：「我不去想關於我的年齡問題，我要自得其樂，盡力使每一天的日子都過得有聲有色，我喜歡與自己交談，同時也喜歡與人談話。」

「你是一位充滿青春活力的老太太。」

「對我來說，每一個日子都趣味盎然。」她說，她真是表裡一致，她的兩眼中閃爍著生命的火花。

從舊金山返回時，與這位主編同坐的是一個年約 12 歲的男孩。他雖很年輕，但兩眼呆滯無光，反映出他在這段短短人生旅途中曾經受了不少挫折。

他和這位主編互相不看對方，一路只是望著窗外發呆。飛機快降落時，小男孩才開口說了一句話：「我看到下面的人，像臭蟲一樣！」這句話要是出於別的孩子之口，也許只是一種天真無邪的表現，但出於這個眼神呆滯孩子之口，竟讓這位主編覺得，將人比作臭蟲的這個比喻，含有特殊的意味。在他看來，人都是汙穢的東西；他把人生看成是一種沒意義的事情。因此他的生活必定充滿悲觀厭惡。

一位母親帶著她的女兒來到心理學教授面前，訴說起女兒的情況：「先生，我弄不明白她是怎麼回事。她對自己的一切都馬馬虎虎，毫不經心，學業荒廢，衣衫不整，吊兒郎當；對她周圍的事物漠不關心，神不守舍。

她都 17 歲啦，還這麼不懂事，這可叫我如何是好？」

教授笑著說：「請允許我單獨跟她談一談，好嗎？也許我能了解她對自己和周圍的一切漠不關心的原因。」

母親走了，教授仔細觀察著姑娘。這位衣衫不整、蓬頭垢面的少女實際長得很美，但她的美卻被邋遢的外表掩蓋了。姑娘成熟了，而心理卻很幼稚。

教授跟她聊天，她似聽非聽。教授沉默了一會，突然問她：「孩子，你難道不知道你是個非常漂亮、非常好的姑娘嗎？」

這句話，使姑娘美麗的大眼睛裡放射出一縷亮光。她慢慢抬起頭來，久久盯著老教授那布滿皺紋的善良面孔，一絲深沉的笑容浮現在她的臉上，如同沉夢方醒，看到了新的天地。

「您說什麼？」姑娘驚喜地問。

「我說你非常漂亮，非常美麗，可你自己卻不知道自己是個漂亮的好孩子。」

姑娘那秀麗的臉上更多地呈現出了舒心的微笑。這樣的話她從未聽到過，平時她聽到的不是同學們的數落、嘲弄，就是母親的謾罵。因而，她自己也就破罐破摔了。

教授拉著姑娘的手說：「孩子，今晚我和我的夫人要去劇院看芭蕾舞劇《天鵝湖》（*Swan Lake*），特請你陪我們一起去。現在還有兩個小時的時間，如果你願意，請你回去換換衣服，我們在這裡等你。」

姑娘高興極了，活蹦亂跳地跑出去，跟母親一塊回家去了。

時間快到了，教授聽到一陣文雅的、輕輕的敲門聲。一開門，他驚呆了：一身晚會的盛裝襯托出一位出水芙蓉般的少女，兩道如月般的細眉下是一雙動人的眼睛，抬起來亮閃閃，低下去靜幽幽；那富有表情的面龐，使她顯得那麼聰明伶俐，體態那麼苗條健美。她的一顰一笑、一舉一動都是那麼文雅、自持、適度。教授簡直認不出她就是剛才那位邋遢的少女了。

從此，姑娘變了，變得自愛而奮發，後來成了一位著名的舞蹈藝術家。

心靈黯淡的人，往往喜歡把自己關進自己的小房間裡，久而久之使形成了一種灰暗的世界。

有人說，要始終擁有一顆活躍的開放之心，就必須富有自信心。當然，這種自信並不是以為自己毫無缺點，也不必天生麗質，而是相信自己切實在盡自己的能力和本分做人做事即可。

某個週末去朋友家做客。有一對小倆口剛剛買了一套兩房一廳新房，還沒有裝修好。然而這次夫妻倆談的卻是他們想要的下一個更大的房子。

我們總是想要「這個」或「那個」。如果我們不能得到我們想要的，我們就會不停地想我們實現中所沒有的，並且我們會保持一種不滿足感。如果我們確實得到想要的那些東西，有些時候仍舊不高興，因為欲望就像是一個正在充氣的氣球，總是越鼓越大。

一位心理學家指出，最普遍的和最具破壞性的傾向之一就是集中精力於我們所想要的，而不是我們所擁有的，這對於我們擁有多少並沒有多大連繫；我們僅僅是在不斷地擴充我們的欲望選單而已，這就注定了我們的不滿足感。你的心裡會說：「當這項欲望得到滿足時，我就會快樂起來。」可是一旦欲望真的得到滿足，這種心理作用卻會不斷更新了。

解決掉這一心理上的人生陷阱的最好辦法就是改變我們的重點思維，從我們所想要的轉向我們所擁有的。

一個小女孩因自己的腿在一次意外車禍中撞斷了，不得不為在輪椅上養傷而沮喪，甚至對生活也失去了興趣。但有一次，她看到了一個與她年齡相仿的小男孩不但沒有手腳，而且還每日趴在過街天橋上乞討，她突然高興了起來。

她這樣說的：「我的腿雖然斷了，但我還有腳，我還可以穿上漂亮的小花鞋。可是那個可憐的小男孩連腳都沒有，還得靠乞討生活。」

這就是我們所在的這個世界，只要我們心中的燈亮著，我們的世界也就是光明的。

45. 只徒安逸，難以成人

《西遊記》雖是一本充滿了離奇古怪想法的浪漫主義小說，經這個過程的設定卻充分顯示出一種最為質樸的經驗，它告訴人們什麼是吃得苦中苦，方為人上人這個樸實的真理。

出身卑賤的人和家境貧寒的人，透過自己的辛勤勞動和執著追求，終於成為功成名就、出人頭地的風雲人物，這種極富教育意義的例子有很多。

這個例子則更有說服力：一個出生在小木屋裡的男孩，既沒有上過學，也沒有書本或老師，更沒有任何幸運的機會，然而，作為美國內戰期間的總統，他卻解放了四百萬奴隸，以其樸素的智慧和崇高的人格贏得了整個人類的心，這個人就是亞伯拉罕．林肯（Abraham Lincoln）。

林肯這個身體瘦削、舉止笨拙的高個子青年，他自己動手把樹木砍倒，修造了既沒有地板也沒有窗戶的簡陋小木屋。就在這個小木屋裡，每一個深夜他都就著壁爐的火光靜靜地自學算術和語法。為了能弄懂布萊克斯通評論的內容，他不辭辛勞地徒步跋涉 70 公里，買到了珍貴的資料，而在回家的路上，他已經迫不及待地看完了一百頁。

其實，有無數的事例可以證明：上帝對於亞伯拉罕．林肯可謂吝嗇，沒有賦予他任何有利的條件，任何有利的機會，而他的每一個成功都不是僥倖所得。如果要研究促使成功的因素的話，毫無疑問，那就是不貪圖安逸的生活，持之以恆的努力、堅忍不拔的意志和正直無私的心靈。正是這些因素促使他從逆境中、從生命的谷底裡、從心理的低潮中突然崛起，並屹立於人間。

在俄亥俄州叢林中的一間小木屋裡，一個可憐的寡婦抱著她的 18 個月大的孩子，祈求著上帝能夠保佑她把孩子拉扯成人。時光流逝，歲月如梭，當年抱在手中的嬰兒慢慢地長大了，為了給母親分憂，小小年紀的他也劈起了木材，並在森林中開墾出了一片荒地。除了幹活以外，他把每一分鐘都用來看他借來的書本。16 歲時，他高興地接受了把一群騾子沿著蜿蜒曲折的小路趕到目的地的任務。很快，他在一個學校獲得了一份擦洗地板和打零的差事，以此來支付在那裡的學習費用。

他在第一個學期只花了 17 美元。當下一個學期開始，他回到學校時，口袋裡只剩下 6 個美分了。第二天，他把這 6 個美分都扔進了教堂的捐獻箱中。然後，他又在一戶木匠那裡找到了工作，負責為木匠刨平木板、清洗、加燃料和管理燈火，每週的薪資是 1 美元 6 美分。而且，他只需在晚上和週末不必上課的時間工作。他在某個星期六開始到木匠那裡工作，那一天他就刨了 51 塊木板，得到了 1 美元 2 美分的報酬。當學期結束時，他不僅付清了所有的費用，而且還有 3 個美元的結餘。接下來的那個冬天，他以每月 12 美元的報酬當起了老師，並且繼續在各地刨木板。等到來年春天時，他已經積攢了 48 個美元，回到學校後，他按照每週 31 美分的標準給自己預定了膳宿。

並且，在威廉姆斯學院又出現他的身影。兩年之後，以優異的成績從那裡畢業。在 26 歲那年，他成功地進入了州議會。33 歲時，他已經成為年輕的國會議員。當年那個因為在學校獲得一份打零工作而欣喜不已的男孩，在 27 年之後，他就任美利堅合眾國的總統，他就是詹姆士．加菲爾德 (James A.Garfield)。

勒格森．卡伊拉出身卑微，是一個十分普通的非洲小男孩。那時，他和村裡的許多小朋友一樣，相信住在尼亞薩蘭榮谷鎮，孩子學習只是浪費時間。後來，一位傳教士闖入了小勒格的生活。傳教士不單給他講了亞伯拉罕．林肯和布克．華盛頓 (Booker T.Washington) 的故事，還給了兩本改變他一生命運的書 ——《聖經》（*Bible*）和《天路歷程》（*The Pilgrim's Progress*）。而書在的故事像一盞阿拉伯神燈，點燃了他絢爛的夢想。他希望自己也能像林肯那樣，克服貧窮，克服困難，成為一名偉大的人。

1958 年 10 月，只有 16 歲或 17 歲（他的父母也說不準那時的確切年齡）的勒格森帶上只夠 5 天的食物和他的兩本寶書、一把用於防身的小斧頭和一塊毯子急切地踏上了他的求學之路。

確切地講，當時連勒格森自己都不知道他要上哪所大學，也不知道有沒有大學會接收他。而從開羅到華盛頓卻有 4,800 公里之遙，在他身無分文不說，所擁有的食物也只夠 5 天，他又聽不懂途經地域的 50 多種語言。他想的只有一件事，他要踏上那片可以掌控自己命運的土地，他要做林肯那樣的人。

勒格森的第一站是從村子到達開羅。

在崎嶇的非洲大地上，艱難跋涉了整整 5 天以後，勒格森僅僅前進了 40 公里。食物吃光了，水也快喝完了，而且身無分文，想繼續完成後面的 4,760 公里的路程似乎是不可能的了，但勒格森清楚地知道回頭就是放棄，就是重新回到貧窮和無知的生活中去，這是他無法接受的命運。

他對自己發誓，不到美國我誓不罷休，除非我死了。於是，他繼續前行。

有時他與陌生人同行，但更多的時候則是孤獨的步行。每到一個新的村莊他都非常小心，因為不知道當地人是敵意的還是友善的。有時他找到一份工作，暫時有棲身之處，但大多數夜晚是過著大地為床、星星為被的生活。他依靠野果和其他可吃的植物維持生命，艱苦的旅途使他變得又瘦又弱。還有一次，高燒使他病得很重，幸虧好心的陌生人用草藥為他治療，並給他提供了地方休息和養病。

由於疲憊不堪和心灰意懶，勒格森幾乎差點放棄，他後來回憶當時的情景說：「回家也許會比繼續這似乎愚蠢的冒險更好一些。」但他並未回家，而是翻開了他的兩本書，讀著那熟悉的語句，他又恢復了對自己和目標的信心，繼續前行。

從他開始這次冒險的旅行到 1960 年 1 月 19 日已經有了 15 個月的時間了，他走了近 1,600 公里，到達了烏干達首都坎帕拉。此時，他的身體竟健壯起來，也有了更加明智的求生方法。他在坎帕拉待了 6 個月，做點零工，並且一有時間就到圖書館去，貪婪地閱讀著各種書籍。在圖書館裡他找到了一本圖文並茂的美國大學入學指南。其中的一張插圖深深吸引了他，那是個看上去莊重而又友好的學院，坐落在湛藍的天空下，噴泉草坪錯落有致，環繞學院的群山使他想起了家鄉那壯麗的山峰。

位於華盛頓弗農山區的斯卡吉特峽谷學院成為勒格森申請的第一個院校，這似乎是不可能成功的，但他決定立即給學院的主任寫封信。述說自己的情況，並向學院申請希望得到獎學金，因為擔心可能不被斯卡吉特接收，勒格森決定在他的微薄積蓄允許的情況下，給盡可能多的院校寄去了自己的申請。自然，斯卡吉特的主任也被這個年輕人的決心深深感動了，不僅接受了他的申請，還提供他獎學金和一份工作，其薪資足夠支付他上學期間的食宿費用。

勒格森向著自己的夢想又前進了一大步。

終於，他勇敢的旅行事蹟漸漸地廣為人知。當他身無分文、筋疲力盡地又到達一個地方時，關於他的傳說已經在非洲大陸和華盛頓弗農山區廣為流傳。斯卡吉特峽谷學院的學生們在當地市民的幫助下，寄給勒格森 650 美元，用以支付他來美國的費用。當他得知這些人的慷慨幫助後，勒格森疲憊地跪在地上，滿懷喜悅和感激。

1960 年 12 月，經過兩年多的行程，勒格森．卡伊拉終於來到了斯卡吉特峽谷學院，手持自己珍貴的兩本書，他驕傲地跨進了學院高闊的大門。

畢業後，勒格森並沒有停止自己的奮鬥。他繼續進行學術研究，併到達英國成為劍橋大學的一名政治學教授，同時還是一位廣受尊重的作家。

不貪圖安逸在世上尋求改變，成為許多人人生航行中一座壯麗的燈塔，其光芒一直為人們指引著前進的方向。

46. 人若至清，難存人世

「水至清則無魚，人至察則無徒」這句古語形象道地出一個道理，人必須要有藏汙納垢的雅量，這是人之為人的一種生存能力。

曾經有一隻鸚鵡與一隻烏鴉，一起被關在一個鳥籠裡。鸚鵡覺得自己很委曲，竟和這個黑毛怪物在一起。「多麼黑，多麼醜啊！多難看的樣子，多呆板的面部表情啊！如果誰在早上看牠一眼，這一天都會倒楣的。再沒有比和牠在一起更令人討厭的了。」同樣奇怪的是，烏鴉和鸚鵡在一起，也感到不愉快。烏鴉抱怨自己時乖命蹇，竟和這麼一隻令人難受的花毛傢伙在一起，烏鴉感到傷心和壓抑。「我的運氣為什麼如此糟糕？為什麼我的命運之星總是拋棄我？為什麼我總過這種倒楣的日子？我要能和其他烏鴉一起在花園的牆頭上，享受我們都有的東西，該有多快活啊！」

於是，在各自的心中，烏鴉和鸚鵡就都成了悲劇性的人物，作為禽類，本是同根而且還身處困境，卻一定要顯得高人一等地自憐不已，這是何等的愚不可及。

「舉世皆濁我獨清」，那是一個人的自身修養問題。一個人可以「獨清」，但是人類作為群居動物，卻不可因此而沒有朋友。別人都有自己的一套處世方式與原則，我們沒有必要用嚴苛的眼光來要求社會和朋友。

在中國，魯迅是個大家，這一點很少人有意見。但對於林語堂的評價，卻紛紛揚揚了好長一陣，有些人至今還在那裡大搖其頭，說：「林語堂麼，魯迅早就說過啦⋯⋯」其意不言自明。說這種話的人當然不知道林語堂的幾十部英文著作，不知道他曾是諾貝爾文學獎候選人，更不會知道魯迅還說過：「語堂是我的老朋友。」

魯迅和林語堂還真是老朋友。北大早年，誰不知道周氏兄弟與「現代評論」派曾經爭論得熱火朝天，而林語堂就是周氏兄弟「語絲派」的一名幹將，北洋軍閥槍殺劉和珍、楊德群後，林語堂和魯迅並肩戰鬥，一起寫下了激揚的文字，向當局抗議，為此，他們都被當局列入當時京城 50 名最激進教授的黑名單。

林語堂受聘廈門大學做官，沒有忘記他的難兄難弟，經他介紹，魯迅也做了廈門大學的教授。魯迅在那裡受到排擠，使他連搬三次家，林語堂不安得很，魯迅卻一點怨氣都沒有。

後來到了上海，他們之間出現了小小的摩擦。一位作家要辦書店，請魯迅、林語堂、郁達夫等人吃飯，想獲得他們的支持。誰料到，桌上的魯迅先生和林先生起了口角，魯迅先生說林先生在譏刺他，林先生卻說魯迅先生是神經過敏，各不相讓。老朋友之間鬧點小衝突本是常有的事，哪會知道後來還會有許多大衝突。

林語堂在上海創辦了《論語》、《人世間》、《宇宙風》幾個刊物，很受歡迎。林語堂一度成為了幽默大師。原因就在於林語堂在刊物上提倡「幽默」，主張「閒適」，好發「性靈」。這本來也沒什麼了不起的，哪裡知道，那時候正是左翼文壇獨領風騷的好時光，林語堂和他的小品就顯得格格不入了。魯迅就寫了一封信給林語堂，讓他放棄這些無聊玩意，別去鑽牛角尖了，多翻譯英美名著，因為林語堂是教會大學出身，留學德美的。林語堂回信說：翻譯之事，要到他老了後再說。魯迅看了，勃然大怒。為什麼？魯迅當時比林語堂大 14 歲，並且很被推崇翻譯之功。林語堂的話不是諷刺他嗎？好心沒得好報，魯迅從此不理林語堂。

這一件事看來有些令人感到悲哀，仔細一想也很平常。不是有很多人說魯迅多疑嗎？這裡面可能含有偏見，但魯迅的敏感與率直卻是明顯的。而林語堂的放蕩不拘和孩子一般的頑性，也是積習難改。這兩種人性碰在一起久了，難免有火花出現，鬧點口角不算什麼，但文藝上的觀念就不太好調和了。

宋朝的范仲淹是一個有遠見卓識的人，他在用人的時候，主要是取人的氣節不計較人的細微不足。范仲淹做元帥的時候，招納的幕僚，有些是犯了罪過被朝廷貶官的，有的是因為犯了罪被流放的，這些人被任用後，不少人不理解，產生了疑惑。范仲淹則認為：「有才能沒有過錯的人，朝廷自然要重用他們。但世界上沒有完人，如果有人確實是有用人才，僅僅因為他的一點小毛病，或是因為做官議論朝政而遭禍，不看其主要方面，不靠一些特殊手段起用他們，他們就成了廢人了。」儘管有些人有這樣或那樣的問題，但范仲淹只看其主流，他所使用的人大多是有用之才。

人非聖賢，孰能無過？有道德修養的人不在於不犯錯誤，而在於有過能改，不再犯錯。所以用人，用有過錯之人也是常事，應該看到他的過錯只不過是偶然的，他的大人格，大品德，大方向是好的。《尚書．伊訓》中有「與人不求備，檢身若不及」的話，是說我們與人相處的時候，不要求全責備，如果檢查一下自己，也許還不如別人。要求別人怎麼去做的時候，應該首先問一下自己能否做到。推己及人，嚴於律己，寬以待人，才能夠團結起來，共同做好工作，一味地苛求，就什麼事情也辦不好。

《荀子．非相》中說：「故君子之度己則以繩，接人則用抴。度己以繩，故是以為天下法則矣。接人用抴，故能寬容，固求以成天下之大事矣。」是說人應該以道德為準繩來衡量自己，約束自己的行為語言，對待別人就要像船工拽船那樣接引乘客登舟。嚴己寬人，才能成大事。如果一旦發現別人有過失就死咬不放，而看不到別人的長處和優點，到頭來只能孤立了自己。

47. 人無目標，迷途羔羊

生活中有兩類人：一是非常清楚自己該做什麼的人，可稱為清醒型；一是糊里糊塗不知怎樣打發日子的人，可稱之為迷糊型。在現實中，很多青年人都屬於清醒型的人，能夠為自己所確立的目標孜孜以求。但也有很多青年人自己沒有明確的生活目標，而是把希望寄託在一些莫名其妙的事物之上，諸如家庭、親戚、命運、貴人等等。顯然，這是錯誤的，因為這是迷糊的人生態度。

目標是對於所期望成就事業的一個指向，目標比幻想好得多，因為它可以實現。沒有目標，不可能發生任何事情，更不可能採取任何步驟。如果一個人沒有目標，就只能在人生的旅途上徘徊，永遠到不了任何地方。

正如空氣對於生命一樣，目標對於成功也有絕對的必要。如果沒有空氣，沒有人能夠生存；如果沒有目標，沒有人能夠成功。所以對你想去的地方先要有個清楚的範圍才好。

馬立克先生能夠從週薪 25 美元的工作，迅速升到副董事長的職位，不久後又升任公司的董事長，是因為他用目標隨時鞭策自己。他對目標的解釋是：「你過去或現在的情況並不重要，未來想要獲得什麼成就才是最重要。」

「羅馬不是一天建成的。」你一定也聽說過這句話，也一定從這句話中很清楚地知道，凡是傑出的成就都是歷經多年努力才能獲得的道理。

一切有志者都想成功，如果真的想著一步登天，那是根本不現實的，要想把美好的夢想轉化為現實，必需付出堅持不懈、鍥而不捨的勞動。

體育運動員在一個賽季開始之前，都要長年累月地進行訓練，透過訓練，他們改進自己的不足之處，力求每天都能提高一步，這樣到了比賽那天，他們才可能創造出好的成績。

每個人成功也只能如此：付出代價。這個代價就是時間，就是耐心和努力。

諾貝爾醫學獎得主托馬斯·高特·摩爾根（Thomas Hunt Morgan）說得好：「不要把志向立得太高，太高近乎妄想，沒有人恥笑你，而是你自己磨滅了目標。目標不妨設得近點，近了，就有百發百中的把握。」

有這樣一個有趣的故事：有個小孩在草地上發現了一個蛹，他撿回家，要看蛹如何羽化成蝴蝶。過了幾天，蛹上出現一道小裂縫，裡面的蝴蝶掙扎了好幾個小時，身體似乎被什麼東西卡住了，一直出不來。小孩子不忍，心想：「我必須助牠一臂之力。」所以，他拿起剪刀把蛹剪開，幫助蝴蝶脫蛹而出，但是蝴蝶的身軀臃腫，翅膀乾癟，根本飛不起來。這隻蝴蝶注定要拖著笨拙的身子與不能豐滿的翅膀爬行一生，永遠無法飛翔了。小孩的這種幫助反而要了蝴蝶的命。

這個故事說明了一個道理：每一個生命的成長都有個瓜熟蒂落、水到渠成的過程。

遠在半個世紀以前，美國洛杉磯郊區有個沒有見過世面的孩子，他才15歲，卻擬了個題為〈一生的志願〉的表格，表上列著：「到尼羅河、亞馬遜河和剛果探險；登上珠穆朗瑪峰、吉力馬札羅和麥特荷恩山；駕馭大象、駱駝、鴕鳥和野馬；探訪馬可·波羅（Marco Polo）和亞歷山大一世（Czar Alexander I）走過的路；主演一部《人猿泰山》（*Tarzan of the Apes*）那樣的電影；駕駛飛行器起飛降落；讀完莎士比亞（William Shakespeare）、柏拉圖（Plato）和亞里斯多德（Aristotle）的著作；譜一部樂譜；寫一本書；遊覽全世界的每一個國家；結婚生子；參觀月球……」他把每一項都編了號，一共有127個目標。當他把夢想莊嚴地寫在紙上之後，他就開始循序漸進地實行。

16歲那年，他和父親到佐治亞州的奧克費諾基大沼澤和佛羅裡達州的埃弗洛萊茲探險。從這時起，他按計畫逐個逐個地實現了自己的目標，49歲時，他已經完成了127個目標中的106個。這個美國人叫約翰．戈達德(John Goddard)。他獲得了一個探險家所能享有的幾乎所有榮譽。

現在，他正集腋成裘、不辭艱苦地努力實現包括遊覽中國長城（第40號）及參觀月球（第125號）等目標。

你如果能像他一樣，總有一天，你也會發現自己是那個走得最遠的人。

目標，是一個人未來生活的藍圖，又是一個人的精神支柱。美國著名整形外科醫生馬克斯韋爾．莫爾茲（Maxwell Morse）博士在《人生的支柱》（*Thoughts to live by*）中說：任何人都是目標的追求者，一旦達到一個目標，第二天就必須為第二個目標動身起程了。人生就是要我們起跑、飛奔、修正方向，如同開車在路上，偶爾在岔道上稍事休整，便又繼續不斷在大道上疾跑。

旅途上的種種經歷之所以令人陶醉、亢奮激動、欣喜若狂，因為這是在你的控制之下，在你的領域之內大顯身手，全力以赴。

羅斯福總統夫人（Anna Eleanor Roosevelt）在本寧頓學院唸書時，要在電訊公司找一份工作，她父親替她約好去見他的一個朋友 —— 當時擔任美國無線電公司董事長的薩爾洛夫（David Sarnoff）將軍。

羅斯福夫人回憶說：「將軍問我想做哪種工作，我說隨便吧。將軍卻對我說，沒有一類工作叫『隨便』。他目光逼人地提醒我說，成功的道路是目標鋪成的。」

記得著名的哲學家黑格爾（Hegel）說過一句話：「一個有品格的人卻是一個有理智的人。由於他心目中有確定的目標，並且堅定不移地以求達到他的目標……他必須如歌德所說，知道限制自己；反之，那些什麼事情都想做的人，其實什麼事都不能做，而終歸於失敗。」

美國作家馬克・吐溫（Mark Twain）說過：「人的思維是了不起的，只要專注某一項事業，那就一定能做出使自己都感到吃驚的成績來。」

沒有人能夠不瞄準就成功命中靶心。瞄準，即使我們會有一點偏失，但就是這樣，也至少比我們閉上眼睛盲目射擊更接近靶心。

尼克・亞歷山大最渴望達到的目標是上學。他在孤兒院長大，那是一種老式的孤兒院，孤兒院從早上 5 點工作到日落，伙食既差又不夠吃。

尼克是一個聰明的小孩。他太聰明了，因此 14 歲就從中學畢業，接著，他投入社會謀生。

他所能找到的工作，是在一家裁縫店裡操作一些縫紉機。不久，那家裁縫店加入了工會，薪資提高了，工作時間縮短了。

尼克・亞歷山大幸運地娶了一個女孩，她願意幫助他實現上大學的夢想。但事情並不容易，到他們結婚之後沒多久，也就是 1931 年，店裡開始裁員，於是他們這對年輕的夫婦決定自己去闖天下，他們把存款聚集在一起，開了一家「尼克・亞歷山大房地產公司」。尼克的太太特麗莎甚至把訂婚戒指也賣掉了，以便增加他們那筆小小的資本。

在兩年之內，生意興隆，於是特麗莎堅持尼克去上大學。他在 26 歲的時候，得到了學位 —— 這是人生道路上所抵達的第一個裡程碑。

尼克又回到房地產事業，成為他太太的生意夥伴。他們又有了一個新目標 —— 海邊的一幢房子，終於，他們也實現了那個夢想。他們有一個小女孩要受教育，如果能把他們商業大樓的分期付款繳清，把大樓變成公寓出租，收入的租金就能支付他們孩子的大學費用了，因為一心一意要達到這個目標，他們終於做到了。

亞歷山大太太說，他們目前正在為他們退休保險金努力。現在尼克單獨主持事業，太太則照顧自己的家。亞歷山大夫婦過著一種忙碌、成功、幸福的生活，因為他們面前總是有一個目標，使他們的努力有一個方向。

他們已發現蕭伯納（George Bernard Shaw）這句話的真理：「我厭棄成功。成功就是在世上完成一個人所做的事，正如雄蜘蛛一旦授精完畢，就被雌蜘蛛刺死。我喜歡不斷地進步，目標永遠在前面，而不是在後面。」

許多人一輩子迷迷糊糊，因為他們沒有真正的目標。他們只活在一個空間，過一天算一天。這樣的人生猶如一生只在黑暗爬行，永遠不會感到生命的陽光。那些從人生中收穫最多的人，都是警覺性高、積極等待著機會、機會一到馬上就看出來的人。因為他們都有一個確定的目標等待實現。

48. 人無雄心，只能平庸

拿破崙曾經說過一句名言：「不想當元帥的士兵不是好士兵。」這是對所謂雄心的最好說明。其實，基本上世上成大事者都是因為自己有一顆「想當元帥」的雄心而最後如願以償的，否則就只會永遠平庸下去。

所謂雄心就是用以鞭策人獲得好成績的強烈願望。從心靈的提升來看，激勵有提升自我評價、增強自信心的作用，所以強大的雄心或許是靠成績隱藏自卑感的反映。

有時雄心在生活中沒有多大用處，尤其是在你不想以特別的成績得特殊的評價時。但缺乏爭取好成績的衝動，這對工作也會產生不利影響，如果你對工作缺乏雄心，將很難成為成大事者。

爭取好成績的動機並非與生俱來，而是教育、薰陶所形成的。這個社會以成績評定一切為取向，老師和家長均以教導子女有強大雄心為動力。

很少人警覺到強大的雄心對成績產生的負面作用。美國科學家 R．C．史奈特，曾經進行一項有趣的實驗，證實太大的雄心妨礙成績的取得。這二實驗是依不同人的動機，將被實驗者抽成三組，各組按照指示解決相同問題。

第一組，只要自己解決完問題就沒事。這項指示引發不起任何雄心。

第二組，答對了就有 100 元獎金。這項宣布使雄心開始蠢蠢欲動。

第三組，為了重新整理解答所需時間的紀錄'，越快答完越好，除此之外還有 2,000 元獎金。明顯引發強烈雄心。

由實驗證明得知，雄心不大不小者的成績最好，伴隨強大野心的過度精神興奮，產生對完成能力的反作用。

這就是說過度的雄心不僅對成績帶來負面影響，也損害人際關係。雄心大的人在實現自我目標時，有忽略他人的自私傾向。因為他集中精神在目標上，毫不關心他人。所以，一個人擁有適度的雄心是有益的。但是，一旦過度，則極有可能走向人生原則的反面，是不可取的。

你聽說過保爾·德塞納維爾（Paul de Senneville）其人嗎？十有八九你沒聽說過。保爾何許人也？據他自己說，是個做什麼都不行的庸才。但是，他卻有點石成金的本領和適度的雄心。有一天，他腦子裡飄起一段樂曲，他便自己將它大致哼出來，並用錄音機錄了下來，請人寫成樂譜，名為《水邊的阿狄亞娜》（*Ballade pour Adeline*）。阿狄亞娜正是他的大女兒。曲子譜好後，就在羅曼維爾市找了一個遊藝場的鋼琴演奏員為之錄音。這個演奏員不名一文，窮酸得很。德塞納維爾給他取了個藝名，叫理查·克萊德曼（Richard Clayderman）……往後的事，不說你也知道了吧。唱片在世界上一下子賣了 2,600 萬張，德塞納維爾輕而易舉地發了財。他說：「本人不學無術，對音樂一竅不通，不會玩任何樂器，也不識樂譜，更不懂和聲。不過我喜歡瞎哼哼，哼出些簡單的，大眾愛聽的調兒。」

德塞納維爾只作曲，不寫歌，他的曲子已有數百首，並且流行全球。20 年來，德塞納維爾靠收取鉅額版稅，腰纏萬貫。

對於德塞納維爾的成功，他自己的解釋為適度的雄心帶來的連續的好運。做任何事情他都想獲得成功。1978 年，他花了 28 萬法郎買了一匹馬，幾個月之後靠這匹馬贏得了美洲獎，淨得獎金 200 萬法郎。1992 年，因為走錯了門，他在一間錄音室裡無意中遇上了一個吹長笛的阿根廷人，名叫迪戈·莫德納。他看見莫德納的脖子上掛著一個鴨蛋形的小樂器，挺奇特的。這種小樂器名叫陶笛，很像中國古代樂器壎，德塞納維爾從未見過，也未聽過，於是他讓莫德納表演一下。欣賞完莫德納的表演，他當機立斷，將莫德納聘用。結果以在樂隊伴奏下的在提琴與陶笛協奏曲灌製的唱片《陶笛之聲》共賣出 110 萬張（其中普通唱片 40 萬張，雷射唱片 70 萬張)，唱片中的 12 首曲子全部都出自德塞納維爾之手。不管你服氣不服氣，他確實成為了成大事者。

那如何才能使自己擁有適度的雄心呢？下面十條建議或許對你有所幫助。

1. 不要對成大事抱太大的期望，設定可能達到的實際目標。
2. 沒有強烈動機反能完成更多事，由此可知，雄心應符合自己的個性，不必強求。
3. 一個人對自己的期望不太滿意時，往往會失去自信，偶爾會有更大的雄心。因此，首先要檢討對自己的要求是否「合乎實際」，如果超過實際，必須立刻改進。
4. 過大的雄心會影響健康。目標太高，被不可能實現的強烈雄心所侵蝕，很容易患胃潰瘍等疾病。
5. 現實地設定能夠獲得成功的目標，而且盡量以得到顯著成果為主。
6. 獲得成功的同時，不要輸給「勝利效應」，也就是不要在勝利的榮譽中沉溺太久。
7. 付出極大努力換來成功並無妨，但是不要持續為取得好成績而給自己施加太大的壓力。
8. 偶爾要找個時間放鬆一下，「跳出努力的圓圈」。唯有這麼做才能把能力發揮到最高點，沒有人能夠永遠使能力處於高峰狀態。
9. 勿採用消耗過多能力的方法，如此只會得到「拚命三郎」的稱號。
10. 通常成大事者會加速下一次的成果出現，但只有保持平常心才能保證不退步且維持好成績。

適度的雄心是成功的動力。

49. 心態失敗，道路失敗

世界是豐富多彩的，有許多東西是令你喜歡並願意接受的，當然也有許多東西是令你厭惡並嫌棄的。不管你是否願意接受，人世間的一切都會湧到你的生活中來。從某種意義上說，你難以接受你不滿意的東西，原因在於你的思想。所以，為了改變環境，首先要改變思想。別悲觀地接受你不滿意的東西，要在腦子裡構思出理想的環境，構思出一切細節，保持信心，為此努力，你一定能實現目標。

這項成功定律就是：相信便能成功。因為，心態失敗則人生必然失敗；心態成功則人生將有所成就。

消極的心態是人的死敵。一個人也許已經習慣某些不良的思想和行事方式，除非下了巨大的決心和採取了非凡的行動才能改變。一個人也許已經陷入憂慮的深坑，或落入了與快樂背道而馳的漩渦。

現在且來看看你的習慣：那些消極的、令人感到沮喪的心態是怎樣把你與快樂與成功阻隔開來。

一個人必須要有一面心鏡，這樣才能像別人一樣以客觀的態度看自己，才能看清往往在無意識中不能享受的美好人生。

你有沒有這樣的習慣：只是看著人家說話，但你沒有表示意見？在習慣上，你是否會因為害怕晒傷或凍傷、淋雨或著涼而迴避了一次有趣的旅行？或者，你是否會因為出手太快？不看清形勢就出牌，而成為一個習慣性的輸家？舉起你的心鏡，照照你的不良習慣，認真地從內心審視一下那些妨礙你快樂的事情。

突破消極心態雖然是一件難事，但並非不可辦到，只要能看清自己的不良習慣，只要有成功的決心，只要肯努力去改，不但可以改變，而且可以由此獲得更多的快樂。

提一個建議，不要為你的積極心態定下苛刻的條件。

不要說：「等我賺到 1 萬元，我就會好好開心地玩玩。」

不要說：「等我上了那架通往巴黎、羅馬、維也納的飛機，我就快樂了。」

不要說：「等我到了 60 歲退休時，我就躺在海邊的躺椅上晒晒太陽……」

積極心態不應該有「假如」等條件。一個消極心態的百萬富翁也許會念念不忘地說：「如果有人把我的全部積極蓄偷去，那就沒人理我了。」一個積極心態的人可以對自己說：「如果債主逼我，我非和他玩捉迷藏的遊戲不可。」不要哄騙自己，只要真心去享受生活的樂趣，就會發現生活的樂趣 —— 只要能與自己的好運相處。

有些人獲得一次成就之後，不但不能輕鬆愉快，相反，卻更加焦慮起來。在他們心中，每個人和每件事，都在緊盯著他們 —— 疾病、訴訟、意外、稅務乃至親戚，這些人根本不會放鬆心情 —— 除非再度嘗到了失敗的滋味，這種失敗者心態是非常典型的人生陷阱之一。

人總是要追求快樂與成功，不會去追求痛苦與失敗。每一個人都要對快樂充滿憧憬，要從內心感覺到你是有權享受快樂的人。那樣你就可以從生活中的小事情中找到樂趣：美味可口的食物、熱情真摯的友誼、溫暖宜人的陽光、鼓勵的微笑。

通達人情世故的莎士比亞在《奧塞羅》（*Othello*）一劇中寫道：「歡愉和行動，使時光短暫。」不論長或短，你要使你的時光充滿愉快的微笑。

「歡愉不是人生的一部分」，說這句話的人甚至可笑，因為他懵懂無知，但你要寬容他，因為他沒有你明達。

因為你讀到此處，已知事實並非如此。

你已知道：快樂是真實不虛的事實。

你已知道：快樂是你給自己的一種禮物 —— 不只是節日如此，一年 365 天，天天如此。

50. 健康無方，阻礙成功

俗話說：「三十歲前人找病，三十歲後病找人。」生活中就是有這麼一種現象，擁有健康時卻並不知道去珍惜，而當失去健康時方知其可貴，這也是人們最易陷入的人生陷阱之一。其實，健康是成功人生的前提，也是成功人生的可靠保證，失去了健康的人生也成功不了多少。

現代社會對健康的理解，已不僅僅局限於有一個健全的身體，而健康理念更重要的一點是：精神上的健康狀態和良好的社會適應功能，即人的健康指的是身心健康。成功的人生離不開健康作保證，世間上再沒有比健康更重要的事了。

一位纏綿於病榻之上的億萬富翁，怏怏地痴望著一位踟躕在街頭的乞丐，不禁心生歆羡起來：「他才是真正富有的人啊。」多麼讓人震撼的感嘆啊！只擁有財富不是成功的人生，任何成功都是身心互相配合的結果。如果只有健康的體魄而沒有健康向上的積極心態，沒有大腦的聰明靈敏和正確的判斷力等，則不可能取得任何成功。同樣，以開發人腦潛能為主的思想家、作家、政治家、科學家、教育家、企業管理人員等，如果沒有健康的身體，其作為也一定很有限。

當然，如果單從成功研究來說，身體是否健康有時也並不是成功的必要條件，因為成功的範圍很廣，所需要的條件不一。

美國的海倫·凱勒 (Helen Keller)，集盲、聾、啞於一身，卻取得重大成功，成為美國乃至世界的名作家。羅斯福 (Franklin D. Roosevelt) 半身不遂，仍然成為偉大的總統。但他們畢竟是一個少數的群體，大多時候，健康還是成功的一個指標、一個保證。

其實，這只是說明，只要願意，任何人任何情況下都可以爭取成功。

實際上，有些身體疾患的成功者，花在開啟身體潛能上的時間、精力、金錢等代價比健康人大很多倍。他們必須首先要以極大的毅力與殘疾做鬥爭，然後才有精力追求其他成功。另一方面，同樣是擁有了成功，身體健康者能從中享受到更大的快樂和幸福。

良好的體能能夠使你有足夠的生理基礎，去適應繁重的工作，處理複雜的問題，而不必常常因為身體不適而煩惱。

有人把健康與其他作了一個形象的比喻：健康是「1」，名譽、金錢、地位、愛情、友情等都是「1」後排列的「0」，有了「1」，這個數就很大，沒有了「1」，即失去健康，後面的名譽、金錢等再多也是「0」。

試想，縱使你有超常的智慧，沒有健康的保證也很難取得成功。

那麼，什麼樣的身心狀態謂之健康呢？ WHO（聯合國世界衛生組織）具體提出了人的身心健康標準，它包括肌體和精神的健康狀態。可從以下幾方面來衡量。

- 良好的精神狀態：即不論遇到什麼樣的環境，都能保持良好的心態。多年來，WHO 一直認為，只有心理健康的，人才能算得上健康。否則，就不是一個健康的人。
- 良好的個性：性格溫柔和順，言行舉止得體，能夠很好地適應不同環境，沒有經常的壓抑感和衝動感。人生目標堅定，感情豐富，熱愛生活和人生，樂觀豁達，胸襟坦蕩。
- 良好的處世技巧：看問題、辦事情，都能以現實和自我為基礎，與人交往能被大多數人所接受。不管人際風雲如何變幻，都能始終保持情緒穩定，並能保持對社會外環境和身體內環境的平衡。
- 良好的人際關係：與他人交往的願望強烈，能有選擇地與朋友交往，珍視友情，尊重他人人格，待人接物寬大為懷。既善待自己，自愛，自信，又能助人為樂，與人為善。

- 快食：所謂快食，就是吃得痛快。吃飯時不挑食，不偏食，吃得順利，沒有過飽或不飽的感覺，表明腸胃功能好。
- 快眠：快眠就是人睡快，睡得舒暢，一覺睡到天亮。醒後頭腦清醒，精神飽滿。如果睡的時間足夠充足，睡後仍感乏力不爽，則是心理生理的病態表現。快眠說明神經系統的興奮、抑制功能協調，且內臟無病理的訊息干擾。
- 快車：便意來時，能很快排洩大小便，且感覺輕鬆自如，在精神上有二種良好的感覺，便後沒有疲勞感，說明胃腸功能好。
- 快語：說話流利，語意表達準確、有中心，頭腦清楚，思維敏捷，中氣充足，心肺功能正常。說話不覺吃力，沒有欲說而又不想說的疲倦之感，沒有頭腦遲鈍、辭不達意的現象。
- 快行：行動自如、協調，步伐輕鬆、有力，身體敏捷，反應迅速，動作流暢。這些證明軀體和四肢狀況良好，精力充沛旺盛。因諸多病變導致身體衰弱，均先從下肢開始，人患有內臟疾病時，下肢常有沉重感；心情焦慮，精神憂鬱，則往往感到四肢乏力，步履沉重。

透過這些指標，我們就可以判斷自己是否擁有健康。人們往往對自己的身體狀況不以為然，只有當失去了健康的時候，才後悔不已。

要想擁有健康就必須要有良好的生活習慣和一些起碼的衛生保健知識，加上本能的自我保護意識。一般來說，體能訓練可以讓我們保持肌體上的健康，運動還可以使人保持耐力，使人清除疲勞，緩解精神緊張，保持精力充沛。

而保持心理和精神上的健康則需要遵循一些基本原則。

- 保持樂觀心態，遇到失敗要積極尋找原因，而不要一味去責怪自己的缺點。
- 把對事物的看法與那些在生活中情形跟你相似的人的看法進行比較，

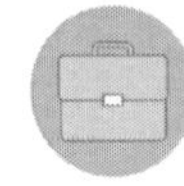

以評價自己的看法是否正確。

- 要勇於和別人交朋友，愛朋友的同時也會被朋友愛。受到拒絕並不妨礙你再跟別人交朋友。
- 要充分肯定自己，絕不說自己不行。不要總是覺得自己什麼都不好。比如說自己「長得難看」、「笨手笨腳」、「不可救藥」等等。想一想在那些使你不幸的因素中，哪些是可以改變的。批評自己應帶有建設性。
- 要了解自己的力量，量力而行，同時對於自己未來的成功和幸福永遠充滿信心，並且用這種積極的情緒去感染別人。
- 當你感到緊張的時候，你需要客觀地檢查這種生理反應（如數數脈搏，並盡可能多地記錄下身體變化的情況），想想是否還有別的原因引起這種生理上的緊張（不是心理上的）——也許你吃得不合適，也許屋子太熱等等。
- 當感到無法控制自己情緒的時候，不妨採用下面的辦法擺脫眼前的事：乾脆走開；把自己當成局外人；想像自己置身於未來，從未來透視現在；找富有同情心的人聊聊，獲得精神上的慰藉。
- 不要總想著自己過去的不幸、恥辱和挫折。過去的已經過去，它只保留在記憶中，而不應該再影響今天的生活。天地間，還有很多事需要去做。
- 記住，失敗和挫折有時是一種貌似災禍而實際使人幸福的幸事。失敗會告訴你，你的動機對於你採取的方法是不相適宜的；或者說，失敗能夠使你免受將來更大的損失，要學會從每次的失敗中有所領悟。
- 如果你感到自己的情緒緊張而又無法自制，最好到醫院去看看。有些情況好像是精神疾患，而實際卻是生理疾患，比如甲狀腺疾病。
- 制定一個長期的生活目標。
- 每天抽出一定時間進行一些能夠自娛身心的康樂活動。

一般地說，只要遵守以上 12 項原則，你便可以擁有心理及精神上的健康。

只有擁有健康，才能夠擁有人世間的幸福和事業的成功。只有愚昧的人才會犧牲健康去追求幸福。

51. 自我孤獨，孤家寡人

一般說，孤獨的人有兩種，其中一種是自我封閉，完全忽視周圍的人，另一種則是被周圍的人所徹底忽視。

在生活中，有一些情況特別容易令人感到孤獨。例如夫妻之間可能會如此，即使父子之間，一旦吵架之後，也能深深體會到自己多麼孤獨，也會感覺到這個世界上只有自己最可靠。於是，這些時候人最容易自我封閉起來。

這種人平常在工作，也許並沒有特別的感覺，但偶爾由於某些動機，會感覺周圍的人都變成自己的敵人，自己顯得孤立無援而難過。

有的人是自己故意迴避，不想和別人來往。可是，這類擁有孤獨感的人，有時卻往往能吸引女性，並能激發女性的母性本能。但有些人並不希望因此成為孤獨的人，而渴望有很多朋友，因為他們認為，有很多朋友的人才值得信賴。

經常忽視周圍的人可能有某些缺點，例如性格與眾不同，過去經常困擾別人，又喜歡批評別人，且在生活上又對別人一無益處，自然沒有人願意理會他。

而自己去忽視周圍的人，又可分為兩種：其中一種是很驕傲，認為自己很了不起，也就是自以為站得很高，瞧不起周圍的人。然而，這種人一旦遭遇困難，就會卑躬屈膝，可憐巴巴地乞求周圍的人幫助他。這樣的人實在令人厭煩，實在不具備自知之明，不具備人之所以為人的一些基本東西。

另一種是所謂不喜歡和別人來往的人。這種人在性格上很消沉，與人接觸總是感到很被動，也不願意和別人合作。這種人很值得同情。因為，他在性格上本來就不喜歡和別人交往，所以經常顯得鬱鬱寡歡，雖然他內心也渴望別人能接近他，然而，由於無法用行動表示，因而封閉自己。這種人想獲得幸福，必須要娶到一個很了解他，又很有耐性的女孩才行。

站在同一個角度來看，要評估一個人時，應該看看他所結交的朋友。如果他的朋友都是令人厭煩的人，那麼，這個人也多半不會討人喜歡，即使有朋友，也不會成為貼心的知己。一般人都認為，有知心朋友的人比較值得信賴。

擁有知心朋友的人能享受到更多的快樂和好處，孤獨的人很少能享受到朋友間相扶、相助、相提、相樂的人生樂趣。

雖然人生原本不應是孤獨的，但是，人們還是應該努力，不要讓自己過孤獨的生活，因為孤獨會使人感到無援和無助。畢竟年輕時候的孤獨還可以忍受，但是，年老時候的孤獨是多麼難熬啊！

52. 草率匆忙，紕漏百出

在現實生活中，幾乎每一個人肯定都有過草率行事而失敗的時候，這幾乎是一個普通的人生陷阱，這並不奇怪，因為一個人草率行事的習慣只能讓自己吃夠苦頭——毫無頭緒、混亂不堪、漏洞百出。成大事者都力戒步入這人生陷阱。

「先了解你要做什麼，然後去做。」對行事容易草率的人來說，這是很好的座右銘，尤其是前半段。假如決斷和行動力是邁向成熟的必要條件，則表示我們所採取的行動，必須根據良好的分析與判斷。

「行進之前先仔細看」或「投資之前先仔細研究」均不表示我們做事要猶豫沒有決斷。這些話的意思是要警告我們：採取行動之前千萬不可魯莽、倉促，要認清事實的真相再做出相應的行動。

假如醫師在急救病人的時候，沒有事先把病況弄清楚，則極有可能給病人帶來不幸。不錯，有許多情況下，立即行動是必要的，但其成大事的比例往往視其對問題診斷的正確度而定。

住在美國新墨西哥州阿布魁克市的泰德．考絲太太幾年前曾為財務問題而煩惱不已。她有一位多病的母親住在布魯克林，由兩名婦人負責照料她的起居，考絲太太後來發覺自己實在很難一直維持這樣的開銷，而一位時常在財務上資助她的叔父，也打電話向她表示是否可以減少開支。如減少那兩名看護婦人的薪水，或縮減房屋的維修費等等，其實這也是非常合理而必要的。

考絲太太一時不知該如何作決定，便要求讓她好好想一下，等做了決定之後再回電話給他。考絲太太十分感謝這位叔父長期的幫忙，也覺得應該想辦法減輕這位叔父的負擔。

「我拿一些紙張，然後開始分析。」考絲太太描述道，「我先把母親的收入 —— 如有價證券、叔父給她的補助等等一一列出來，然後再列出所有開支。沒多久，我便發現母親在衣、食方面的花費極少，但那棟擁有十一間房的住所，卻得花一大筆錢來維持 —— 光是每月的煤氣費就得二三十塊錢，再加上各種雜項開支和稅金，還有保險費等等，為數十分可觀。當我見到這些白紙黑字的證據，便知道事情該如何處理了 —— 那棟房子必須解決掉。

「從另一方面來看，母親的身體愈來愈壞，我擔心這時移動她可能不太妥當。她一直希望能在那棟房子度過餘生，我也願意盡可能成全她的願望。於是，我去拜訪一位醫師朋友，請他給我一些意見。這位醫師認識一名經營私人療養院的婦人，地點離我們住的地方只有三分鐘路程。這位婦人不但心地好，人又能幹，所收的費用也極合理，因此我決定把母親送到她家去，讓她來照顧。」

於是，這件事處理的結果，對每個人都十分理想。考絲太太母親受到極好的照顧，一直還以為她仍住在家裡。考絲太太現在每天都能抽空去探望她，而不是每星期一次。她叔父的負擔減輕了，她們的財務問題也獲得解決。此次經驗告訴考絲太太，假如把問題寫下來，便能完整、清楚地看到所有的事實，問題往往便也迎刃而解了。

這樣的生活例子，其實只揭示了一個道理：一個行動是否會成功，往往要看事前的分析。假如考絲太太沒有好好去研究問題所在，也沒有好好去組織要採取的步驟，而是草率的採取行動，則很可能根本不能解決財務問題，甚至還會嚴重影響到母親的健康。

這種把事實列在紙上，讓它們自己把問題或解決方法顯現出來的方式，是我們避免走入草率行事的人生陷阱的一個好方法。

住在伊利諾州奧尼市的一對年輕夫婦，葛莫先生和葛莫太太也有這樣的經歷。像許多新婚夫婦一樣，葛莫先生和本太在蜜月後不久，便已發生財務問題，那時正值第二次大戰期間，葛莫先生必須入海軍服役，但他們的許多帳單都還沒有付清。

後來，葛莫先生和太太知道光是發愁沒有什麼用處，便坐下來打算好好想出解決的辦法。事實是這樣的：他們幾乎欠鎮上每一家商店錢。雖然每家欠得都不多，卻也沒有辦法在參軍之前全部還清，為了保持良好的紀錄，他們最後決定這麼做 —— 每個月向每家商店償付一點錢。

事實上，最困難的大概就是去面對那些商店老闆，並向他們說明自己無法在參軍之前把債務還清。但出乎葛莫先生的意料，當他向第一家商店老闆說明他的困難，但表示願意每月逐漸還清款項的時候，老闆的反應極其懇切，使他不禁鬆了口氣，以下的幾家也都進行得十分順利。結果，這些債務後來都還清了，有家商店老闆甚至在他退伍回家之後特地來找他，表示感謝他遵守諾言。

總而言之，若不是葛莫先生事前先坐下來仔細分析狀況，他們很難做適當的決定，並且付諸實行。事實證明，他們當初的決定是對的，因為事情本來就可以按部就班地去處理，根本不像草率從事那樣，那只會讓事情一塌糊塗。

其實，我們的生活中，有許多人常常沒有像葛莫先生這麼做，應該先坐下來仔細研究困擾我們的問題。相反的，我們常常為了問題而輾轉不能入眠，卻又一再拖延作決定的時間；或是我們沒有經過仔細研究，便在短時間內做出倉促決定然後又草率行事，結果不但沒有解決問題，反而使問題更加惡化。為使問題得到解決，我們應該盡可能地面對事實，並收集更多有關問題的資料，然後，可能的話，更進一步的去研究分析，以了解自己所處的狀況。

戴爾．卡內基（Dale Carnegie）先生曾訪問過哥倫比亞大學的已故院長赫伯·郝克 (Herbert Hawkes) 先生。在訪問過程中，卡內基特別提到郝克院長的書桌是多麼整潔 —— 因為像他這麼一個大忙人，桌上通常會堆滿許多資料或檔案。

「要處理這麼多學生的問題，你一定要隨時作許多決定。」卡內基先生說道，「但是，你看起來十分冷靜、從容，一點都不顯出焦慮的樣子。請問，你是如何做到這一點的？」

郝克院長回答道：「我的方法是這樣的 —— 假如我必須在某一天作某一項決定，通常我都事先收集好各種相關資料，並認定自己是『發掘事實的人』。我並不浪費時間去設想該如何作決定，只是盡可能去研究與問題有關的所有資料。等我研究完畢，決定便自然產生了，因為這都是根據事實而來的。聽起來十分簡單，是嗎？」

不錯，方法是十分簡單，卻常常被我們忽視了。我們的行動通常受情緒、成見、急躁或其他非分析性做法的影響，這都是不成熟的表現。就好像小孩子喜歡凡事馬上去做，或過馬路的時候沒有注意兩旁的來車，或在大太陽下跑到海邊遊玩，結果卻中了暑等等，都是沒有考慮到具體情況，只憑衝動便糊塗行事草率行事的幼稚行為。

有名婦女向心理專家訴說她的丈夫似乎有不忠的行為。她不知自己該對丈夫採取攻擊的行動，還是應該攜兒女回娘家去。

「是什麼讓你懷疑到他有不忠的行為？」專家問道。

「是他的行為方式。」她回答道，「他一向是個很好相處的人，現在卻變得脾氣暴躁，凡事挑剔。他時常工作到很晚才回家，並表示由於太累，不能陪我到任何地方去。這些都是芝麻綠豆的小事，但多了也會讓人受不了。他甚至忘了我們的結婚紀念日，完全不像他以前的樣子了。」

聽起來的確是有問題。但專家仍然要她在採取任何激烈的手段前告訴丈夫，要丈夫好好檢查一下身體，此外，還要看看他的工作是否有什麼問題。

結果是第一個建議有了效果。醫師發現她丈夫急需動一項手術。動了手術之後，她丈夫便恢復正常，而這位太太也完全去除了自己的疑心。

像這種瀕臨破裂的婚姻，其原因通常只是某一方面的疑心。假如這名婦女不顧一切採取了草率的行動，則後果便完全不一樣了。

行動能力的確是成熟心靈的必備條件之一，但必須有知識和理解做基礎，才能避免毫無價值的草率行為的人生陷阱之中。

53. 惰性纏身，難以挺立

一般地講，人們身上最大的人性弱點是什麼？毫無疑問，惰性幾乎是每個人身上都時隱時現的敵人。有很多人就是無法靠激勵機制調動情緒和幹勁，因而常常陷入惰性這個人生陷阱之中貽誤了人生。成大事者的人生習慣是：必須讓惰性在身上被拋棄！否則在任何時候你都會難以挺立，永遠只是一個平庸者。

對於命運的主宰能力和程度來說，人在達到一定的發展層面之後，特別是進入了享受上的層次之後，就會開始出現動力上的惰性。為此，這個時候就需要進行啟用，也就是刺激 —— 強烈的刺激。要透過強烈的和有效的刺激，達到對人們的動力調動與喚醒的目的，以便消除惰性。

動力的激發方式因國家而異，就美國、日本現在的一些做法而言，長期以來就有三種模式，一種是獎勵機制，一種是回報機制，一種是欺騙機制。獎勵機制不用多說，大家都懂得，本質一樣，具體做法上略有差異；回報機制，在模式上也就是「投入 —— 產出 —— 回報」，也不難理解。欺騙機制則比較複雜，一種是承諾不能兌現，另一種是機制上就把回報放到遙遠的天堂或來生來世等等，其理由是多種多樣的，有些也是可以原諒的，但是，在一些人士看來，這無異於是種欺騙或欺詐。這三種模式都可以調動人的積極性，啟用人的內在動力，從而可以消除惰性。

(1) 獎勵機制

以前的通常作法，主要是物質刺激與精神鼓勵兩種類別。精神鼓勵，就是表彰和宣傳以及發給各種榮譽證書，樹立良好的社會形象。現在，世界上許多地方仍在用這種方法。另外，就是物質方面予以獎勵，最著名的要算是諾貝爾獎金一類的了。

這兩種方式在現實中，都是複合式操作，也就是說，都是精神鼓勵與物質刺激兩方面相結合的方式。當然，這種激勵型的獎勵啟用方式，也不是沒有極限的。不管它具有多麼大的獎勵份額，歸根結柢，還都是「封頂式」獎勵。也就是說，獎勵不可能是「無限的」，而人們的「物質欲」卻是「無限的」。因此對於一些人來說，這種獎勵式的啟用方式，也還是有些人不願意接受的，還必須研究出其他的啟用方式。畢竟人是複雜的，單一的機制也會讓人厭倦而重新產生惰性。

(2) 回報機制

就是讓你「天天得，天天賺」，支付一點賺到一點，永無止境。可見，強大的回報機制建立是用以遏制和滿足人們的「物質欲」。所謂回報機制就是回報與奉獻都有止境。你創造多少，就回報多少，甚至擺出一副讓人只要你行動一夜可以成為富豪的回報架勢。這就是上不封頂，只要你勞動，只要你創造，國家與市場經濟的機制就保障你的勞動所得，讓你的勞動所得合法化。「投人 —— 產出 —— 回報」，從衣、食、住、行、娛、醫、業、安八大方面，予以全面支持。

衣，你可以穿很好的衣服，名牌時裝，上等服飾，應有盡有，只要你有錢，任你選擇。

食，你可以吃遍全世界所有的人間美味，雞鴨魚肉，山珍海味，一應俱全。

住，只要你願意，就可以住到別墅或豪宅，甚至全世界都可以有自己的私人住宅。

娛，可以讓你到你願意去的一切地方旅遊，甚至花上一筆錢，就可以乘宇宙飛船上天去一試其極限，體驗一下太空人的樂趣與人生。

醫，讓你享有比當年的皇帝還要好的健康醫療，擁有比太醫還要好的醫生與醫療專家，日夜呼喚都是隨叫隨到。

業，只要你願意，你又支付得起辦各種你感興趣的事業，那麼，不管哪一領域，都可以是私人企業與實業（法制下的），讓你的人生樂趣得到最大的發揮。

安，就是安全保障，說白了，就是可以擁有私人保鏢、保全和警衛，即提供人身安全和財產安全方面的保護。這些優厚的條件你有沒有獲得，是你有沒有能力。而要想具有這一能力就必須讓自己走出惰性這一人生陷阱。

當然，我們也要強調一點：衣、食、住、行、醫、娛、業、安八大方面的回報與存在，也有一個極限，就是：必須遵紀守法，必須是在法律所規定與制約的範圍內。

(3) 啟用機制

這是一種輿論導向式的東西。大千世界什麼人都有，特別是有一些人，天生就是溫飽即可，小富即安，有一點就行，就是不願意做事，成就一番事業。因此，對於這些人，你必須激發他的努力和獲得的欲望，讓他知道，生活本來是可以更美好的，只要你做出努力，一切會更加美好，而這才是我們所追求的。讓人們明白人生的意義所在 —— 讓他看到榜樣和擁有力量。

我們的事業需要每一人的努力，可是作為個人來說，是允許他選擇自己的生活，存有「並不想得那麼多，想得太多了心累」的想法。但是，作為國家、企業、老闆、事業來說，都是想得越多越好，越大越好，為此，就必須想出辦法來，讓所有的人都始終保持活力，終生奮鬥，「生命不息，戰鬥不止」，這才是目的。因此，在獎勵機制、回報機制不奏效的情況下，要產生出其他的辦法，甚至想一些怪方法以引導勞動者的積極性，讓人避免步入人生陷阱之中。

(4) 遏制機制

世界上對付某些人的方法是硬的不行就來軟的，或者軟硬兼施。遏制機制就是這樣。在力量的啟用上，如果獎勵不奏效、回報也不奏效、誘導也不行，那麼就遏制，或者乾脆就採取系統性的啟用方式，各種方法一同使用形成合力，予以啟用，保持活力。運用法制的武器，對人們的體驗領域與野心希望的領域和行為進行限制。如果不聽從的話，就剝奪其自由和財力等人生權力。剝奪權力，可以消除人們的叛逆勁頭和人生自主的野心。至於如何剝奪，應該是從剝奪發展開始，到剝奪享受，最後剝奪生存。比如，在美國有一位網路商務專家說，今後三年之內再不學會網上商務，那麼，就可以明明白白地說，他別想賺到一分錢。這就自然激發了人們的學習和積極性，人的綜合素養也就提高了。

人生動力的內容，就是生存、享受、發展。其中，動力最強大的是生存，其他逐一次之。因此，要激勵人的動力並使刺激加強就是必須的，越發展越需要刺激。在動力的激勵上，要設法永遠使之處在生存線這個層面上，永遠不讓他的生活享受處在穩定狀態 —— 可以享受，但就是不穩定、不保險、不安全 —— 他就不得不努力。這種不穩定不是別的，就是一點，只要不努力就隨時會摔下來；這種不安全也不是別的，而是職業與職位不保，全因為競爭是隨時存在的。這樣才能迫其好好工作，否則可能出現生存危機，至少也是享受危機。透過競爭、誘導和回報綜合、系統組合，可以達到這個目的。

人是一種高級動物，高級動物也是動物，對待動物的激勵方式就有其相同性。有些時候，我們是把自己太當人了，而製造出了許多錯誤的理論，從而導致了人的創造力的下降。

人生想要成功，必須啟用自己的動力，避免步入惰性。

54. 沒有計畫，自然渙散

其實，幾乎所有成大事的人，都是制定計畫的專家，他們力戒自己沒有計畫地任意所為，並因此而把人生搞成一盤散沙無法收拾。

人人都可以從很有前途的生意中學到的一課，那就是我們也應該計劃5年以後的事。如果你希望5年以後變成怎樣，現在必須制定並開始落實你的計畫，這是一種很嚴肅的想法。

沒有生活計畫的人基本上是一個隨波逐流的人，也就是根本談不上成功。

現在來談為什麼必須有計畫才能成功。

曾經有一個年輕人（暫且稱他F先生）由於職業發生問題，跑去找拿破崙．希爾（Napoleon Hill）。這位F先生舉止大方、聰明、未婚，大學畢業已經4年。他們先談年輕人目前的工作、受過的教育、背景和對事情的態度，然後拿破崙．希爾對年輕人說：「你找我幫你換工作，你究竟喜歡哪一種工作呢？」「喔！」F先生說：「這就是我找你的目的，我真的不知道想要做什麼？」

這個問題很普遍，替他接洽幾個老闆面談，對他沒有什麼幫助，因為誤打誤撞的求職法很不聰明。由於他至少有幾十種職業可以選擇，選出合適職業的機會並不大。拿破崙．希爾希望他明白，找一項職業以前，一定要先去深入了解那一行才行。所以拿破崙．希爾說：「讓我們從這個角度來看看你的計畫，5年以後你希望怎樣呢？」F先生沉思了一下，最後說：「好！我希望我的工作和別人一樣，待遇很優厚，並且買一棟好房子。當然，我還沒深入考慮這個問題呢。」

拿破崙．希爾對F先生說，這是很自然的現象。他繼續解釋：「你現在的情形彷彿是跑到航空公司裡說：『給我一張機票』一樣。除非你說出你的目的地，否則人家無法賣給你。」所以拿破崙．希爾又對他說：「除非我知道你的目標，否則無法幫你找工作。只有你自己才知道的目的地。」

這使 F 先生不得不仔細考慮，接著他們又討論各種職業計畫，談了兩個小時。拿破崙．希爾認為他已經學到最重要的一課：出發以前，要有計畫。

像那些成功的公司那樣，個人也要有計畫。從某個角度來看，人也是一種商業單位，你的才能就是你的產品，你必須發展自己的特殊產品，以便換取最高的價值。那麼怎樣才能避免陷入沒有計畫的人生陷阱之中呢？

把你的理想分成工作、家庭與社交三種。這樣可以避免衝突，幫你正視未來的全貌。

針對下面的問題找到自己的答案。我想完成哪些事？想要成為怎樣的人？哪些東西才能讓我滿足？

用下面的 5 年長期計畫可以幫你回答以上問題

5 年以後的工作方面：

- 我想要達到哪二種收入水準？
- 我想要尋求哪一種程度的責任？
- 我想要擁有多大的權力？
- 我希望從工作中獲得多大的威望？

5 年以後的家庭方面：

- 我希望我的家庭達到哪一種生活水準？
- 我想要住進哪一類房子？
- 我喜歡哪一種旅遊活動？
- 我希望如何撫養我的小孩？

5 年以後的社交方面：

- 我想擁有哪種朋友呢？
- 我想參加哪種社團呢？
- 我希望參加哪些社會活動呢？

拿破崙．希爾的兒子要求父親幫忙為一隻小狗「花生」蓋一間狗屋，這是一隻活潑聰明的混血小狗，也是他的「開心果」。拿破崙．希爾終於答應了，於是兩個人立刻動手。由於他們的手藝太差，狗屋蓋得很糟糕。

狗屋蓋好不久，有一個朋友來訪，忍不住問拿破崙．希爾：那堆破爛兒是什麼啊？不是狗屋吧？拿破崙．希爾說：「正是一間狗屋。」他指出一些毛病，又說：「你為什麼不事先計劃一下呢？如今蓋狗屋都要照著藍圖來做的。」

可見，在你計劃你的未來時也要這麼做，不要害怕畫藍圖，有的人是用幻想的大小來衡量一個人的。一個人的成就多少通常比他原先的理想可能要小一點，所以計劃你的未來時，眼光要遠大，方向要正確。沒有計畫的人生實踐才是最為可怕的人生。

有一個例子很能說明問題。有一個年輕人在計劃他的住宅的時候，他就好像真的已經看到將來的模樣。他說：「我希望有一幢鄉下別墅，房屋是圓柱形的兩層樓建築。四周的土地用籬笆圍起來，說不定還有一、兩畝的魚池，因為我們夫婦倆都喜歡釣魚。房子後面還要蓋個都貝爾曼式的狗屋。我還要有一條長長的彎曲的車道，兩邊樹木林立。但是一間房屋不見得是一個可愛的家。為了使我們的房子不僅是個可以吃、住的地方；我還要盡量做些值得做的事，當然絕對不會背棄我們的信仰，一開始就要盡量參加教會活動。」

「5 年以後，我要爭取有足夠的金錢與能力供全家坐船環遊世界，這一定要在孩子結婚獨立以前早日實現。如果沒有時間的話，就分成四五次做短期旅行，每年到不同的地區遊覽。當然，這些要看我的工作是不是很成功才能決定，所以要實現這些計畫的話，必須加倍努力才行。」

這個計畫是 5 年以前寫的，這個年輕人當時有兩家小型的專賣店，現在他已經有了 5 家，而且已經買下 17 畝的土地準備蓋別墅，他的確是在逐步實現他的目標。工作、家庭與社交三方面是緊密相連的，每一方面都跟其他有關，但是影響最大的還是工作。家庭的生活水準，在社交中的名望，大部分是以工作表現決定的。

麥金塞管理研究基金會曾經做了一次大規模的研究，希望找出傑出主管需要的條件。他們針對工商業、政府機關、科學工程專案以及示教藝術的領導人物進行問卷調查，經過印證，終於了解到主管最重要的條件就是「工作必須有計畫性」。

瓦那梅克先生曾忠告我們，一個人除非對他的工作懷有計畫性，否則做不出什麼大事。妥善運用「工作必須有計畫性」，往往會產生驚人的力量。

拿破崙．希爾想跟一個經常在大學報紙上發表文章的學生談話，他的天分很高，有從事新聞事業的潛力，但最大的弊病是做事缺乏計畫。畢業前，拿破崙．希爾問他：「丹先生，畢業以後打算做什麼？準備做新聞工作嗎？」丹先生說：「才怪呢！我非常喜歡寫作和報導新聞，而且也發表過一些作品，可是新聞工作盡報導些零零碎碎的訊息，我懶得去做，我要按照自己的想法去做事。」

拿破崙．希爾大約有 5 年沒有聽到丹先生的訊息。有一天晚上拿破崙．希爾忽然在新奧爾良遇到丹，當時丹是一家電子公司的助理人事主任，他向拿破崙．希爾表示了對這個過於有計畫正作的不滿。「喔！老實說我的待遇很高，公司有前途，工作又有保障，但是我根本心不在焉，缺乏工作計畫，我很後悔沒有一畢業就參加新聞工作。」丹先生的態度反映出他對工作計畫的厭煩，他看許多事情都不順眼，因此，明眼人都斷定，他將來根本沒有什麼前途。

成功需要周密的計畫和完全的投入，只有這樣你才能真正喜歡你的行業，才有成功的一天。

的確，計畫是成功的保證。有許多人正是因為缺乏了這一點，不但喪失了一次次成功的可能，而且經常把自己也陷在了人生失敗的陷阱之中。

55. 拖拖沓沓，終難成業

有些人雖然很有悟性，但做事總是喜歡拖拖沓沓。該做的事雖然想到了，卻懶得立刻著手去做。結果時過境遷，失去了許多成功的時機，也讓他們的人生一塌糊塗。

拖拖沓沓是人的通病，也是大病，因為它不但拖掉了自己的機會，也拖掉了別人的機會。它不但表現了自己的不準時，也表現了對別人的不守時，更嚴重的是它表示了對別人的不尊重，這是一種相當危險的人生陷阱。

卡內基記得自己年輕的時候，有一次他跟朋友相約吃飯，朋友遲到了半小時，卡內基吃到附餐了，才見他滿頭大汗地衝進來。

「對不起！忘了！忘了！」他一邊擦汗一邊解釋，只怪太早以前就約好。

卡內基那時年輕氣盛，也就半開玩笑地問：「要是重量級人物一年之前就約你，你也會忘記嗎？」

他居然一笑：「那當然不會忘，天天都會想一遍嘛！」

這證明了什麼？證明一個人不守時，顯示他沒把別人放在心上。

不要把拖拖沓沓看成是一種無所謂的耽擱，有時候一個企業家會因為沒能及時做出關鍵的決定，錯過了最佳時機而慘遭失敗；一個妻子會因為懶得及時收拾家務，造成一樁婚姻的破裂；一個病人延誤了看病的時間，會給生命帶來無法挽回的損失……拖拖拉拉這個壞習慣看似無礙大局，實則是個能使你的抱負落空，破壞你的幸福，甚至奪去你的生命的人生陷阱。

在美國，每年不知有多少高中生，不眠不休地寫研究論文，參加西屋科學獎的評選。原因是西屋科學獎不但代表很高的榮譽，頒發鉅額的獎金，而且得獎證書有個妙用 —— 可以當做申請著名大學的入場券。

參加比賽的學生當中獲獎最多的要算是來自紐約市了。據統計，從1942年創辦西屋科學獎到現在，紐約市的學生囊括了四分之一的大獎。更令人驚訝的是這四分之一中，又以史岱文森高中的學生占多數，幾乎年年都有學生擠進準決賽。

但是，1989年12月18日，史岱文森高中傳出一片哭聲，許多學生哭喪著臉說：「我們的眼淚、血汗全白費了。」

他們哭，不是因為比賽敗北，而是由於他們的研究成果，根本沒能進入西屋科學獎的大門。

12月14日，160份報告，由史岱文森中學分成兩箱寄出，其中一箱先交卷的報告在西屋獎截止的15日及時寄到，另一箱裡的90份後交卷的報告，卻拖到18日才寄達。

「我們有收據為憑，14日寄出的『隔日快遞』。」史岱文森的老師解釋。

「我們寫得明明白白，我們必須在15日收到。」西屋科學獎的主辦人說，「我們不管你什麼時候寄出，只管是否準時收到。」

看到《紐約時報》(*The New York Times*)上的大幅報導，誰都會感慨地想，到底是學生拖，還是老師拖？為什麼非要拖到收件截止的前一天才寄出呢？當然事實是相信學生、老師都可能拖了，但也拖倒了許多年輕人的前程。

在紐約曼哈頓有個夜間郵局。每年到郵遞大學申請書和報所得稅的最後一夜，那個郵局前都會出現壯觀的場面。一條長龍從郵局延伸到街頭，又轉來轉去，轉過半條街。一輛接一輛車子衝過來，跳下心急如焚的人。大家都想趕在那最後一秒，夜裡十二點鐘響之前，把手裡的表格寄出。

與其說他們是「趕」在最後一秒，不如說是「拖」到最後一秒。有理由相信，其中就有許多人，像是史岱文森的學生一樣，沒趕上那一秒，而拖掉了自己的希望。

有人批評，認為西屋科學獎應該有點人情、有點彈性，不要讓孩子們的心血白費。但事實是，比賽就像人生的戰場，它比實力，也比速度。速度何嘗不算是一種實力，你沒別人快，你比別人拖，就顯示你比別人差。差的人輸，這是天經地義的事，而且未嘗不是好事。如果那些輸的學生，能記取教訓，再也不拖，那麼他們在這次比賽中學到的，應該比失去的便值得。

所以拖不但代表不守時、不準時，也造成了危險的人生陷阱，只是在等著你有一天徹底陷落。

看看你周圍的人你就會贊同，真正快活的人是那些擺脫了拖拖沓沓的枷鎖，在完成手頭的工作中感到滿足的人，他們是充滿渴望、熱情和創造性的人。

56. 不懂惜時，空誤此生

一寸光陰一寸金，寸金難買寸光陰。生活中有許多人根本不懂這些，只是渾渾噩噩地生活。不懂惜時的人，也就不會有人生成功，只會空誤此生，這幾乎是必然的。

當你充分利用時間的時候，你才會知道時間究竟能有多大價值，也只有這時才會懂得人生原來可以這樣有價值。

進化論的奠基人，英國的達爾文（Charles Robert Darwin）從劍橋大學畢業時還是個無名小輩，他參加了環球考察。他在「貝格爾」號輪船工，珍惜每一天時間，進行了大量的考察，蒐集了足夠研究 50 年的標本。

在別人閒聊時，他堅持寫日記，還與國內的科學界朋友保持書信連繫，其中不少信件很快就被作為學術論文發表。當他踏上闊別了 5 年的國土時，驚訝地發現自己已被稱為海洋生物學專家。有人問他何以能做出那麼巨大的成績的時候，他回答說：「我從來不認為半小時是微不足道的很短的一段時間。」

朱自清在他的名篇〈匆匆〉中寫道：「洗手的時候，日子從水靈裡過去；吃飯的時候日子從飯碗裡過去；默默時，便從凝然的雙眼前過去；我覺察他去的匆匆了，伸出手遮挽著時，他又從遮挽的手中過去了……」是的，時間在匆匆地流失，抓得住就像金子，抓不住就像流水。

「時間就像生命，無端地空耗別人的時間，其實無異於謀財害命。」這是魯迅的名言，同時，魯迅確實惜時如命，他把別人喝咖啡、聊天的時間都用在工作和學習上。魯迅還以各種形式鞭策自己珍惜時間，刻苦學習和工作。他的臥室兼書房裡，掛著一副對聯，集錄中國古代詩人屈原的兩句詩，上聯是「望崦嵫而勿迫」（看見太陽落山了還不心裡焦急），下聯為「恐鶗鴂之先鳴」（怕的是一年又過去，報春的杜鵑又早早啼叫）。書房牆上還掛著一張魯迅最崇敬的日本老師藤野先生的照片。魯迅在《朝花夕拾》中寫道：「每當夜間疲倦，正想偷懶時，仰面在燈光中瞥見他黑瘦的面貌，似乎正要說出抑揚頓挫的話來，便使我忽又良心發現，而且增加勇氣了，於是點上一支菸，再繼續寫些為『正人君子』之流所深惡痛疾的文字。」魯迅用這朝夕相處的對聯和照片督促自己抓緊時間。

正是因為有了這種惜時如命的精神，魯迅在他 56 歲的生命旅途中，廣泛涉及了自然、社會科學的許多領域，一生著譯 1 百萬多萬字，留給後人一份寶貴的文化遺產。

當代著名國畫大師齊白石，在他作畫的 60 多年中，據說只有兩次間斷，10 天沒有動筆。一次是他 63 歲時生了一場大病，幾次不省人事，另一次是 64 歲時母親病故，他因過度悲傷，沒有作畫。85 歲那年，有一天他連畫 4 張條幅，已經很累了，可他仍要堅持再畫一張。畫畢，他在條幅上題寫了這樣的話：「昨日大風雨，心緒不寧不曾作畫，今朝制此一張補充之，不教一日空閒過也。」齊白石在藝術的道路上，十分珍惜時間，不停地辛勤探索，終於取得了令人矚目的繪畫成就。

時間的價值非同尋常，它與人生的發展和成功關係非常密切。一個人在時間面前如果是個弱者，他將永遠是一個弱者，因為放棄時間的人，時間也同樣放棄了他。

「一寸光陰一寸金，寸金難買寸光陰。」在現實生活中，我們總是有許多的藉口，時間就在藉口當中流逝了，我們也不知不覺地陷在了人生的陷阱之中。

人的生命是有限的，古往今來，只有那些善於利用時間，懂得時間寶貴的人，才能成就一番事業。在中國歷史上，引錐刺骨的蘇秦，以繩懸梁的孫敬，鑿壁偷光的匡衡，都是善於利用時間的典範。

時間是由分秒積成的，善於利用零星時間的人，才會做出更大的成績來。

——位美國的保險人員自創了「1分鐘守則」，他要求客戶給予他1分鐘的時間，介紹自己的工作服務專案，1分鐘到了，他自動停止自己的話題，謝謝對方給予他1分鐘的時間，由於他遵守自己的「1分鐘服務」，所以在一天的經營中，時間幾乎和自己的業績成正比。

「1分鐘到了，我說完了！」信守1分鐘，保住他的尊嚴以及養減少自己的興趣，且讓他人珍惜這1分鐘的服務。

另一家公司則是為了提高開會的質量，所以老闆買了一個時鐘，開會時每個人只能發言6分鐘，這個措施不但使開會有效率，也讓員工分外珍惜開會的時間，把握發言時間。

要想真正的珍惜時間掌握時間，一個人至少應該做到一些基本的規則。

(1) 事先審慎地制定工作進度表。

相信筆記，不相信記憶。養成凡事豫則立的習慣。不要把你的進度訂得過於緊迫，最好是留點時間用來應付不可避免的干擾——可能有些意外的干擾的確是可以讓你得到解決問題所需要的資訊。如果你能制定一個高明的工作進度表，你一定能在限期內擁有充分的時間，完成交付的工作，並且在盡了職責的同時，兼顧效率、經濟與和諧。有期限才有緊迫感，也才能珍惜時間，設定期限是時間管理的重要標誌。

(2) 把時間分成一段一段來利用。

有時候我們感到大塊大塊的時間不好找，所以做什麼事情總覺得時間不夠，比如上班族想要學習，卻總是認為每天上班8小時還得加班，哪裡還有什麼空閒時間？可是如果你能利用一些工作、生活間隙的時間，就能收穫額外的時間了。

小王每天早上與妻子一起上班，但他的動作總是比妻子快，這樣每天他就要在車裡等妻子 15 分鐘左右。小王是一個珍惜時間的人，當他發現每天都有這樣一小段時間可以利用的時候，他就放了一本英語書在車上，每天看幾個單字，學幾頁英語。這樣堅持下來，雖然看不出每天有多大的收穫，可是後來小王報考研究生時，他才發現英語的學習變得很簡單，原來每天僅 15 分鐘的累積已經顯出成效來了。小王等於沒有花多餘的時間在英語學習上，但他已經贏得了整個英語學習。這是他「贏」來的時間。為後世留下諸多錦繡文章的宋代文學家歐陽修認為：「餘平生所做文章，多在三上：馬上、枕上、廁上。」三國時董遇讀書的方法是「三餘」：「冬者歲之餘；夜者日之餘；陰雨者晴之餘。」即要充分利用寒冬、深夜和雨天別人休息時發奮苦學。他認為「在餘廣學，百戰雄才」。而魯迅先生，則是把別人用來喝咖啡的時間都用在了寫作上。看來，零碎的時間實在可以成就大事業。

用分來計算時間的人，比用時來計算時間的人，時間多了 59 倍。

(3) 善於一心二用。

這當然不是鼓勵你不專心，而是說在一些情況下，我們完全可以同時做兩件事情。比如上下班的途中，坐在公共汽車上，隨身攜帶一本書，或是聽聽廣播、英語 CD。這樣在汽車行駛過程中，你也沒有浪費坐車的時間，如此堅持下來，你的收穫也是很可觀的。現在許多上班族們都已經這麼做了，而且反映都很不錯，因此加入這個行列的人越來越多了。這是你爭取時間的又一個高招。

(4) 始終做最重要的事情。

時間管理的精髓即在於：分清輕重緩急，設定優先順序。成功人士都是以分清主次的辦法來統籌時間，把時間用在最有生產力的地方。普累託定律告訴我們：應該用 80%的時間做能帶來最高回報的事情，而用 20%的時間僘其他事情。

最會算時間帳並付諸行動的還有兩個典型，一是宋代詩人陸游，他規定自己「日課詩一首」，雷打不動，堅持下來，一生寫了一萬多首詩。還有一個便是日本軟體銀行總裁孫正義，他在美國留學時規定自己「每天一項發明」，其方法很特別：每天從字典中選取 3 個詞，組合一個新東西。他發明的「可以發聲的多國語言翻譯機」以一億日元賣給日本夏普公司。孫正義說：每天一項發明是他成功祕訣。看來成功屬於那些既會算時間帳又知道怎麼去做的人。

總之，誰珍惜時間，時間對誰就最慷慨；誰會利用時間，時間就服服貼貼地為誰服務。

只有做時間的主人，才能避免陷入人生陷阱中，才能使自己的人生充滿著成功的歡樂。

57. 苛求完美，難合人意

其實，在現實生活中根本就沒有完美的事情，追求完美是某些人最普遍的錯誤想法，這也是極其有害的想法。追求完美有時會使自己陷入人生陷阱中而不自知，並且越陷越深，讓自己的人生也一敗塗地。

有一位古代哲人說：「完美本是毒。」事事追求完美是一件痛事，它就像是毒害你內在心靈的藥餌。因為這個世界本來就不是完美的，過去不是，現在不是，將來也不是，它本來就是以缺陷的樣式呈現給我們的。人如果事事追求完美，那無異是自討苦吃。

從前，一位老和尚想從兩個弟子中選一個作為衣缽傳人。一天，老和尚對兩個徒弟說：「你們出去給我揀一片最完美的樹葉。兩個弟子遵命而去。不久，大徒弟回來了，遞給師傅一片樹葉說：這片樹葉雖然並不完美，但它是我看到的最完整的樹葉。二徒弟在外面轉了半天，最終卻空手而歸，他對師傅說，我看到很多很多的樹葉，但總也挑不出一片最完美的……」自然，老和尚把衣缽傳給了大徒弟。

「揀一片最完美的樹葉」，人們的初衷總是最美好的，但如果不切實際的一味找下去，一心只想十全十美，最終往往是兩手空空。直到有一天，你才會明白：為了尋找一片最完美的樹葉而失去了許多機會是多麼得不償失。世間許多悲劇，正是因為一個人熱衷於追求虛無縹緲的完美，而忘卻了任何一種正常的選擇都可以走向完美。完美不是一種既定的現象，而是一種日臻完善的執著追求過程。

有兩個青年曾經一起考研究所，其中一個決心要考上前段大學的研究生，另一個則選擇了一個適合他自己實際狀況的學校。結果，那個一心想要考上前段大學的朋友前後考了 5 次而未果，眼睜睜地看著他人一個個找到自己的位置，以致自己神經都有些失常了。而另一個朋友則一考而中，由於勤勉刻苦，研究所畢業 4 年後，就破格晉升為副教授。

其實，任何一種平淡的選擇或開始，只要後面的過程得當，其間必定蘊含著許多奇蹟，但必須按客觀規律辦事，不能脫離實際地片面追求完美。

揀一片最完美的樹葉，需要擁有一份理智，一份思索，一份對自身實力的審視和把握。

愛因斯坦（Albert Einstein）上學時，老師請學生交一件勞作。愛因斯坦把一張笨拙又醜陋的小板凳交給老師。老師看了很不滿意，愛因斯坦從身後拿出兩張更為醜陋的小板凳對老師說：剛才交的是我第三次做的，雖然它不太令人滿意，但是它要比這兩張強得多。

人生中，應該具備愛因斯坦的勇氣，不要只是好高騖遠，而應該靜下心來，一步一個腳印地去揀你認為是相對完美的樹葉。

人生的缺憾有其獨特的意義，我們不能杜絕缺憾，但我們可以昇華和超越缺憾，並且在缺憾的人生中追求完美，此種缺憾就可以當作我們追求的某種動力。

有了缺憾就會產生追求的目標，有了目標，就如同候鳥有了目的地，即使總在飛翔，累得上氣不接下氣，但因總有期望的目標，總是能夠堅持下去。

如果事事追求完善，都要拚命做好，這會使自己陷入困境。不要讓完美主義妨礙你參加愉快的活動，而僅僅成為一個旁觀者，你可以試著將盡力做好改成努力去做。

完美主義還意味著惰性。如果你為自己制定下了完美的標準，那麼你便不會嘗試任何事情，也不會有多大作為，因為完美這一概念並不適用於人，它也許只適用於上帝。因而，做為一個普通人，不必以這個標準來衡量自己的行為。

如果你將自己所謂的完美價值觀與成敗等同起來，必然感到自己是毫無價值的。想一想托馬斯・愛迪生（Thomas Alva Edison），如果他以某項工作的完美程度來衡量他的自我價值，那麼他在第一次試驗不完美之後就會認輸，就會宣布自己是個失敗的探索者，並停止嘗試用電燈照亮世界的努力。然而他並沒有認輸，失敗是成功之母，失敗可以激勵人們進一步去努力、去探索，如果失敗指出了成功的方向，人們甚至可以將其視為成功。正如一位作家說的那樣：「我最近修改了一些名言，其中之一便是將『一事成功，事事順利』改為『一事成功，事事失敗』，因為我們從成功中學不到任何東西，唯一給我們以教益的便是失敗，成功僅僅堅定了我們的信念。」假如你的目標不是出於完美的考慮，而是切合實際，那麼，通常你的心情會較為輕鬆，行事也較有信心，自然而然便會感到更有創作力和更有工作成效。我們不是鼓吹放棄努力奮鬥，不過，事實上你也許會發現，在你不是追求出類拔萃而只是希望有確實良好的表現時，反而會獲得一些最佳的成績。

你也可能用反躬自問的方式來抗拒追求完美的思想，例如，「我從錯誤中可以學到什麼？」你可以做個實驗，想想你犯過的一項錯誤，然後把從中得到的教訓詳細列出來。千萬別懼怕犯錯，否則你會失去學習新事物以及在人生道路上前進的能力。

從某種意義上說，如果說完美是毒，缺陷就是福了。很多人不是都會欣賞缺陷美嗎？情人眼裡出西施其實就是一種對缺陷美的肯定。如果事事可以不追求完美，那日子肯定會過得快樂一點。

譬如說，你是一個完美主義者，那你生活的理想是：吃要山珍海味、穿要綾羅綢緞、住要花園洋房、坐要名貴轎車、妻要國色天香、兒要聰明伶俐、財要富可敵國……光憑你的一雙手，能變得出這麼多的鬼把戲嗎？

可想而知，在你追求這些的過程中，必定是到處碰壁、心為形役、苦不堪言的。

相反的，如果你是一個知足主義者，那你的理想門檻不會太高：吃營養夠了足矣、穿整齊美觀足矣、住遮風避雨足矣、坐中巴小車足矣、妻勤儉能幹足矣、兒健康正常足矣、財生活夠用足矣。

這樣，你就是一個人生的成功者，站在完美的人生陷阱之外自由快樂地生活著，這才是人生的真諦所在。

58. 只顧單贏，結局雙敗

人們對成功涵義的理解很廣泛，儘管工作的目的各不相同，但絕大多數的人還是在為錢工作，這無可厚非。因為生活需要錢，生活離不開錢。就算是豐衣足食了，錢還是人人喜愛，而且是人人追求的東西，這沒有什麼可奇怪的，這是人類的基本欲望之一。

一隻獅子和一隻狼同時發現一隻小鹿，於是商量好共同去追捕那隻小鹿。牠們合作良好，當野狼把小鹿撲倒，獅子便上前一口把小鹿咬死。但在這時獅子起了貪念，不想和野狼平分這隻小鹿，於是想把野狼也咬死，可是野狼拚命抵抗，後來狼雖然被獅子咬死了，但獅子也受了重傷，無法享受美味。其實，如果獅子不起貪念，和野狼共享那隻小鹿，那就皆大歡喜。

這個故事就是人們常說的「零和遊戲」，也就是「你死我活」或「你活我死」的「單贏」準則：大自然中的弱肉強食是講力量，而不是講日後的長久利益，這是單純為了生存上的需要。但人類社會和動物世界不同，人類社會遠比動物世界複雜，個人和個人之間，團體和團體之間的依存關係相當緊密，除了競爭之外，任何「你死我活」或「你活我死」的「零和遊戲」對自己都是不利的。像戰爭，哪一場戰爭不是傷人又傷己，有時甚至是自取滅亡；像派系鬥爭，那一派不是元氣大傷？因此「零和」的「單贏」並不是人類社會的生存之道，而「你活我也活」的「雙贏」的社會規則和社會遊戲才是人間大道。

如果那個寓言故事中的獅子不咬死野狼，而和野狼平分獵物，不但自己不會受到重傷，也可享受美味，這就是「雙贏」的具體展現。

所謂只顧單贏，一般情況來說，具有以下幾種情形。

- 爭奪。在資源有限的時候，利益的分配發生衝突，你多我就會少，你全部拿走了，我就什麼都沒有了。為了保障自己的利益，便想盡各種辦法，爭奪屬於對方的機會，以滿足自己的願望。
- 嫉妒。純屬一種不健康心理。看到你拿多了，雖然自己也拿了不少，但你拿的比我更多，便產生了嫉妒心理，於是就採取各種手段，讓你什麼也拿不到。
- 貪慾。沒有什麼原因，只是因為自己拿得不夠多，便去擋別人的發財之路，看能不能將別人的財產據為己有。
- 報復。與某人有積怨，逮著機會就暗中作梗，擋人發財之路，雖然自己也得不到，但卻滿足了報復的快感。
- 憤慨。看到某個人以不法手段獲取利益，便起來揭發，斷其財路。

只顧單贏之路的原因和手段多種多樣，但後果是相同的 —— 引起對方的懷恨。有的立即做出反抗的動作，有的則「君子報仇，十年不晚」，至少同對方已有了嫌隙。當然如果對方一直蒙在鼓裡，不知是你所為則另當別論。

所以，為人處事最好不要只顧單贏，擋人財路，別人有機會升官加薪，不管你心裡感受如何，最好不要從中作梗，你若因為報復、嫉妒而去擋人財路，這事遲早會外露；別人在外兼職，只要不影響你，你不妨裝作沒有看到；別人津貼拿得多，又不「合理」，如果不影響你的利益，你又何必去抗議？抗議成功，沒人會感謝你，而你卻得罪了一個人：因此我們一定要具備「雙贏」這個觀念，這倒不是看輕了你的實力，認為你無力扳倒你的對手，而是為了實際上的需要 —— 如前面所說，任何「零和遊戲」對你都是不利的，因為它必然會有這樣的結果。

除非對手是個軟弱角色，否則你在進行「零和遊戲」的過程當中，必然會付出很大的心力和成本，而當你打倒對方獲得勝利時，你大概也已心力交瘁了，甚至所得還不足以償付你的損失。

在人類社會裡，沒有「絕對的毀滅」這件事，因此你的「單贏」策略將引起對方的憤恨，成為你潛在的危機，從此陷入冤冤相報的人生陷阱裡。

在進行「零和遊戲」的過程當中，意外狀況的發生也會影響本是強者的你，使你反勝為敗。

所以無論從什麼角度來看，「零和遊戲」的「你死我活」在實質利益、長遠利益上來看都不一定是有利的，因此你應該活用「雙贏」的策略，追求「你活我也活」。

那麼有人說，為了自己的利益擋對方財路總還可以吧。其實，與其擋對方財路，不如自己另謀財路，因為一旦引起爭奪，你可能什麼也得不到，如果沒有其他財路，不妨共享利益，這是用談判協商可以辦得到的。

那麼基於「正義」，能不能擋人財路呢？這種行為固然可嘉，但要考慮一些基本問題。

- 你有沒有力量在揭發之後不被對方打倒？
- 有沒有把握把對方消滅（或制裁）？
- 有沒有把握不洩露自己的行為？

如果答案都是否定的，那還是慎重行事吧，否則你的「正義」會成為別人的笑柄，而你自己也將失去立足之地，甚至會引來更大的傷害。

在人際關係上，講求彼此的和諧與互相合作，面對利益時，與其獨吞，不如共享。

在商業利益上，講求「有錢大家賺」，這次我賺，下次你賺，這回我賺多，下回你賺多。

總而言之，「雙贏」是一種良性競爭，不過，人生自己處於絕對優勢時，常會忘記人間還有其他人的死活也需考慮，而它所導致的結果只能是用自己的優勢為自己掘下一個陷阱。

59. 自甘埋沒，永無出息

人在社會上生存，無論何時何地，如果你沒有做出成績，你就永遠是受別人擺布的棋子，甚至將是一枚棄用的棋子。所以很多時候你需要用成績證明你的存在。這是一個人生的原則。

而不懂這一原則的人將會陷入了自甘埋沒的人生陷阱之中，這樣的人永難以有所出息。

一位剛從管理系畢業的美國大學生去見一家企業老闆，試圖到該企業工作。

由於這是一家很有名氣的大公司，總經理又見多識廣，根本沒把這個初出茅廬的小夥子放在眼裡。沒談上幾句，總經理便以不容商量的口吻說：「我們這裡沒有適合你的工作。」但這位大學生並未知難而退，而是話鋒一轉，柔中帶剛地向這位經理發出了疑問：「總經理的意思是，貴公司人才濟濟，已完全可以使公司得到成功，外人縱有天大本事，似乎也無須加以利用，再說像我這種管理系畢業生是否有成就還是個未知數，與其冒險使用，不如拒之於千里之外，是嗎？」總經理沉默了幾分鐘，終於開口說：「你能將你的經歷、想法和計畫告訴我嗎？」年輕人似乎同樣也很不給面子，他又將了總經理一軍：「噢！抱歉，抱歉，我方才太冒昧了，請多包涵！不過像我這樣的人還值得一談嗎？」總經理催促著說：「請不要客氣。」於是，年輕人便把自己的情況和想法說了出來。總經理聽後，態度變得和藹起來，並對年輕人說：「我決定錄用你，明天來上班，請保持過去的熱情和毅力，好好在我公司做吧，相信你有用武之地。」

現在是一個講究張揚自己個性的時代，尤其是身處職場的人們，在關鍵時刻恰當地張揚一下自我，也是一個邁向成功的好辦法。

東方朔，漢代名士，詼諧多智，口才敏捷，他就屬於那種自我肯定力極強的人。他推銷自我的方法也可謂一絕，臉皮太薄者絕不敢使用，東方朔不但敢極端而且不吝於誇獎自己，他剛入長安時，向漢武帝上書，就用了 30 片木簡，公車令派兩個人去抬，才勉強能抬起來。漢武帝用了兩個月才把它讀完，這在當時也堪稱是「世界之最」了。東方朔似乎正是希望透過這種方式來刻意表現自己的博學多識、滿腹經綸。在奏章中，東方朔自許極高，稱：「臣朔年二十二，長九尺三，目若懸珠，齒如編貝，勇若孟賁，捷若慶忌，廉若鮑叔，信若尾生。若此，可以為天子大臣矣。」皇帝果然為此打動，但轉念一想，又覺言過其實，始終未予重用。東方朔並不死心，另闢蹊徑向皇帝表露自己的心聲。當時，與東方朔並列為郎的侍臣中，有不少是侏儒。東方朔就嚇唬他們，說皇帝嫌他們沒用，要全部殺死他們。侏儒們嚇壞了，訴於皇帝，皇帝便詔問東方朔為何要嚇唬他們。東方朔卻不客氣地說：「那些侏儒長得不過三尺，俸祿是一口袋米，二百四十個銅錢。我東方朔身長九尺有餘，俸祿也是一口袋米，二百四十個銅錢。侏儒飽得要死，我卻餓得要死。陛下要覺得我有用，請在待遇上有所差別；如果不想用我，可罷免我，那我也用不著在長安城要飯吃了。」皇帝聽了大笑，因此讓他待詔金馬門（即古代宦署的大門），比以前親近了許多。就這樣，東方朔靠著種種詼諧的方式贏得了漢武帝的重視，雖然由於他舉止太狂放而不能官居重位，但卻始終是皇帝面前的一個比較得意的人。

在某種特殊的場合下，沉默謙遜確實是一種致勝利器，但無論如何你也要把它處處當做金科玉律來信奉。在人才競爭中，你要將沉默踏實肯幹謙遜的美德和善於表現自己結合起來，才能更好地讓別人賞識你。

有一個大學生，在學校時是一個有名的才女，她不但琴棋書畫無所不通，論口才與文采也是無人可與之比肩的。大學畢業後，在學校的極力推薦下去了一家小有名氣的雜誌社工作。誰知就是這樣的一個讓學校都引以為自豪的人物在雜誌社工作不到半年就被炒了魷魚。

原來，在這個人才濟濟的雜誌社內，每週都要召開一次例會，討論下一期雜誌的選題與內容。每次開會很多人都爭先恐後地表達自己的觀點和想法，只有她總是恪守什麼沉默是金的教條，坐在那裡一言不發。她原本有很多好的想法和創意，但是她有些顧慮，一是怕自己剛剛到這裡便妄開言論，被人認為是太過張揚，鋒芒畢露，二是怕自己的思路不合主編的口味，被人看做為幼稚。就這樣，在沉默中她度過了一次又一次激烈的爭辯會。

有一天，她突然發現，這裡的人們都在力陳自己的觀點，似乎已經把她遺忘在那裡了。於是她開始考慮要扭轉這種局面。但這一切為時已晚，沒有人再願意聽她的聲音了，在所有人的心中，她已經根深蒂固地成了一個沒有實力的花瓶式人物，最後，她終於因自己的過分沉默而失去了這份工作。

這其實就是自甘埋沒的一種表現。一個真正的自我是這天地間最有價值的存在，我們不能貽誤了它，一切只是看你怎樣去利用。

60. 坐待機會，坐以待斃

有一句名言說：「優秀的人不會等待機會的到來，而是尋找並抓住機會，把握機會，征服機會，讓機會成為服務於他的奴僕」。

天上掉餡餅的美事也許只有童話小說裡才有，所以優秀的人不會等待機會的到來，而是尋找並抓住機會，把握機會，征服機會，讓機會成為服務於他的奴僕。坐待機會從天而降，只能坐以待斃。

美國運輸業大廠，著名企業家康內留斯．范德比爾特 (Cornelius Vanderbilt) 就是在汽船行業看到了自己的機會所在。他認定自己要在汽船航海方面發展事業，他的這一決定讓家人和朋友都十分震驚。他竟然放棄了原本已蒸蒸日上的事業，到當時最早的一艘汽船上去當船長，而年薪僅為 10 美元。利文斯敦和富爾頓當時已經取得了用汽船在紐約水面上航行的專有權，但范德比爾特認為，這項法令不符合美國憲法的精神，他一再要求取消這個法令，並最終獲得了成功。不久以後，他擁有了一艘自己的汽船。

在當時，政府為往來歐洲的郵件要付出大筆的補貼，然而范德比爾特卻提出他願意免費送郵件並承諾更好的服務。他的這一要求很快就被接受了。靠著這種方式，他很快就建立起了一個寵大的客運與貨運體系。後來，他預見到，在美國這樣一個地域遼闊、人口眾多的國家，鐵路運輸將會大有可為，於是，他又積極地投身到鐵路事業中去，為後來建立四通八達的鐵路網奠定了堅實的基礎。

伊麗莎白．弗雷夫人是一名貴格派教徒。她認為自己的人生機會是在去關心英格蘭女子監獄的狀況上。在英國，一直到 1813 年的時候，經常都會有三四百名衣衫襤褸、幾近半裸的女囚們，被一起囚禁在倫敦紐蓋特監獄的同一個牢房裡等待判決。牢房裡沒有床，也沒有任何的床上用品，老年婦人、年輕女子，甚至是年紀尚小的女囚們都睡在牢房的地板上，上面只鋪著一點骯髒的破布片。沒有人會想到要去關心一下她們的狀況，連當局也幾乎很少顧及她們的死活。

於是，弗雷夫人拜訪了紐蓋特監獄，讓這群鬼哭狼嚎般吵鬧不休的人平靜了下來，她告訴眾人，自己希望為這些年輕的以及年紀尚小的女孩子們建一所學校，並要求她們自己推舉一名女校長。這群人一下子驚呆了，等緩過神來後，她們興奮地推舉一名因盜竊一塊手錶而被投入獄中的女囚做她們的校長。3 個月後，經常被人們稱為「瘋狂的野獸」的這群女囚已經在獄中變得本分而又溫和了。

這項監獄改革很快就被推廣到其他的監獄中去，最終引起了政府當局的高度重視並對這一項改革進行了相應的立法。而整個英國也出現了大批熱衷於弗雷夫人這項工作的女士，她們自告奮勇地為女囚們提供衣物，並承擔教育女囚的工作。後來，弗雷夫人的這個計畫與設想已經完全被整個文明社會所接納。

有一句格言說得好：「幸運之神會光顧世界上的每一個人。但如果她發現這個人並沒有準備好要迎接她時，她就會從大門走進來，然後從窗子飛出去。」

失敗的人總是藉口說沒有機會，他們總是渴望機會從天而降到自己頭上，而不懂自己去創造成功的機會。其實，每個人生括中每時每刻都充滿了機會。你在學校或是大學裡的每一堂課就是一次機會；每一次考試都是你生命中的一次機會；每一個病人對於醫生都是一個機會；每一篇發表在報紙上的報導是一次機會；每一個客戶是一個機會；每一次談判是一次機會；每一次商業買賣是一次機會。這些都是一次展示你的優雅與禮貌、果斷與勇氣的機會，是一次表現你誠實品質的機會，也是一次交朋友的好機會；每一次對你自信心的考驗都是一次機會。

在這個世界上，生存本身就意味著上天賦予了你奮鬥進取的特權，你要利用這個機會，充分施展自己的才華去追求成功，那麼這個機會所能給予你的東西就要遠遠大於它本身。只有懶惰的人才總是抱怨自己沒有機會，抱怨自己沒有時間；而勤勞的人永遠在孜孜不倦地工作著、努力著。有頭腦的人能夠從瑣碎的小事中尋找出機會，而粗心大意的人卻輕易地讓機會從眼前飛走了。有的人在其有生之年處處都在尋找機會，他們就像辛勞的蜜蜂一樣，從每一朵花中汲取瓊漿。對於有心人而言，每一個它們遇到的人，每一天生活的場景，都是一個機會，都會在他們的知識寶庫裡增添一些有用的知識，都會給他們的個人能力注入新的能量。

有一個金牌業務員她所賣出的數額最大的一張保單不是在她經驗豐富後，也不是在觥籌交錯中談成的，而是在她第一次出門推銷的時候。她還記得那是一個夏天，太陽火辣辣地晒著，她在「X X 電子」門口一邊吃冰淇淋，一邊踢著小石子，猶豫著應不應該進去。X X 電子是本市最大的一家合資電子公司，她對這樣的企業有些敬畏，不太敢進去，畢竟這是她第一次推銷。猶豫了好久，她還是進去了。那是一個週末，二樓的寫字間有些冷清。整座樓層只有外方經理在，一個黃頭髮、藍眼睛的外國人，正在帶著透明大玻璃的經理室裡打著電腦。門是開著的。她竟然不知道該說「打擾了」還是「Excuse me」。剛想敲門，有一個人抬頭看見了她問：「你找誰？」發音不是很標準，三個字都唸成平聲。她才鬆了一口氣，至少，她不用說：「Excuse me」了。

「是這樣的，我是保險公司的業務員，這是我的名片。」她雙手遞上名片，心裡有些害怕。在學校和老外沒少打交道，可眼前這個老外是洋老闆，而且是個不太老的老闆，感覺就不太一樣。

「推銷保險？今天已經是第三個人，謝謝你，或許我會考慮，但現在我很忙。」老外的發音還是直直的，像一條線一樣，因此聽不出什麼感情色彩。她本來也不指望今天能賣出保單，所以可以毫不猶豫地說了聲「Sorry」就離開了。如果不是她走到樓梯拐角處下意識地回了一下頭，或許她就這麼走了，以後也不會有任何故事發生。

她回了一下頭，看見自己的名片被那個老外一撕就扔進了廢紙簍裡。她忽然很氣憤，像是有一隻髒兮兮地蒼蠅在胸腔裡嗡嗡飛轉一樣，不吐出來就會噁心一輩子的感覺。早就聽說做推銷這一行常讓人輕視，遭白眼是經常的。如果是華人老闆，或許她的感覺也只是氣憤，但是眼前是個外國人，於是在心中產生一種說不出的民族情緒。

於是她轉身回去，敲了敲門，用英語對那個老外說:「先生，對不起，如果你不打算現在考慮買保險的話，請問我可不可以要回我的名片？」

老外的眼中閃過一絲驚奇，旋即就平靜了，他聳聳肩問:「Why ？」

她平靜地回答:「沒有特別的原因，上面印有我的名字和我的職業，我想要回來。」

「對不起，小姐，你的名片讓我剛才不小心灑上墨水了，不適合再還給你了。」

「如果真的灑上了墨水，也請你還給我好嗎？」她看了一眼他腳下的廢紙簍說。

片刻之後，那個人彷彿有了好的主意:「OK。這樣吧？請問你們印一張名片的費用是多少？」

「5 角。問這個做什麼？」他有些奇怪。

「OK，OK」這個人拿出錢夾，在裡面找了片刻，抽出一張 1 元的:「小姐，真的很對不起，我沒有 5 角的零錢，這張是我賠償你名片的，可以嗎？」

她想奪過那一塊錢，撕個稀巴爛，然後再摔在這個大鼻子臉土，痛罵這個傢伙一頓，告訴他不稀罕他的破錢，告訴他儘管她是做保險推銷的，可也是有人格的。但是她忍住了。

她禮貌地接過 1 元錢，然後從包裡抽出一張名片給了他：「先生，很對不起，我也沒有 5 角的零錢，這張名片算我找給你的錢，請您看清我的職業和我的名字，這不是一個適合扔進廢紙簍的職業，也不是一個應該進廢紙簍的名字。」說完這些，她頭也不回地轉身走了。

沒想到第二天，她竟接到了那個外方經理的電話，約她去那家公司。

她不知道他有什麼事情，所以幾乎是趾高氣揚地去了，打算和他理論一番。但是在他辦公室坐下後，那個人告訴她的是，他們打算從她這裡為全體職工買保險。

機會也是這樣靠一個人做人的方法與智慧而抓住的。

年輕的菲利普・阿穆爾（Philip Armour）是當時「四十九人大篷車隊」的一個成員。他把自己所有的家當放在了一輛牧場上大篷車上，由一匹騾子拉著，毅然決然地跟隨車隊穿越美國大沙漠。他非常辛勤地工作著，將所有薪水一點點地積攢起來。這些積蓄為他日後能夠獨立開創嚮往已久的事業累積了資金。6 年後，他用這筆錢在威斯康星的密爾沃基開始經營糧食與商品批發生意。在 9 年時間裡，他賺了 50 萬美元。

南北戰爭期間，當格蘭特將軍發出「打到裡士滿去」的命令後，他意識到，一個寶貴的機會到來了。1864 年的一個早上，他敲了事業合夥人普蘭克頓的門說：「我要坐下一班火車去紐約，去把我們所有的豬肉都傾銷出去。格蘭特和謝爾曼的軍隊已經扼住了叛軍的喉嚨，勝利已經在眼前了。戰爭很快就會結束，那時豬肉會跌到 12 美元一桶。」此時正是斷然做出決定的好機會，而他看準了這個時機。

到了紐約後，他以每桶 50 美元的價格將豬肉大量拋售出去，人們蜂擁搶購。華爾街上精明的投機商們對這個西部年輕人的瘋狂舉動大加恥笑。他們勸告阿穆爾說，豬肉價格會漲到 60 美元一桶，因為戰爭還遠遠沒有接近尾聲。阿穆爾對此不加理會，照舊拋售豬肉。格蘭特帶領的軍隊步步進逼，南方軍隊節節敗退。於是，裡士滿很快就被攻陷了。果然，豬肉的價格猛跌到 12 美元一桶，可阿穆爾先生卻淨賺了 200 萬美元。

要抓住機會是需要一個人的本身素養水準相當高才行。也說，機遇只偏愛那些有準備有能力的人。

61. 一味模仿，何有自我

一般人都有一種模仿傾向，但有的人只是一味地模仿，這樣既喪失了自我的風采。也不能擺脫那個被模仿的窠臼，這無異表明這樣的人已步入了人生的陷阱之中。

一隻麻雀總想學孔雀的樣子。孔雀的步伐是多麼驕傲啊，孔雀高高地揚起頭，抖開尾巴上美麗的羽毛，那開屏的樣子是多麼漂亮啊！「我也要像這個樣子。」麻雀想：「那時候，所有的鳥讚美的一定會是我。」麻雀伸長脖子，抬起頭，深吸一口氣讓小胸脯鼓起來，伸開尾巴上的羽毛，也想來個「麻雀開屏」，並且還學著孔雀的步法前前後後地踱著方步。可這些做法，使麻雀感到十分吃力，脖子和腳都疼得不得了。最糟的是，其他的鳥——趾高氣揚的黑色烏鴉、時髦的金絲雀，還有蠢鴨子，全都嘲笑這隻學孔雀的麻雀。不一會兒，麻雀就覺得受不了了。終於有一天，「我不玩了。」麻雀想，「我想孔雀也當夠了，我還是當個麻雀吧！」

但是，當麻雀還想像原來那個樣子走路時，已經不行了。麻雀再沒法子走了，除了一步一步地跳外，再沒別的辦法了。這就是為什麼現在麻雀只會跳不會走的原因。

有人曾說：「茫茫塵世，藝藝眾生。每個人必然都會有二個獨特的炫目的光亮處，這是人之為人的魅力之源。」

在個人成功的經驗之中，保持自我的本色及以自身的創造去贏得一個新天地，是有著深刻的意義的。

著名的威廉·詹姆斯（William James）曾經談過那些從來沒有發現他們自己的人，他說一般人只發展了百分之十的潛在能力，「他們具有各式各樣的能力，卻習慣性地不懂得怎麼去利用。」

每一個人都有這樣的能力，所以我們不應再浪費任何一秒鐘，去憂慮我們不是其他人這一點。

卓別林（Charles Chaplin）開始拍電影的時候，那些電影導演都堅持要卓別林學當時非常有名的一個德國喜劇演員，可是卓別林直到創造出一套自己獨特的表演方法之後，才開始成名。鮑勃．霍伯（Bob Hope）也有相像的經驗。他多年來一直在演歌舞片，結果毫無成績，一直到他發展出自己的笑話本事之後，才成名起來。威爾．羅吉斯（Will Rogers）在一個雜耍團裡，不說話光表演拋繩技術，繼續了好多年，最後才發現他在講幽默笑話上有特殊的天分，他開始在耍繩表演的時候說話，才獲得成功。

瑪麗．瑪格麗特．麥克布蕾剛剛進入廣播界的時候，想做一個愛爾蘭喜劇學員，結果失敗了。後來她發揮了她的本色，做一個從密蘇裡州來的，很平凡的鄉下女孩子，結果成為紐約最受歡迎的廣播明星。

金．奧特雷剛出道之時，想要改掉他的德克薩斯的口音，為了像個城裡的紳士，便自稱為紐約人，結果大家都在背後恥笑。後來，他開始彈奏五弦琴，唱他的西部歌曲，開始了他那了不起的演藝生涯，成為全世界在電影和廣播兩方面最有名的鄉村歌星之一。

在每一個人的教育過程中，他一定會在某個時候發現，模仿就意味著自殺，就意味步入了人生陷阱之中。

無論怎樣，一個人都不應該喪失自我，自己的所有能力是自然界的一種能力，除了它之外，沒有人知道它能做出些什麼，它能知道些什麼，而這些是他所必須去嘗試獲取的。

我們每個人的個性、形象、人格都有其相應的潛在的創造性，我們完全沒有必要三心二意的，而一味嫉妒與猜測他人的優點。

當然，不過多地模仿別人並不意味著不去模仿，只不過在你模仿別人的時候也要有策略，掌握分寸。

當今世界上，最成功的模仿者首推日本。日本經濟就是這樣的典型，因為如果你翻開過去幾十年的日本工業歷史，就會發現很少有重大的新產品或尖端的科技是發源於日本的。日本人只不過模仿了美國的點子和商品，從汽車到電腦的一切東西，再加以巧妙的創新，取其精華，剔除糟粕，改進其餘部分。

卡內基是世界上少數富可敵國的人物，但他是怎麼辦到的嗎？很簡單，在保留自己自身優點的基礎上，他模仿洛克斐勒 (Rockefeller)、摩根 (Morgan) 和其他商業鉅子。

日本新力公司董事長盛田昭夫 (Morita Akio) 開發「隨身聽」，有一段膾炙人口的故事。

有一天，盛田昭夫看到新辦創辦人井深大 (Ibuka Masaru) 提了一架笨重的錄音機，並戴了一副耳機，迎面走來。

盛田問他：「您這是怎麼一回事呢？」

井深大回答：「我喜歡聽音樂，但我不願吵到別人，所以只好戴耳機；可是我又不願整天待在房間裡聽，所以只好提著錄音機到處跑啦！」

盛田靈機一動，新產品「隨身聽」就此萌芽了。根據盛田最初的構想，是要設計一種迷你型的錄音機 —— 方便提著到處聽。研究人員首先設法把放音部分縮小，因為錄音部分的零件較小，只要放音部分縮小的問題解決後，再配上錄音裝置，全世界最小的錄音機即可問世。當研究人員完成錄音機的縮小設計後，戴上耳機試音，結果意外發現聲音出奇的美妙，於是決定把此一錄音機推出市場。所以，「隨聲聽」其實就是小型錄音機的放音部分而已。

「隨身聽」開發出來之後，銷售部門與經銷商都很擔心地說：「必須使用錄音帶的機器，卻沒有錄音的功能，有幾個傻蛋會來買啊！」

盛田反駁說：「汽車音響也不能錄音，可是幾乎每部車都需要它。」

最後在盛田的堅持下，在 1979 年夏天，針對年輕人為銷售對象，以時髦產品推出。剛一上市就引起轟動；原來新車企劃部預估一年賣不到 10 萬部，結果一年內賣出了 400 萬部，盛田昭夫因此也博得「隨聲聽先生」的雅號。

這就是怎樣走出模仿的人生陷阱的方法：在模仿的基礎上進行創新。

62. 福不可盡，福盡禍至

物極必反是一種規律，是不以人們的意志為轉移的。所以把握好度也是避免人生陷阱的有效之道。人們常以「花未全開月未圓」來勸戒我們自己，控制自己的前進節奏，這實在是一種聰明的舉動。

1991 年 7 月 1 日晚上，法國阿斯克新城舉行的國際田徑賽，吸引了兩萬多觀眾，他們主要是來觀看美國的卡爾．劉易斯（Carl Lewis）和加拿大的本．約翰遜（Ben Johnson）漢城奧運後首次在 100 公尺賽跑中較量的。本．約翰遜在漢城奧運會上，因服用違禁藥物，被取消了成績，判罰停賽兩年。這次，兩人再次同場角逐，特別引人注目。

但比賽結果出人預料，冠軍易人，美國另一名好手米切爾（Mitchell）摘取了桂冠，卡爾．劉易斯獲亞軍，而本．約翰遜只列入第 7 名。儘管如此，曾獲 6 枚奧運會金牌的卡爾．劉易斯對被擊敗的本．約翰遜想跟自己握手而斷然拒絕，不給本．約翰遜一點面子，使其大為惱怒但卻無可奈何。

眾所周知，在 1988 年漢城奧運會上，本．約翰遜以 9 秒 79 的驚人成績，創造了「下世紀的紀錄」。當時，也是這次 100 公尺決賽的終點處，卡爾．劉易斯走上前來與他握手，表示祝賀，但他卻有意視而不見，傲慢地一扭頭擦肩而過，這就是前因。

只是這一次輪到自己頭上了，本．約翰遜失敗後，被卡爾．劉易斯還以顏色，真可謂是「以其人之道，還治其人之身」。

其實，人在得意得勢時，切莫忘乎所以，一定要內斂自謙；人在有福可享時，不要虛擲錢財，切記應克勤克儉。這便是立身處世的不敗法則，這也是一個限度的問題，「過猶不及」即是指此。

曾國藩酷愛讀書，志在功名。功與名，是曾國藩畢生所執著追求的。他認為，古人稱立德、立功、立言為三不朽。為保持自己來之不易的功名富貴，他又事事謹慎，處處謙卑，堅持「花未全開月未圓」的觀點。因為月盈則虧，日中則昃，鮮花完全開放了，便是掉落的時候。因此，他常對家人說，有福不可享盡，有勢不可使盡。他稱自己：「平日最好贈人『花未全開月未圓』七個字，以為惜福之道、保泰之法。」此外，他「常存冰淵惴惴之心」，為人處世，必須常常如履薄冰，如臨深淵，時時處處謹慎行事，才不致鑄成大錯，召來大禍。他總結自己的經驗教訓，說道：「余自經咸豐八年一番磨練，如知畏天命、畏人言、畏君父之訓誡。」還有，他始終認為：「天地間惟謙謹是載福之道。」他深刻指出：「趨事赴公，則當強矯；爭名逐利，則當謙退。開創家業，則當強矯；守成安樂，則當謙退。出與人物應接，則當強矯；入與妻孥享受，則當謙退。若一面建功立業，外享大名，一面求田問舍，內圖厚實，二者皆有盈滿之象，全無謙退之意，則斷不能久。」

只要是白手創業成功的企業家，大都有一個共同點——非常地節儉。這是因為他們懂得天地之間有一種規則：福不可盡，福盡禍至。

臺灣塑膠大王王永慶每天做行巾操（一種以毛巾為道具的體操）所用的毛巾，一用就是 29 年。

他曾告訴工人說：「你們所戴的工作手套，如果手掌磨破了，不妨翻過來，可換戴在另一隻手上再用。」

蔡萬春是臺灣著名企業國泰企業的創辦人，他年輕時當業務員，為了省錢，請客戶抽全支香菸，自己則抽半截的。

當時，他買襪子總是買款式與顏色完全相同的，有人問他為何不多挑幾種式樣與顏色呢？他回答說：「一雙襪子穿久了總會破，可是往往不是兩隻同時破損。只破了一隻就丟掉一雙太浪費了。買同樣款式與顏色的襪子，破一隻就換一隻，可省下不少錢。」

另一位企業家張國安也講過一個有關節儉的故事。1937 年，內湖地區有個地主名叫顏慶，他雖然家財萬貫，但很節儉。他為了要把四個兒子養成刻苦節儉節的習慣，要他們利用農閒時，四處去賣香。

顏慶雖然要兒子長途跋涉去賣香，卻不買草鞋給他們穿。他對兒子們說：「丟在路旁的草鞋，一雙當中總有一隻是好的，只要找到兩隻被丟棄的草鞋，就可湊成一雙了。」

節儉的觀念就是在指福不可盡，這是永恆不變的人生守則，千萬不能等閒視之，否則，就只能步入人生陷阱。

63. 常規思維，死路一條

對於多向思維這種方式，人們似乎已經不再陌生，然而一旦具體的實際問題，人們還是習慣拘泥於常規思維。很多本可以解決的問題，也就被人們看成是無法做到、難以解決的問題了，這也是我們的人生無法取得突破的原因。常規思維有意無意地為我們的人生設下了一個陷阱。

美國有一家大百貨公司，門口的廣告牌上寫著：無貨不備，如有缺貨，願罰 10 萬。

一個法國人很想得到這 10 萬元，便去見經理，開口就說：「我要潛水艇，在什麼地方？」

經理領他到第 18 層樓，當真有一艘潛水艇。法國人又說：「我還要看看飛船。」經理又領他到第 10 層樓，果然有一艘飛船。法國人不肯罷休，又問道：「可有肚臍眼生在腳下面的人？」他以為這一問，經理一定被難住。經理也的確抓耳撓腮，無言以對。

這時，旁邊的一位店員應道：「我做個倒立給這位客人看看！」

這個法國人便是典型的常規思維。

「如果你討厭一個人，那麼你應該試著去愛他。」這是一位在社會風雨中歷練多年考驗的人最後的總結，這也是一種別具一格的人生思考方式。

阿康大學畢業後初人社會，在某家外資公司外貿部就職，不幸碰上一個愛拍馬屁，什麼本事也沒有的頂頭上司。此人每天下班後沒有什麼事也要跟著科長拚命加班，無事生非，把白天理好的檔案弄得一團糟，轉眼出了錯，又把責任推給阿康。

阿康的稚嫩已決定他不是一個會爭的人，只好忍氣吞聲地等這位科長長出火眼金睛看出此中曲直來，結果等了 3 個月，還是等不來一句公道話。

一氣之下，阿康辭職去了另一家公司。在那裡，他出色的工作博得了許多同事的稱讚，但無論怎樣也無法讓苛刻、暴躁的經理滿意。心灰意冷間，他又萌動了跳槽的念頭，於是向經理遞交了辭呈。總裁先生沒有竭力挽留阿康，只是告訴他自己處世多年得出的一條經驗：如果你討厭一個人，那麼你就要試著去愛他。總裁說，他就曾雞蛋裡挑骨頭一般在一位上司身上找優點，結果，他發現了老闆的兩大優點，而老闆也逐漸喜歡上了他。

阿康依舊討厭他的經理，但已悄悄收回了辭呈。他說：「現在想開了，做為一個成熟的人，應該放開胸懷去包容一切，熱愛一切。換一種思維去看待人生，你一定會發現，樂趣比煩惱要多得多。」

在民國初年，有一位歐洲的神父傳教時，看到人民的生活非常困苦，引發了他的惻隱之心，他苦思良策想改善教友們的生活。

有二次，神甫走過一戶人家，看見婦人在門口梳頭，有些頭髮掉落在地上。這一幕觸發了他的靈感。神父想起了他的家鄉 —— 歐洲，從工業革命後，工廠紛紛設立，廠內的女工都必須戴髮網，這麼一來，不但可避免頭髮捲入機器中，而且也可做裝飾品。如果把婦女們掉落的頭髮收集起來，然後編織成髮網銷到歐洲去，豈不是可以改善教友們的生活嗎？於是，神甫就告訴婦女們，在梳頭時，務必把落髮收集起來。另一方面，他告訴商人，拿些針線與火柴來交換婦女的零碎頭髮，並教導商人把頭髮編織成髮網，外銷歐洲。

這就是髮網業的商機。

還有一則黑灰的故事也頗具意味。

日本北海道冬季嚴寒，積雪的期間常達 4 個月。積雪對農作物而言，固然有防蟲與防寒等好處，但積雪期間太久的話，會影響農民播種的時間。剷除積雪，得花大錢；等陽光來融雪，天公常又不作美。因此，農民只好撒些泥土來融解積雪，但泥土太重，融雪的效果也不好。所以，幾十年來，積雪的問題一直困擾著北海道的農民。

有一天，一個老農夫試著把爐中的黑灰撒在積雪上，沒想到，效果非常好，一舉解決了十年的難題。

黑灰不但比泥土易於搬動，而且吸熱度高，融雪的效果數倍於泥土，再說移出黑灰，等於把火爐消除乾淨，真是一舉三得。

落髮與黑灰原來都是無用的廢物，經過神父與農夫的多向思維之後，都變成了有用之物，這真是應驗了一句話：只要能改變一下我們僵化的大腦，垃圾也能變成黃金。

某大鞋廠的老闆派兩名銷售經理到非洲考察新鞋銷售的市場潛能，兩人回國後先後向老闆報告，甲經理興趣索然地說，「非洲人不穿鞋子，因此市場沒有開發的價值，我們不必去了。」

乙經理則另有一種說詞，興致勃勃地指出：「非洲大多數的人都還沒有鞋子，顯示這個市場潛力無窮，應趕快進行開發，先搶得商機。」結果乙經理受到重用，甲經理不久後離職。

為了生涯發展與促進生活品質，人人應充實自己，擴大視野，由日常生活中培養健康、合理與貼切的思考模式，作為行動的指導原則。

換一種思維方式，把問題倒過來看，不但能使你在做事情上找到峰迴路轉的契機，也能使你找到上生活上的快樂。

有一個老婦人，她生有兩個女兒。大女兒嫁給了一個漿布的人，小女兒嫁給了一個修傘的人，兩家過得都不錯。看著兩個女兒的豐衣足食，老婦人原本應該高興才對，可是這個人卻每日都很愁苦，因為，每當天氣晴朗的時候，老婦人就為小女兒家的生意擔憂：晴天有誰會去她那修理雨傘呢？而到了陰天的時候，她又開始為大女兒擔心了，天氣陰暗或者下雨，就不會有人去她那裡漿布啊！就這樣，無論是颳風下雨天，還是晴好的天氣，她都在發愁，眼見消瘦如柴了。

這一天，村裡來了個智者，當他聽到老婦人講完自己的境遇時，微笑著對老婦人說：「你為什麼不倒過來看？晴天時，你的大女兒家漿布生意一定好，而下雨的時候，小女兒家的生意就好。這樣，無論是什麼樣的天氣，你都有一個女兒在賺錢呐！」老婦人聽完之後，心中豁然開朗起來。其實，無論是在做人上，還是在工作中，換換思維，就又開啟了一片天地，也就不會陷在人生陷阱中了。

64. 口吐蒺藜，人見人愁

真正傷害人心的不是刀子，不是槍矛，也不是橫亙於你面前艱難困苦的傷害，而是比它們更厲害的東西 —— 語言，口能吐蓮花，也能吐蒺藜。善良聰慧或溫厚博學的語言能融冰化雪，排除障礙直抵對方的心岸；一句惡毒的語言卻足以擊破你的堅定心靈堡壘，讓你一輩子都為之隱隱作痛。

一次，在茂密的山林裡，一位樵夫救了一隻小熊，老熊對樵夫感激不盡。有一天樵夫迷路了，遇見了母熊，母熊安排他住宿，還以豐盛的晚宴款待了他。

翌日晨，樵夫對母熊說：「你招待得很好，但我唯一不喜歡的地方就是你身上的那股臭味。」母熊心裡怏怏不樂，說：「作為補償，你用斧頭砍我的頭吧。」樵夫按要求做了。若干年後，樵夫遇到了母熊，他問：「你頭上的傷口好了嗎？」母熊說：「噢，那次痛了一陣子，傷口癒合後我就忘了。不過那次你說過的話，我一輩子也忘不了。」

這就是真正的傷害，心靈上的傷害才是真正的傷害，而能造成這一個傷害的常常是語言。

其實，說好話，好好說話，把話說好，善於變通更是一種人生技能，更是一種人生藝術。

某公司訓練一名新進人員，要求他碰到人時要說好話。例如：「謝謝董事長來關心我們」、「謝謝主管來主持會議」、「王先生不必親自來這一趟，打個電話就可以了」等等。年輕人學會了這一招，使用的非常習慣，對方也非常受用。有一次他在廁所，碰到了董事長，又照例說：「董事長，您也親自來上廁所了！」這下鬧出笑話，董事長說：「難道你可以替我上廁所嗎？」可見，說好話不是一成不變的說，要知變通，某些話不是在每一個場合都可以用的。

有句諺語：「愚笨的人，說想說的話；聰明的人，說該說的話。」表示人人應學會說該說的話，千萬不要說不該說的話。最重要的是，說話時不墨守成規，要隨機應變，適時改變遊戲規則，大原則不變，方法可以調整與改變，而且，有時要為自己和別人留下適當的彈性與空間，不要把話說死了。

俗話說，「逢人只說三分話，不可全拋一片心」。之所以還有七分話不能對人說出，也許你以為大丈夫光明磊落，事無不可對人言，何必只說三分，這其實是中了毒，已掉入人生陷阱之中了。

某鄉間有一名德高望重的員外，好不容易生了一個兒子，志得意滿，決定在兒子滿月時邀請全村人喝滿月酒。村中有一名讀書人，學問不錯，但常在公開場合說起一些不得當的話，引起別人的不滿，因此員外決定不請他參加宴會，避免他破壞歡樂的氣氛。

書生沒有收到員外的邀請函，就跑去向員外表示，全村的人都得以參加宴會，獨有他無法參加，面子掛不住。員外最後接受他的請求，同意他參加；但有附帶條件，要求他在喜宴中，一句話都不能說，書生同意了，果然在宴會中三緘其口而賓主盡歡。但在散場送客時，書生嘴又癢了，脫口表示：「員外！員外！我今天是遵守你的規定，一句話都沒有說，將來你兒子有個什麼三長兩短，你可不能怪我。」真是一張烏鴉嘴，這樣的人會有個什麼樣的人生結局可想而知。

還有一對結婚沒幾天的年輕人，回老家探望父母。媳婦在廚房煮紅豆湯，兒子和母親在客廳聊到新娘子，兒子說：「太太什麼都好，就是腿粗了一點。」正巧媳婦端著紅豆湯走出來，原本笑嘻嘻的，聽到先生的話，臉馬上沉了下來，婆婆很有智慧，馬上表示：「傻孩子，腿粗才站得穩。」

媳婦重新笑了出來，兒子也改變了負面的想法，把氣氛轉回來了。

「心歹無人知，嘴歹最厲害。」為了社會和諧，人人應注重口才，學習說好話，但不是拍馬屁，而是說那些恰當、鼓舞人心與有益世道人心的話，以營造良好的氣氛。

某單位部門主任掌管著整個部門人員休假的審批權，職員要休假沒有他的簽字便休不成。這樣這位部門主任就「充分」地利用了手中的這一權利。每當有職員找他簽假條時，他就做出一副居高臨下的神態，嗯嗯啊啊地問這問那，那派頭跟法官審犯人差不多，每一次都至少要「審」上半個小時才能把他的大名簽到職員的休假條上。職員們對此既討厭又無奈，背後都稱他為「碎嘴蟹」。「蟹」是霸道的意思，可見職員們對這位部門主任的憤恨了。

像「碎嘴蟹」這樣的人並不在少數，而且幾乎在任何場合都能夠碰到。所以我們在日常交往中，無論你的談話對象是誰，都應該給對方一個謙和的感覺，而不要露出一副逼人之態。

一位哲學家曾經說：「尊重別人就是抬高自己的最佳途徑。」這話算是一語道破了天機。

某報社總編沈先生 50 多歲，大家每天一到報社，都能見到沈先生帶著一臉微笑，並且和每一位編輯記者打招呼。如果有什麼問題向他彙報或請教，沈先生也總是微笑著，身體微微前傾，認真地聽完你的話，然後以感激的口吻說：「你辛苦了！」或者以商量的口吻說：「我看是不是這樣……」所以，大家每次從沈先生的主編室出來，心裡都是暖暖的，哪怕是建議沒有被採納，也會從沈先生那兒得到一句讓人心暖的話：「這個主意不錯，只是還不太成熟，讓我們一起再醞釀醞釀。」遇到這樣的上司，人們還會有什麼好說的？

很明顯，如果在「碎嘴蟹」和沈先生之間選擇一個上司的話，人們肯定選擇沈先生，這就是說，謙和會給人親切感，從而贏得人心。

會說話可以顯現出一個人的機智，但虛情假意，很容易露出馬腳。

古時京兆尹是在京城上班的官員，伴君如伴虎，在皇帝身邊工作要小心翼翼。張敞受命上任京兆尹，他為人公正，但有人在皇帝耳畔說他壞話，指出張敞身為京城最高行政首長，但非常沒有格調，一天到晚在家中為太太畫眉，高級官員怎麼可以做這種卑微的事？

這種話嘮嘮叨叨久了，耳朵軟的皇帝也漸有同感，有一天就蹙著眉以這件事詢問張敞。張敞的表現非常有智慧，他說：「啟稟皇上，夫妻之樂，豈有甚於畫眉者乎？」於是在皇帝哈哈大笑之間，張敞的麻煩化解於無形。

另一則是一個拍馬屁的故事。一名老僑領回到家鄉，鄉親們請他吃飯。由於年紀大了，一時控制不住就放了一個屁，老僑領很不好意思地向四周的人一再表示對不起。旁邊有人趕忙說：「沒關係！沒關係！不臭！不臭！」前面是禮貌用語客氣話，後面加上「不臭」就是多餘了。

老僑領一聽，若有所思地說：「糟了，聽說放屁不臭，就表示不久於人世了。」此話一出令說不臭的人感到不知所措，沒想到另有人立即接著說：「唉呀！是有一點臭！有一點臭！」這種話接來接去，都不得體，使場面更尷尬。

一次一位演講家在演講時，不慎打了個不當的比方，說：「男人，像大拇指；女人，像小手指。」不料，話音剛落，會場便譁然，在場的女聽眾們都對演講家的這個比喻表現出強烈的憤慨和不滿。演講家隨機應變，立刻補充道：「女士們，人們的拇指，粗壯有力，而小手指卻纖細、苗條、靈巧可愛。不知諸位女士之中，哪一位願意顛倒過來！」一句話平息了女聽眾的惱火，一個個都相視而笑，不禁佩服起這位演講家的口才來。

這真是一語既可以解憂，一語也可以結怨。

65. 失平常心，徒增煩惱

失去了平常心的人常做一些莫名其妙的蠢事。

有一位作家，過於看重自己在大眾心目中的形象，得了肝病，不願告人，也不去診治，將病情當祕密一樣守護，唯恐自己給人留下一個弱者的形象。結果到了挺不住的那一天已經晚了，被人送進醫院不到兩個月便與世長辭，年齡不過 43 歲。可以說，他是被自己的名氣累死的。

在美國，一位華僑富翁，他開了一有規模不算小的飯店，還有一個不大的旅館。因年事已高，飯店交給他兒子經營。他自己則經營紐約第 48 街那個不大的旅館，旅館是棟老建築，客人不是很多，他僅僱用了兩個幫手，自己和幫手一起做。於是，一個腰纏萬貫的老富翁，竟然在這棟老建築裡幹著看門掃地送客，記帳這類亂七八糟的工作。對他的景況，有人表示驚異，但他卻對某些人的驚異表示驚異：「不做這個我做什麼？人總得工作呀！」在他看來，擁有財富是一回事，生活方式是另一回事，人的價值首先展現在工作上，展現在你還有用，還能做一些事情。

圍棋中有一術語：平常心。所謂平常心，指的是無論面對什麼樣的比賽，都應該以平日下棋的心情對待之，這樣棋就能下好。反之，過於興奮，高度緊張，把一盤棋看得過重，以至於心理失衡，結果總是事與願違，該贏的棋，也會下輸。

棋理與人生的道理是相通的，面對名利，我們也應該保持一顆平常心。用平常心包裝自己的形象，顯得不卑不亢，是最適於自己生存的。

生活中，也確實有一些令人敬佩的大名人，其對名利非常淡泊，有時要比平常心還具有平常心。學貫中西、聞名四海的大學者錢鍾書，從來都是拒絕報刊電臺等新聞媒體的採訪。一位外國記者想拜訪他，錢鍾書拒絕說：「你知道有顆雞蛋好吃就行了，何必非要見一見那隻下蛋的雞呢？」

不為名累，寵辱不驚，安之若素，永遠保持著常人的本色，這是一類名人的做法，是他們對待名的一種態度。

由此看來，名利相對於生命本質並無太多意義，不過是種身外的東西，名利的有無得失並非人生的關鍵，關鍵是你到底是名利的主人還是奴隸，在生命中是你支配它，還是它支配你？健全獨立的人的意志會不會被它銷蝕異化。以一種平常心看待名利，對於一切，你都可能會很坦然。有名有利，你是你；無名無利，你還是你。

始終保持樸素純潔的做人本色，實實在在，真真切切，從從容容走你的人生之路，這該是多麼輕鬆愜意的一種享受。

保持平常心是一種人生境界。這不是消極地讓人不思進取，無所作為，不是宣揚萬物皆空，勸人遁世，而是希望我們對生命意義的掌控進入一種更高的哲學層次。擁有平常心，便能充分調動發揮生命的潛質，使生命更加燦爛地放射出原有的光華。

保持平常心，是自信的表現，也是訓練和培養的結果。不僅對名對利，假如在人生的各個方面，我們都能培養出這種素養，那我們將受益無窮。

66. 溺陷榮耀，貽誤此生

溺陷榮耀之中，只會使人步入一個華麗的人生陷阱，雖然他很風光，但人生大勢恐就此終結。

於是捨棄榮耀，忘記你正在擁有或曾經擁有過的光榮，才能使自身感到輕鬆，沒有任何壓力，也才能站在新的高度，去取得更大的成功。這也是一個可貴的人生哲理。

美國耶魯大學300週年校慶時，全球第二大軟體公司「甲骨文」的行政總裁，世界第四富豪艾裡森（Larry Ellison）應邀參加典禮。艾裡森當著耶魯大學校長、教師、校友、畢業生的面，說出一番驚世駭俗的言論。他說：「所有哈佛大學、耶魯大學等名校的師生都自以為是成功者，其實你們全都是失敗者，因為以你們在比爾．蓋茲（Bill Gates）等優秀學生念書的大學為榮，但比爾．蓋茲卻並不以在哈佛讀書為榮。」這番話令全場聽眾目瞪口呆。至今為止，像哈佛、耶魯這樣的名校從來都是令所有人敬畏和神往的，艾裡森也未免太狂了點了，居然敢把那些驕傲的名校師生稱為失敗者。但是還沒完，艾裡森接著說：「眾多最優秀的人才非但不以哈佛、耶魯為榮，而且常常堅決地捨棄那種榮耀。世界第一富比爾．蓋茲，中途從哈佛退學；世界第二富保爾．艾倫（Paul Allen），根本就沒上過大學；世界第四富，就是我艾裡森，被耶魯大學開除；世界第八富戴爾（Michael Dell），只讀過一年大學；微軟總裁斯蒂夫．鮑爾默（Steve Ballmer）在財富榜上大概排在十名以外，他與比爾．蓋茲是同學，為什麼成就差一些呢？因為他是讀了一年研究生後才戀戀不捨地退學的……」

艾裡森接著又安慰一下那些自尊心受到一點傷害的耶魯畢業生。他說：「不過在座的各位也不要太難過，你們還是有希望的，你們的希望就是，經過這麼多年的努力學習，終於贏得了為我們這些人（退學者、未讀大學者、被開除者）打工的機會。」

艾裡森的話當然有些偏激，但並非全無道理。幾乎所有的人，包括我們自己，經常會有一種強烈的莫名其妙的榮耀感。我們以出生於一個良好家庭為榮，以進入一所名牌大學讀書為榮，有機會在國際大公司工作為榮，不能說這種榮耀感是不正當的。但是如果過分迷戀這種僅僅是因為身分帶給你的榮耀，那人生的境界就不可能太高，事業的格局就不可能太大，當我們陶醉於自己的所謂成功時，我們可能已經被真正的成功者看了失敗者。

真正的成功者能令一個家庭、一所母校、一家公司、一個省份、一個國家乃至整個人類以他為榮，那才是真正的成功。

人生是被一個又一個亮點照亮著，而為了創造那些新的亮點，你可能需要隨時忘記你正在擁有或曾經擁有過的光榮。

67. 做事做絕，難以迂迴

做事一定要留有餘地，千萬不能把事情做絕。於情不偏激，於理不過頭，在追求成功的路上才會進退自如，才會不陷入人生的陷阱之中。

傳說太陽神阿波羅的兒子法厄同駕起裝飾豪華的太陽車橫衝直撞，恣意馳騁。當來到一處懸崖峭壁工時，恰好與月亮車相遇。月亮車正欲掉頭退回時，法厄同依仗太陽車巨大的優勢，一直逼到月亮車的尾部，不給對方留下一點迴旋的餘地。正當法厄同眼看著難於自保的月亮車幸災樂禍時，自己的太陽車也走到了絕路上，連掉轉頭的餘地也沒有了。向前進一步是危險，向後退一步是災難。他最後終於萬般無奈地葬身火海。

這個故事告訴我們遇事要留有餘地，不可把事情做絕。人生一世，萬不可使某一事物沿著某一固定方向發展到極端，而應在發展過程中有充分的認識，冷靜地判斷各種可能發生的事情，以便有足夠的條件和迴旋餘地採取機動的應對措施。

世界上的事情是複雜多變的，任何人都不應該憑著一家之言和一己之見而自以為是。即使是某些以為擁有科學頭腦的人，也應該留有一片餘地供別人遊覽，供自己迴旋。否則的話，就會給別人留下把柄。

1790年7月24日，在法國的一個小城歐里亞克，一塊巨石從天而降，巨大的響聲把居住在這裡的加斯可尼人嚇了一大跳。尤其令人驚異的是，這塊石頭把加斯可尼人教堂旁邊的屋子砸了一個大窟窿。市民們目睹了這一切，紛紛認為這塊破壞了他們寧靜生活的怪石來歷不明。他們以為這塊石頭可能還會飛上天去，為了防止它逃走，人們就給巨石鑿了個洞，用鐵鏈穿起來，然後把鐵鏈鎖在教堂門口的大圓柱上。最後市民們又透過決議，要寫一封信給法國科學院，請他們派科學家來研究這塊怪石。歐里亞克市的市長證實了市民們在信上所寫的事實，並且簽上了自己的名字，又派專人將信送往巴黎。

在巴黎的法國科學院裡，當宣讀歐里亞克的這封來信時，人群中突然爆發出陣陣鬨笑聲，有的人甚至笑得前俯後抑，還有人連眼淚都笑出來了。有些科學家甚至用帶著嘲笑的口氣說：「哈哈，加斯可尼人是最愛吹牛皮的，今天他們向我們報告天上落下巨石，過幾天他們還會來報告天上又掉下五噸牛奶，外加一千塊美味的帶血絲牛排……」於是，在笑夠了之後，他們以科學院的名義做出了決定，對加斯可尼的撒謊和歐里亞克市長的愚蠢表示遺憾，同時號召所有有科學頭腦的人，不要相信這些荒誕不經的報告。

那麼，究竟是誰有科學頭腦，是誰更愚蠢、可笑呢？歷史已做出了公正的答案。

不給自己留餘地的人在笑夠了別人之後，豈知把自己的短見也輸給了別人，在伸手打別人耳光的同時，也是在打自己的耳光。

我們在做事時講求留有餘地，在說話時也同樣要留有餘地，不能把話說的太滿，要容納一些意外事情，以免自己下不了臺，這樣才不失為萬全之策，也符合辦事的規律。

生活中有很多事情我們根本無法預料它們的發展態勢，有時也不了解事情發生的背景，切不可輕易地妄下斷言，不留餘地，使自己一點迴旋餘地都沒有。

有一位朋友與同事之間有了點摩擦，很不愉快，便對同事說：「從今天起，我們斷絕所有關係，彼此毫無瓜葛……」這話說完還不到兩個月，這位同事成了他的上司，這位朋友因講過過重的話很尷尬，只好辭職，另謀他就。

因把話講的太滿，而給自己造成窘迫的例子到處可見。把話說的太滿，就像把杯子倒滿了水一樣，再也滴不進一滴水，否則就會溢位來，也像把氣球打滿了氣，再充就要爆炸了。

凡事總會有意外，留有餘地，就是為了容納這些意外，杯子留有空間，就不會因為加進其他液體而溢位出來；氣球留有空間便不會爆炸；人說話、做事留有餘地便不會因為意外的出現而下不了臺，從而可以從容轉身。

在正式場合，人們經常見到一些政府官員在面對記者採訪時偏愛用一些模糊語言，如：可能、盡量、研究、或許、評估、徵詢各方面意見……他們之所以運用這些字眼，就是在為自己留有餘地。

那麼，怎麼樣才能為自己留有餘地呢？

做事方面應有一些基本原則。

對別人的請託可以答應接受，但不要「保證」，應代以「我盡量、我試試看」的字眼。

上司交辦的事當然要接受，但不要說「保證沒問題」應代以「應該沒問題，我全力以赴」的字眼。

這是為萬一自己做不到給自己留條後路，而這樣回答事實又無損你的誠意，反而更顯出你的盡心盡力，別人也會因此更信賴你。即使事沒有做好，也不會怪罪你。

做人方面也應注意一些基本原則。

與人交惡，不要口出惡言，更不要說出勢不兩立之類的話；沒有殺父奪妻之仇。不管誰對誰錯，最好是閉口不言，以便他日如攜手合作時還有面子。

對人不要過早地下評斷，像「這個人完蛋了」，「這個人一輩子沒出息」之類屬於「蓋棺定論」的話最好不要說，人的一輩子很長，變化也很多，不要一下子評斷「這個人前途無量」或「這個人能力高強」的話語。

總之，辦事、說話留有餘地，使自己行不至絕處，言不至極端，有進有退，措置欲如，以便日後更能機動靈活地處理事務，解決複雜多變的社會問題。同時也給別人留有餘地，無論在什麼情況下，不要把別人推向絕路，這樣一來，事情的結果對彼此都有好處，同時，也不至於自己把自己逼入人生陷阱了。

68. 囿於面子，陷於死局

「面子」在我們的傳統道德觀念中的地位是非常重要的，甚至可以說，傳統對人的約束主要就是禮儀和面子。然而若因此就一切以面子為重，養成死要面子的人生態度也是另外一種人生陷阱。

自尊、自愛、自重是人性中不可或缺的美德，在某個層面上，它的確與面子有關，然而更多的時候，它應該是一種內在的心靈動力，而不應該是人生的攔路石。

作家三毛，是人們非常熟悉的一位名人，她在文學創作上是當代少有的幾位成功女作家之一。但是在人生的過程中，她卻應該屬於失敗者之列，無論從哪個方面來說，她的人生都不能算是幸福的。

三毛原本是一個聰穎好動的小姑娘，在她 12 歲那年，她以優異的成績考取了臺北最好的女子中學 —— 臺北市立第一女子中學。

在高一時，三毛的學習成績還行，到了高二，數學成績一直下滑，幾次小考中最高分才得 50 分，於是三毛有些自卑心理。

然而一向好強的三毛發現了一個考高分的竅門。她發現每小考題，都是從課本後面的習題中選出來的。於是後來，她把後面的習題背過。因為三毛記憶力好，所以她習題背的滾瓜爛熟。這樣，一連六次小考，三毛都得了 A，老師對此很懷疑，他決定要單獨測試一下三毛。

有一天，老師將三毛叫進辦公室，將一張早巳準備好的數學卷於交給三毛；限她在 10 分鐘內完成，由於題目的難度很大，三毛得了零分，老師對她很不滿。

接著，這位不稱職的老師在全班同學面前羞辱了三毛，他竟然拿起飽蘸墨汁的毛筆，叫她立正，非常惡毒地說：「你愛吃鴨蛋，老師給你兩個鴨蛋。」老師用毛筆在三毛眼眶四周塗了兩個大圓餅，因為墨汁太多，它們流下來，順著三毛緊緊抿住的嘴唇，滲到她的嘴巴裡。

老師又讓三毛轉過身去面對全班同學，全班同學鬨笑不止。然而老師並沒有就此罷手，他又命令三毛到教室外面，在大樓的走廊裡走一圈再回來，三毛不敢違抗，只有一步步艱難地將漫長的走廊走完。

這件事情使三毛徹底丟了面子，她當時也沒有及時調整過來，於是開始逃學，當父母鼓勵她正視現實鼓起勇氣去學校時，她堅決地說「不」，並且自此開始休學在家。

休學在家的日子裡，三毛仍然不能從這件事的陰影中走出來，當家裡人一起吃飯時，姐姐弟弟不免要說些學校的事，這令她極其痛苦。以後連吃飯都躲在自己的小房間，不肯出來見人了，就這樣，三毛患上了少年自閉症。

可以說少年自閉症影響了三毛一生，在她成長的過程中，甚至是在她長大成人之後，她的性格始終以脆弱、偏頗、執拗、情緒化為主導。這樣的性格對於她的作家職業可能沒有太多的負面影響，但這卻嚴重影響了她人生的幸福。

1991 年 1 月，三毛在臺北自殺身亡，這與她的性格弱點可能有重要的關聯，正是因為三毛的性格，才導致了她那最終可悲的命運。

三毛因為在 12 歲時受了一次傷害，此後在相當一段時間內不能看開這件事，導致了她患上了少年自閉症。這給她的心靈造成重大創傷，使自己的性格發生了根本性的變化，由原來的活潑、開朗、勇敢變為內向、脆弱和膽怯，而變化以後的性格是不利於三毛的健康發展的，也不利她獲得人生的快樂。

古代諺語云:「人無廉恥，萬事可為。」、「不要老臉皮，天下無難事。」說的是不要臉也不要面子的人什麼事都做得出來。一切遵守臉面規範的人面對這樣的人都會無可奈何，手足無措，大有一種舊時所說「秀才遇見兵，有理說不清」的味道。

傳統社會對人的約束主要就是禮儀和面子，一旦有人對此不屑一顧，肆無忌憚，則一切社會控制都會土崩瓦解。

近代學者李宗吾正是因為最先看到了這一點，而一舉成為奇人，他的《厚黑學》一書雖不是從學術上研究「厚黑」，但單憑「厚黑」二字，便轟動了華人世界。他在《厚黑學》一文中寫道：「我自讀書識字以來，就想為英雄豪傑，求之四書五經，茫無所得；求之諸子百家，與夫廿四史，仍無所得；以為古之為英雄豪傑者，必有不傳之祕……一旦偶想起三國時幾個人物，不覺恍然大悟曰：得之矣，得之矣，古之為英雄豪傑者，不過面厚心黑而已。」

「……劉備的特長，全在於臉皮厚，他依曹操，依呂布，依劉表，依孫權，依袁紹，東奔西走，寄人籬下，恬不為恥，而且生平善哭，做三國演義的人，更把他寫得維妙維肖，遇到不能解決的事情，為之痛哭一場，立即轉敗為勝，所以俗語有云：『劉備的江山是哭出來的。』」

「項羽拔山蓋世之雄。咽嗚叱咤，千人皆廢，為什麼身死東江，為天下笑！他失敗的原因，韓信所說：『婦人之仁，匹夫之勇。』兩句話包括盡了。婦人之仁，是心有所不忍，其病根在心之不黑；匹夫之勇，是受不得氣，其病在臉皮不厚。鴻門之宴，項羽和劉邦同坐一席，項羽已經把劍取出來了，只要在劉邦的頸上一割，『太高皇帝』的招牌，立刻可以掛出，他偏偏徘徊不忍，竟被劉邦逃走。垓下之敗，如果渡過烏江，捲土重來，尚不知鹿死誰手？……他一則曰：『無面見人。』；一則曰：『有愧於心。』究竟是高人的面，是如何長得起，高人的心則如何生得起？也不略加考察，反說：『此天亡我，非戰之罪。』恐怕上天不能歸咎其罪……」

「劉邦天資既高，學歷又深，把流俗所傳君臣、父子、兄弟、夫婦、朋友五倫，一一打破，又把禮儀廉恥，掃除淨盡，所以能夠平蕩群雄，統一海內，一直經過了四百幾十年，他那厚黑的餘氣，方才消滅，漢家的系統，於是乎才斷絕了。」

這樣的典型，歷史上不乏其人。秦末漢初時淮陰出了一個將軍，名叫韓信。他年輕時可是處境十分困難的人，好心的婦女接濟他，地痞惡棍欺侮他。有一次，他在半路被幾個無賴擋住不讓他走，說是要與他一比高低。韓信婉言拒絕挑戰，誰知那些人不讓他離開，執意要與他比武，否則，就要像狗一樣從他們的褲襠下鑽過去。韓信選擇了鑽褲襠，終於沒有與他們廝殺，這件事遭到了許多人的恥笑。但他從沒解釋。韓信不是沒有武藝，但他認為，和那幾個目不識丁的痞子計較太不值得。他不想使自己因那幾個微不足道的惡棍而惹來麻煩，妨礙自己的遠大目標。

而與韓信同時代的劉邦，更是一個「厚臉皮」。他不受任何自尊心的妨礙，一次又一次地敗在項羽的手下，但他不為自己一次又一次重返家鄉徵兵募馬而感到恥辱。而項羽就沒有他的臉皮厚，兵敗垓下時，也許還有機會東山再起，但他卻以「無顏見江東父老」的心情結束了自己的生命。

邱吉爾（Winston Churchill）是英國歷史上最偉大的首相之一，他用自己鋼鐵意志將英倫三島的人民緊緊凝聚在一起，粉碎了納粹德國吞併歐洲的謀圖，並且為第二次世界大戰的勝利及戰後世界政治格局的形成做出了巨大的貢獻。

這樣一位既具有崇高的國際聲望又有卓越的領導才能的人，理應受到選民的擁護，成為英國的連任首相。然而，事實卻恰恰相反，選民們認為他已發揮了他應有的作用，而新英國需要新的領袖。於是，1945 年 7 月大選過後，邱吉爾首相下臺了。

理查．皮姆爵士去看望他，並把大選結果告訴他。當時，邱吉爾正向躺在浴缸裡洗澡。當理查．皮姆爵士把這個令人難堪的壞訊息告訴他時，邱吉爾卻說:「他們完全有權力把我趕下臺，那就是民主，那就是我們一直在奮鬥爭取的。現在勞煩您把毛巾遞給我。」

邱吉爾面臨的不僅是失敗，更是失落，也可以說是選舉的結果讓他在國人和世界面前栽了個跟頭，使他顏面丟盡，但是他卻坦然接受了這個現實。由此可見其偉大的另一面，這就是偉人之所以偉大的根本。

我們有了過錯的時候，不管別人可能怎麼批評、譏諷甚至侮辱，都不要學三毛，而要學那些成就大事業的人，把面子放到一邊去，繼續自己的奮鬥。

69. 自難定位，世難立人

其實，在這個世界上，每一個人來到人世間都有一個屬於他自己的位置，即有些人所說的人生座標。誰在最短的時間內找到了自己的人生座標，誰就取得了獲得成功的優先權。

難於定位的人實際是一種人生河上的浮萍，正在人生的陷阱中盲目地生活。

查理．卓別林出生在一個貧寒演員家庭，1 歲時父母離異，他跟隨母親生活。他母親 16 歲就開始在劇團演主角，卓別林認為，「她有足夠的資格當一名紅角兒」。但是她的嗓子常常失聲，喉嚨容易感染，稍微受了點風寒就會患喉炎，一病就是幾個星期，然而又必須繼續演唱，於是她的聲音就越來越差了。卓別林 5 歲那年的一天晚上，他又一次和母親去一家下等戲館演唱，母親不願意把他一個人留在那間分租的房子裡，晚上常常帶他上戲院。

那天晚上，卓別林站在條幕後面看戲，只見他母親的嗓子又啞了，聲音低得像是在悄聲兒說話。聽眾開始嘲笑她，有的憋著嗓子唱歌，有的學貓兒怪叫。他里裡糊塗，也不清楚發生了什麼事情，但是噪聲越來越大，最後母親不得不離開了舞臺，並在條幕後面跟舞臺上管事的頂起嘴來。管事的以前曾看到卓別林表演過，就建議讓卓別林上場。在一片混亂中，管事的攙著 5 歲的卓別林走出去，向觀眾解釋了幾句，就把卓別林一個人留在舞臺上了，面對著燦爛奪目的腳燈和煙霧迷濛中的人臉，卓別林唱起歌來：「一談起傑克．瓊斯，哪一個不知道？……可是，自從他有了金條，這一來他可變壞了……」

事情完全出人意料，卓別林剛唱到一半，錢就像雨點似的扔到臺上來。幼小的他立即停止，說他必須先拾起了錢，然後才可以接下去唱，這幾句話引起了鬨堂大笑。舞臺管事的拿著一塊手帕走過來，幫著他拾起了那些錢。卓別林錯以為他是要自己收了去，就把這想法向觀眾說了出來，這樣一來他們就笑得更歡了。管事的拿著錢走過去，卓別林又急巴巴地緊跟著他，直到管事的把錢交給他母親，他才返回舞臺繼續唱，臺下的觀眾笑的笑，叫的叫，吹口哨的吹口哨，氣氛更是熱烈……

受到這種鼓勵，卓別林也來了勁，他無拘無束地和觀眾們談話，給他們表演舞蹈，還做了幾個模仿動作。有一個節目是模仿他母親唱支愛爾蘭進行曲：「賴利，賴利，就是他那個小白臉讓我著了迷，賴利，賴利，就是那個小白臉中了我的意……那位高貴的紳士，他叫賴利。」在唱歌的時候，他把母親那種沙啞的聲音也模仿得維妙維肖，觀眾被這個 5 歲的小男孩逗得捧腹大笑，扔上了很多錢。

卓別林後來回憶說：「那天夜裡在臺上露臉，是我的第一次，也是母親的最後一次。」

人生在世，最讓人頭痛的就是不知道自己的才華和特長到底是什麼，自己適合什麼樣的事業，什麼樣的前程又適合自己。卓別林的第一次，也許可以給人們一點啟示：試著去做一些不同的事，你也會在無意中找到屬於自己的位置。

做人其實就是要把自己最好的一面挖掘出來。這樣，我們才能更好地激勵自己，更好地學習，更好地與人相處。

有一位父親講了這樣一個故事。

幾年前，他認為自己可以大言不慚地說：「恐怕在 20 萬個父親中，你才能找到一個像我這麼了解孩子的人！」但在女兒進入高中後，他的這種信心逐漸動搖了。在一次和老師通話後，他的信心基本崩潰，因為老師「大義凜然，刀刀見血」地說出了女兒一大堆「必須及時改正」的缺點，並得出了「沒有數學腦子」、「缺乏邏輯思維能力」等可怕的結論。在這種壓力下，他那曾經是多麼快樂和甘於落後的女兒，終於說出了這種話：「爸，我討厭讀書了……」

就這樣苦苦爭執到高三，他把自己的女兒送到了美國。在經歷過一段痛苦的適應期後，好消息不斷從大洋那邊傳來。幾個月後，他女兒不但得到了很好的考試成績，還得到了幾份美國老師寫給大學的推薦信。這些信都寫得熱情、具體、親切、自然。她在國內曾經被老師批評為「沒有數學腦子」，而她的美國老師卻說她「在數學和解決難題方面有顯著特長，經常以自己優雅而且具有創造性的方式解決難題，完成數學證明」。

語法老師說她「對細節和微妙的語法差別有敏銳的目光，能成功地記住新詞彙，並在文章中創造性地運用」，能用輕柔的語言「輕鬆地表達自己的想法」。英文老師稱讚她「對學習感到興奮」，能在學習中「探索智慧」。並且還令人吃驚地寫道：「人格的力量，這就是全部，這就是麥粒和穀殼的區別，這就是她的內在，不自私、不虛偽。」，「我以性命擔保她可以的。對此，一秒鐘都不應該懷疑！」指導老師概述性地說：「她表現得很完美。她的所有老師都有共同的想法，她太不可思議了，請再給我們 20 個像她這樣的學生！」

同一個人，獲得的評價為什麼如此不同呢？這實際上只是看問題的角度不同而已。

半杯水，有人看到的是空的那一半，有人看到的則是有水的一半。

「只有半杯水」和「還有半杯水」是兩種不同的信念，甚至完全可以決定一個人的一生的前程。對一個人的認識和評價也是如此，積極而正確的評價，可以給一個人巨大的前進動力，而消極的評價 —— 儘管也符合事實，則往往使人失去奮鬥的勇氣。因此，不論對自己還是對他人，人們都應盡可能地把人最優秀的一面挖掘出來。

某位知名作家，在成名前曾換過十幾份工作。在一次應電視臺《夜來客談》欄目之邀參加一個以「換工作」為主題的座談會上，他發表了自己的一些體悟和見解。

主持人問我：「你為什麼一直要換工作呢？」

他說：18 年來，我一共換了 13 個工作。換工作的原因很多，也很複雜，可說因人而異，我不斷更換工作的主要原因是：給自己尋找一個恰當的位置。

我認為，人類的痛苦大都因為把自己擺錯了位置。18 年來，從一開始「為生活而工作」，到目前「為理想而工作」，這是一條漫長艱辛的路程。只有你為理想而工作時，工作、生活與娛樂才可能合而為一，這時你將領悟到，為尋找這個位置所付出的任何犧牲與代價，都是非常值得的。

多年來不斷地換工作，我有兩點體會。

第一，選擇工作時，除了追逐財富之外，別忘了心靈的滿足。若一味地追逐財富，到最後必定徬徨不已，因為追求財富只是手段而已，人生真正的目標是在：和諧、快樂、幸福。

第二，社會就像一部大機器，是由輪軸、齒輪和許多小螺絲釘所組成的。對一部機器而言，輪軸與齒輪固然重要，但小螺絲釘也是缺一不可。因此，我主張與其去當一個自不量力、痛苦不堪的輪軸，不如去當一個勝任愉快的小螺絲釘。

其實，換工作只是手段而已，真正的目的是在尋找一個最適合自己的位置。最後，這名作家不無感慨道：只有在為理想而工作時，工作、生活、與娛樂才可能合而為一。而一個人一生最大的不幸就是找到自己的優點，進而自己擺錯了位置，這無異於進入了人生陷阱之中。

70. 逃避現實，貽誤人生

有一個非常奇特的現象，有些人在晚年時，回顧自己的一生時，很少會因為做了某事而感到遺憾。恰恰相反，正是那些你所沒有做的事情才會使自己耿耿於懷。

在我們的文化傳統中，迴避現實幾乎成為一種流行性疾病。社會環境總是要求人們為將來而犧牲現在。根據邏輯推理，採取這種態度就意味著不僅要避免目前的享受，而且要求永遠迴避幸福，難道這就是人生嗎？

幸福總是明日復明日，永遠可望而不可即嗎？答曰：非也。

迴避現實的表現形式多種多樣，有三種情形就富有代表性。

- 阿虹決定到森林裡去沉浸於大自然之中，享受一下目前的時光。可是到了森林裡，她的思緒又遊蕩著，考慮起她在家裡，要做的各種事情……孩子、買菜、收拾房間、帳單等等，家裡一切都好嗎？這時，她的思想向前跳躍，考慮到她回家之後要做的種種家務。現時就這樣在回憶過去或思考將來之中流逝掉了，在自然環境中享受現實的一個難得機會就這樣喪失掉了。
- 韓穎正在海島上度假，她每天都到海邊晒太陽，但也不是為了感受太陽光照射在身上的樂趣，而是在期望著回家之後，朋友們看到她那紅裡透黑的皮膚會說些什麼。她的思緒集中將來的某一時刻，而當這一時刻到來時，她又會惋惜不能在海邊晒太陽了。
- 費中本先生在閱讀一本教科書，而在強迫自己讀下去。突然，他發現自己才讀了三頁，腦子就走神了，他完全不知道剛才讀的是什麼，他將現在的時光用於回想昨晚的電影或擔憂明天的測驗。

那時是一種與你形影不離而又難以捉摸的時光，你若能使自己完全沉浸於其中，便會享受到極為美好的經歷。你應該充分享受現時的每分每秒，抓住現在的時光，因為這是你能夠有所作為的唯一時刻。不要忘記，希望、期望和惋惜都是迴避現實的最為常見的方法。

迴避現實往往導致對未來的理想化。有的人可能會覺得，在今後生活中的某一個時刻，由於一個奇蹟般的轉變，你將萬事如意，獲得幸福。甚至幻想著自己一旦完成某一特別業績 —— 如畢業、結婚、生孩子或晉升，自己渴望的生活將會真正開始。然而，當那一時刻真的到來時，都往往是十分令人失望的，它永遠沒有你想像的那麼美麗。

如果你也像托爾斯泰（Leo Tolstoy）書中的伊凡·伊裡奇那樣，回顧自己的一生，你將發現自己很少會因為做了某事而感到遺憾。恰恰相反，正是那些你所沒有做的事情才會使你耿耿於懷，那時就是人生太失敗了。

這裡所含的結論是十分明顯的：行動起來！珍惜現在的時光，不要放過一分一秒。否則，如果你以自我挫敗的方式利用現在的時光，就無異於永遠地失去它。

71. 好高騖遠，成功無緣

有些人心性高傲、目標遠大，這固然不錯。但目標猶如靶子，必須在你的射程之內才有意義。

如果只是好高騖遠，那就在人性操作上犯了一個大錯誤。

任何以為不經過程而直取終點，不從鄙俗而直達高雅，捨棄細小而直為廣大，跳過近前而直達遠方的想法都是人生的陷阱。那一切的結果，到頭來也只是黃粱美夢一場。

也許你這場夢做得很長很長，夢中昏昏沉沉，翻來覆去。你忽而好似神思泉湧，著作等身，做了享譽世界的學者；忽而財源滾滾，成了腰纏百萬的大亨；忽而官運亨通做了國王，成了總統。

窗外一聲「收酒瓶了」的叫賣，撞碎了你的甜夢，一覺醒來，你依然如故。不僅著作沒有等身，沒做成享譽世界的學者，連你不屑廣顧的豆腐乾文章也沒發表幾塊。不僅沒有財源滾滾做成百萬大亨，連你小孩要用的費用還要從 10 天後那乾癟的薪資袋裡去摳，官運也沒通，沒做國王也沒當總統。

你奈何得了命運之神嗎？你避得開這些人生的陷阱嗎？

一個問題是，你越是厭卑近而騖高遠，你便越深深地陷在卑近中，高遠永遠對你高遠著。

為什麼？

果真是命運之神壓制你，限定了你嗎？你果然命裡沒有錢嗎？

絕對不是！

但切記，你心性高傲、目標遠大固然不錯。但目標的制定必須符合你的實際。如果目標太偏離實際，反而無益於你的進步。同時，有了目標，還要為目標付出代價，如果你只空有大志，而不願為理想的實現而付出辛勤勞動，那些所謂的理想也永遠只能是胡思亂想，一文不值的東西。

好高騖遠者首要的失誤完全在於不切實際，既脫離現實，又脫離自身的條件和現在的基礎。他們總是這也看不慣，那也看不慣，或者以為周圍的一切都與他們為難，或者他們不屑於周圍的一切，成天牢騷滿腹，認為這也不合理，那也不公平。張三不行，李四也不怎麼樣，唯有自己出類拔萃。不能正視自身，無自知之明，是為好高騖遠者的突出特徵。他們該掂量自己究竟有多大的本事，有多少能耐。沾沾自喜於過去某方面的那一點點成績，從來就不知道自己有什麼缺陷，總是以己之所長去比人之所短，於是就導致心中唯有自己的高大形象，從不患不知人，唯患人之不知己。一天又一天，一年又一年，總是抱著懷才不遇的感覺，無用武之地的感覺。

脫離了現實便只能生活在虛幻之中，脫離了自身便只能見到一個無限誇大的變形金剛。沒有堅實的根基，只有空中樓閣，只有海市蜃樓；沒有真正的本領和能耐，只有誇誇其談和牛皮掀天；沒有確實可行的方案和措施，只有空空洞洞的胡思亂想。

而這一切正為好高騖遠者人生悲劇的前奏。

其次，好高騖遠者都是懶人，害怕吃苦，情緒懶散，從精神到行動都遊遊蕩蕩，好逸惡勞，貪圖享受。他們甚至打心眼裡瞧不起那些刻苦耐勞者，認為他們是愚蠢。他們也打心眼裡瞧不起每天圍繞在身邊的那些小事，不屑於做它。

這亦為形成好高騖遠者人生悲劇的又一重要因素。

於是，好高騖遠者的人生結果當然是悲慘的。小事看不起也不願做，而大事本想做卻又做不來或者輪不上你做，於是一事無成。眼看著別人碩果纍纍，他們空有抱怨，空有妒忌。

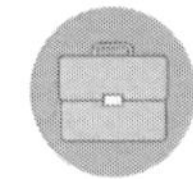

怎麼辦？

如果一個好高騖遠者已經開始悔恨，如果他發誓從頭開始，那麼，所有美好的前途仍在向他招手。如果他不再技術犯規，不再發生人生操作方面的失誤，他將仍然可以併入強人之列了。

「圖難於其易，為大於其細。天下難事，必作於易；天下大事，必作於細。是以聖人終不為人，故能成其大。」

再想度過人生的難關，戰勝人生中的種種磨難，完成天下的難事，要在一個人年輕單純的時節，從覺得為人處世容易和順利的時候就開始。要想成就高遠宏大的事業，實現自己的理想和追求，必須從最細小最微不足道的地方做起，從最卑賤的事情開始。

其實，合抱之木，生於毫末；九層之臺，起於累土；千里之行，始於足下。每一個目標都應從那細小的萌芽開始生長，都應從最初那一撮泥土築起，都應從此時時刻開始，從堅實的土地上邁步，一步一個腳印地往前走。

一個人只有首先面對真實的社會和人生，社會和人生也才會真實地面對你；你只有付出攀登險峰的實踐，才能領略那無限的風光。

72. 急於求成，適得其反

古話說，欲速則不達。急功近利是成就大事業的絆腳石。

急迫地追求短期效應而不顧長遠影響；追求眼前的屈屈小利，而不顧全域性的根本利益，這都可以稱之為急功近利。

一般地說，急功近利者，一定是戴著功利名位近視眼鏡的目光短淺者。一葉障目，不見泰山，只聞到了芝麻的香，而忘卻了西瓜的甜。只看到目前的境況，只看到暫時的貧富盈虧，頭痛醫頭，腳痛醫腳，是急功近利者一貫的行為方式。為了治好頭而不顧腳，為了治好腳又可以不顧頭了。為了擺脫眼前的狀況，可以不顧未來的利益，為了求得一時的痛快，而以長遠的痛苦為砝碼，這種做法是得不償失的，這也是人生的一大陷阱。

其實，我們不妨在名利面前超脫一點，淡薄一點，這樣我們就可以輕裝上陣。輕裝上陣的人無其心理負擔，無其思想包袱，在奔赴成功的路上，跑得反而比別人更快。讓我們的靈魂釋然安然，這比什麼都強。

一個人一旦患上了急功近利的毛病，就一定心胸狹窄，胸無大志，總是盲從世俗，腦袋長在人家的脖子上。別人說軍人時髦，他們便想法穿上軍裝。別人說文憑重要，他們便馬上去混文憑。別人下海撈錢去了，他們如同熱鍋上的螞蟻，馬上削了腦袋下海去。他們根本不管人何以為人，什麼人格啦、德行啦，人生境界和操守，靈魂啦，優美啦，在他們看來一錢不值。他們以為在世難，吃好、穿好、玩好、樂好便就是好，便就是實在。於是，為了達到吃穿玩樂之好，他們可以不擇手段，不顧出賣靈魂。然而，這世間的事情也真怪，越是急功近利者越不容易得到，沒有一個不顧廉恥，出賣靈魂的人能夠得到真正的快樂。

無論什麼樣的急功近利者，總是瞪著一雙貪得無厭的眼睛，死死地盯著名利二字。然而名利對於他們好似一個西方哲學家打過的一個比喻一樣，如同吊在車把前面的一塊肉對於拉著車的車夫一樣，車夫總想抓住那塊肉，卻總是抓不到。無論把車拉得多快，那塊肉始終在車把面前，始終抓不到手中。一個人如果成天絞盡腦汁，時刻伺機著投機取巧，而且忙忙碌碌，大汗淋淋，辛辛苦苦，到頭來仍然一無所有，仍然功未成、名未就、利未得。

大凡急功近利者同歸於二：一者同於一事無成，二者同於無幸福可言，只有空忙一場。急功近利者不可能成就什麼事業，因為他們本來就沒有什麼長遠追求，沒有成就什麼事業的志向。

他們的全部精力，全部時間和全部生命都無形地消失在他們的短期行為之中，消失在他們虛浮淺薄的勞作之中。他們也許最終得到，可是他們付出的太多，得到的終歸微不足道。而且，他們活得太累，所以他們不可能有真正的快樂和幸福。

難道快樂和幸福不是一種心靈的優美和靈魂的安泰嗎？

總之，所有急功近利者，無論年輕人的急躁、中年人的急進、老年人的急迫，莫不如此：無功無利無幸福。

可見，孔聖人沒說錯：欲速則不達。為什麼要急功近利呢？

產生對功利急迫心理，說到底就是沒有通曉生命的根本之道和根本之理。他們認為人生中最大的事就是撈名賺錢，最高的人生幸福就是擁有功名利祿。卻不知我們來到世間，我們自己的身子不該被自己的心所奴役，我們的心也不該總是奴役著我們自己的身子。自之身成了自之心的奴隸，這身子就太無價值了。自之心總是縛著自之身，這心也太狹隘。而獲得自由健康的身心，充分發揮我們內心的最高的力量，展示我們最美善的天性，這難道不是我們人生最重大的事情嗎？

假使我們能夠跳開眼前名利誘惑，讓我們的靈魂安泰，精神舒暢，同人類內在的神性 —— 永不死亡、永不疾病、永不犯罪的神性維持和諧，那該得到如何等偉大的生命效率，那該得到何等崇高的人生幸福。

馬克．吐溫 (Mark Twain) 的名句：讓我們受到誘惑，讓我們不受誘惑。身心的健康自由應為人生最高的誘惑，它為我們自身之應有，須臾不可離開，我們不妨受到誘惑，去擁有它。功名利祿本不屬於我們自身的東西，它既不在我們的心中也不在我們的肉體之內。有它和無它對於我們身心的存在，並不發生直接的必然的影響。而付出人格的代價去急急以求，這該是多麼不智的行為。

東方文明的優良精華是在人生方面就是揭示了人在追求目標時，絕不損義以求利，舍義以貪功。但人總是追求人之為人的根本，絕不捨本求末。

但是，我們從來不是不食人間煙火者。我們知道，人類的一切勞作歸根到底都是追求利益的行為。

但是，我們的所謂利益並非單方面的，並非只肥身而不顧養心，或者只樂心而不顧養身，而是對於人生總體價值的追求。我們追求長遠的根本性的利益，並非是暫時的表面的。當然我們知道眼前的一切行為都會對將來意味著什麼，我們也不會放過眼前的利益，但是一定要讓眼前利益服從長遠利益，這與急功近利者有著本質的區別。

我們追求精神的不朽，我們十分看重於感覺時間。在我們感覺中，生命是美好的，人生是美好的。我們腳踏實地的追求美好的人生。

在感覺時間裡，我們得以永恆的安寧。

而物理時間只作為我們的一個參考係數，生命之舟雖然維繫於此，但它並不能直接反映人生的價值。我們的生年雖然難滿一百，有的甚至只是短暫瞬間，卻放出了燦爛的光華。

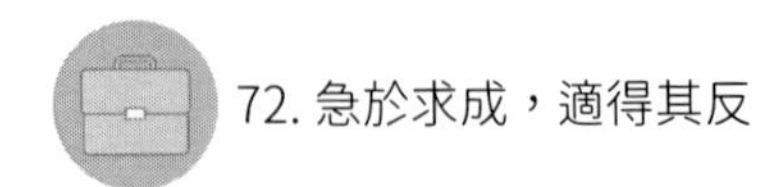

抛棄急功近利，著眼未來，而又腳踏實地，那麼，我們就能永遠走在人生的康莊大路上，而不會誤陷人生陷阱中了。

73. 貶損他人，自難完美

社會上常有一些人對於別人強過自己，心理極度不平衡，於是透過貶損別人，說明別人並不強於自己，從而在心理上得到一種阿 Q 式的平衡。這是小農經濟下的變態產物，但卻一直長存在人們的心中。

一位姓李的先生自我感覺良好，然而在公司卻人緣並不好。因此他經常抱怨世態炎涼，責怪同事寡情。是真的世態炎涼，同事寡情嗎？非也！原來是李先生自命不凡，每公司位開會，年終考評，他都喋喋不休地貶損他人，以顯示自己的所謂崇高理想、卓越的才能、非凡的業績等等，總之，自己是一朵花，別人都是泥巴。因此，同事們都覺得李先生太過分了，太不像話了，於是大家都不買他的帳，他也陷入了孤家寡人的境地。顯然，李先生人緣不好，其原因在於貶低他人，抬高自己。縱觀現實社會，像李先生這種人為數不少。

貶損他人、抬高自己的種種表現有一些共同的特徵。

(1) 捏造事實貶損他人。

有些人為了抬高自己、貶損他人竟達到了捏造事實的地步。儘管他所說的事實是捏造的，可也是有鼻子有眼的，頗能迷惑一些人。面對捏造事實的指責，受害人常常有口難辯，無可奈何。例如唐某與李某同去某地出差，採購一種緊缺物資。他們到某地時，當地也無貨供應，必須再等一個月才有貨。於是唐某與李某空手可歸。可是在向上司彙報時，李某竟對上司說：「年輕人就是貪睡，那天早上如果小唐早點起來，我們可能就買到貨了。」唐某說：「本來就沒有貨了啊，這與早起晚起有什麼關係呢？」上司連忙批評唐某說：「老李說得對啊！你應該接受，以後改正啊！」唐某聽了上司的批評只有無可奈何地嘆氣，還有什麼可辯解的呢？不過從此以後，唐某對李某敬而遠之了，上司再派他與李某一道出差，他都藉故推辭。

(2) 誇大事實貶損他人。

有些人為了達到貶損他人的目的，將針眼大的事情說得比籮筐還大。某科學研究單位趙某應朋友之邀，給朋友幫了兩次忙，解決了一些技術上的問題。這事不巧讓本單位的黃某知道了，於是在一次會議上，黃某說：「趙某受了金錢的誘惑，不好好做本職工作，竟去從事副業。這種做法是缺乏事業心和敬業精神的表現。」趙某僅僅幫了朋友兩次忙，黃某竟誇大成「從事副業」，並給戴上「受了金錢誘惑」的大帽子。由此看來，黃某的「境界」可是真高啊，勇於批評「壞人壞事」，並且具有強烈的「事業心和敬業精神」。黃某的「思想」在貶損同事中得到了「昇華」。

(3) 透過自己與他人的對比貶損他人、抬高自己。

一次某處準備組織政治經濟學聯考。哲學老師田某從同學那兒獲得了這一消息，於是對任政治經濟學課的許某說：「你們政治經濟學聯考，你知道這個消息嗎？」許某說：「我現在還沒有接到這一通知。」在年終考評會上，田某說：「許某教政治經濟學，對政治經濟學聯考一點也不關心，聯考消息還是我告訴他的，我比他還著急，許某太沒責任感了。」這樣一比，他似乎成為了一個責任感極強的人了；而別人倒是一點責任感都沒有了。

(4) 含沙射影貶低他人、抬高自己。

舒某與蘭某同在一科學研究所工作。舒某勤於筆耕，一年之中發表了20篇論文，而蘭某僅發表了一篇論文。蘭某心中很不服氣，因而在年終考評會上自我敘述說：「我今年文章只寫了一篇，但質量是很高的，絕不像那些寫得多的粗製濫造的文章。」顯然蘭某這是在含沙射影地貶低舒某。

貶損他人、抬高自己的危害是相當嚴重的。那麼為什麼有些人會不擇手段地貶損他人、抬高自己呢？其原因顯然是出於自己一種虛榮的心理和不服氣的心理。有些人為了充分地顯示自己的高明和非凡的價值，因此往往喜歡找參照物，自以為透過貶損他人，自己的高明和非凡的價值就能充分地表現出來了。實際上，這種動機與實際效果相差很遠。因為這種人選擇的「參照物」不是眾人心目中的標準，他的行為肯定要受到大眾的鄙視。然而不管貶損他人、抬高自己出於何種心理，都是一種缺乏道德的行為。

這種行為的危害也是相當大的。

(1) 導致個人主義惡性膨脹和自我消沉。

貶損他人、抬高自己的虛榮心理是建立在個人主義的基礎之上的。如果讓這種思想如果長期發展下去，就會導致個人主義惡性膨脹，形成一種唯我獨尊的心理狀態，就會自以為老子天下第一，因此五條件地要求別人服從自己、尊重自己。別人一旦不服從自己、不尊重自己，就會產生一種嚴重的失落感。然而這種人的行為是絕對不會得到別人的尊重的，只會越來越激起別人對他的反感。這種高期望與實際的反差不可避免地導致這種人的自我消沉。

(2) 影響團結，破壞和諧的人際關係。

由於這種貶損別人，勢必給別人帶來思想上的不愉快。因為這種貶損與實際差距很大，實際上是對別人工作的一種主觀的否定，一旦給別人帶來思想上的不愉快，還會嚴重地影響他人的正常的思想情緒。另一方面，貶損的言辭還有可能被一些別有用心的人所利用，作為攻擊或整治他人的材料，勢必破壞彼此之間團結和諧的人際關係。

(3) 製造矛盾。

由於這種貶損他人的行為往往戴著一種迷人的面具，甚至閃爍著某種光彩，因而很容易被一些不做調查了解的上司相信。而一旦上司相信，領導者就會對被貶損者產生一種不良看法，甚至會據此批評被貶損者。被貶損者就會認為上司不實事求是，而領導者又認為被貶損者不接受批評，這樣就更容易影響雙方之間的關係。而被貶損者一旦對上司產生了怨氣，就很有可能不服從上司，甚至會產生消極怠工的現象，這樣一來，矛盾可能越來越被激化。

(4) 引發民事官司。

貶損他人從法律上說是一種侵犯他人人格的表現，尤其是捏造事實貶損他人，這更是一種誹謗他人的行為。因而，如果一個人經常捏造事實貶損他人，就必然地會激起別人極大的反感，而致使他人拿起法律的武器保護自己的合法權益。這樣也就必然地引發民事官司的發生。

那麼，在現實生活中，我們怎樣對付貶損他人、抬高自己的人呢？

確實，那些貶損他人、抬高自己的人十分令人生厭。一個公司如果有幾個這樣的人，大家肯定難以愉快地工作和學習。因此對待這種人絕不可姑息，應該設法糾正他們這種缺乏道德的行為，創造一個愉快的工作和學習環境。當然，我們也不是不能對之採取一定策略的。

(1) 當面澄清事實，使其認識自己行為的錯誤性。

對於捏造事實貶損他人的人，受害人應該勇於積極澄清事實。澄清事實不需要爭辯，在心平氣和的心境下將事實原原本本地陳述於眾，並且列舉證據證明事實真相，使捏造事實者在證據面前無法交代，從而喚醒他們的良知，在鐵證面前幡然悔悟。例如某校賴老師在一次教研會議上誇耀自己如何下班後組織輔導同學學習，而批評紀老師連學生寢室都未去過。紀老師說：「對於賴老師的批評，我有必要澄清一下，班主任對下班後輔導同學的老師都作了記載，我本學期共下班輔導 12 次，也許賴老師沒做過調查吧？那麼請賴老師去看看班主任黃老師的記載吧。」在事實面前，賴老師非常難堪。

(2) 直率地提出批評，指出錯誤的實質。

對一貫貶損他人，抬高自己的人在年終考評中大家都應直率地對其提出批評，並分析其行為的實質，使其改變不良行為。某縣委辦公室幹事張某一向喜歡貶低他人，抬高自己。在年終考評中，辦公室有五個幹事向張某提出了意見，並指出了張某這種行為給辦公室團結帶來的不良影響。張某面對大家直率的批評，不得不認識了自己的錯誤。

(3) 對一貫捏造事實、貶損他人者訴諸法律。

因為一貫捏造事實、貶損他人、侵犯了他人的人身權利，對他人的身心造成了損害，因此受害人應該訴諸法律，讓其受到法律的懲罰，從而收斂這種不良行為。

總之，貶損他人，抬高自己是一種缺乏道德、缺乏修養的行為，具有較大的危害性。有這種行為的人非但不能把自己抬高，而且遲早會被摔個四腳朝天，這是一個自掘的人生陷阱，這種人一般是不值得同情的。

74. 誤待失敗，失敗誤人

失敗是不可避免的，失敗也是成功的前奏。

但在生活中，有些人對待失敗的態度卻是完全錯誤的，以至於走入人生陷阱中，為失敗又多交了一份學費。

而那些為自己的失敗尋找藉口的人即在此例，他們一般都不承認自己的能力有問題。雖然有很多失敗是來自於客觀因素，無法避免的，但大部分失敗卻是因主觀原因造成的。

其實，一個人面對失敗之時，不要尋找藉口，而應找出失敗的原因並設法努力改正。

一個人做事不可能一輩子一帆風順，就算沒有大失敗，也會有小失敗。而每個人面對失敗的態度也都不一樣，有些人不把失敗當一回事，他們認為「勝敗乃兵家之常事」；也有人拚命為自己的失敗找藉口，告訴自己也告訴別人：他的失敗是因為別人扯了後腿，家人不幫忙，或是身體不好、運氣不佳等。總之，他們可以找出一大堆理由。

在現實生活中，不把失敗當一回事的人實在不多，而這種人也不一定會成功，因為如果他不能從失敗中吸取教訓，即使他們可能有過人的意志也沒用。但不敢面對失敗，老是為失敗尋找藉口，絕不能使自己經常獲得成功。

也許有些人認為失敗是因為部屬侵占公款，但那也是因為他們用人不當，管理不善；也許他們認為失敗是因為全球性的經濟不景氣，但那也是因為他們對全球經濟走向疏於了解、研究、判斷，無法預測；也許他們認為失敗是因為投資過大，但那也是因為他們的判斷有問題……

總而言之，失敗者完全可以從自身的角度去研究失敗，如判斷能力、執行能力、管理能力等，因為事情是失敗者做的，決策是失敗者制定的，失敗當然也就是失敗者造成的。因此，失敗者大可不必去找很多藉口，即使找到了藉口，那也不能挽回失敗者的失敗。

其實，儘管有些失敗是來自於客觀因素，逃都逃不過，但還是不要找這種藉口的好，因為找藉口會成為一種習慣，讓自己錯過探討真正原因的機會，這對日後的成功是毫無幫助的。

面對失敗是件痛苦的事，因為就彷彿自己拿著刀割傷自己一樣，但不這樣做又要如何？人不是要追求成功嗎？因此碰到失敗，要找出原因來，就好比找出身上的病因一樣，以便對症醫治。

要找出失敗的原因並不很容易，因為平常人常會下意識地逃避，因此應雙管齊下，自己檢討，也請別人檢討。自己檢討是主觀的，有正確的，也有不正確的；別人檢討是客觀的，當然也有正確的和不正確的，互相對照比較，差不多就可找出失敗的真正原因了。這些原因一定和個性、智慧、能力等等有關，不必辯白，應該好好看待這些分析，誠實地加以面對，並自我修正。如果能這麼做，那就不會再犯同樣的錯誤，並且成功得比較快，如果一碰上失敗就找藉口，那很可能讓這輩子失敗的機會多於成功的機會，因為失敗者並未從根本上解決失敗的癥結所在，當然也就要時常發病了。

老是為失敗找藉口的人除了無助於自己的成長之外，也會造成他人對其能力的不信任，這一點也是必須加以注意的。

失敗並不可怕，怕的是身臨失敗之境卻毫無意識，甚至自以為勝，置身於人生陷阱中而不知，這才是一種人生的悲哀。

75. 暴露野心，事多艱險

每一個人想在將來實現什麼願望，就應該先有堅強的決心，然後樹立絕對的信心，並朝著這個目標奮進，否則就無法到達目的地。這是正確的，但也不能過早地暴露野心，那只會平添煩惱，因為生活中總會有些人會暗中給你使絆子。

雖然近年來，注重家庭的人愈來愈多，有的人已開始不注重公司裡的升遷問題，認為家庭能夠美滿、快樂最重要，其實這種想法更有助於補貼人生的幸福。

但是，另一方面，目前的時代和過去不相同，由於僧多粥少，使得升遷的機會大大降低。前些時候，只要是一流大學的畢業生，便可以保證升遷到某種職位。但最近則不可能如此簡單，一般的情況，無論是否一流大學畢業，頂多只能升到部門經理，何況是二流大學畢業的當然更不容易獲得升遷。於是，一些惡性競爭就競相登上舞臺大演醜劇。

小華原是某鎮政府一位普通職員，可小華很走運，硬是被鎮長鄭直看中，一直都是鄭直親手扶持和栽培他。小華和鄭直成了好朋友。春風初度，人們一致認為總有一天小華會成為鄭直的接班人。小華也很以為得意，對自己的前途也愈發躊躇滿志。不久，機會終於來了，鄭直任期屆滿，下屆鎮長的選舉工作也已排上了日程，除了鄭直外，小華成了鄭直以外唯一的差額候選人。鄭直暗想，小華是自己親手提拔起來的，從資歷和業績上都不能與自己分庭抗禮，從個人感情上看，他也更不可能上樓抽梯。但事情的發展並不像鄭直想像的那麼簡單，選舉結果出來後，小華與鄭直票數相等。鄭直吃驚不小，仔細計算才發現，選舉中不但自己投了小華一票，而且小華自己也投了自己一票。鄭直坐不住了，到幾位老朋友中一打探才知道，小華在背地裡搞了不少「小動作」。尤其是祕書潘高的話更讓他大吃一驚，為了拉到選票，小華許諾潘高，若能在本次選舉中勝出，日後可考慮讓他當組織委員。鄭直聽後，不禁心寒。驚醒之後不得不使出最後的殺手鐧，在第二輪競選中也自己投了自己一票，終於徹底擊敗了小華。事隔不久，小華便因「工作需要」成了後勤食堂裡的一般職員。他感嘆自己的命運陷進了「成也蕭何，敗也蕭何」的惡性循環，卻又啞巴吃黃連 —— 有苦難言。當有朋友問及他的失敗原因，他深有感觸地說：「這一切只緣於我在鄭鎮長和眾人面前暴露了自己向上爬的野心。」世上的成功者往往是那些韜光養晦和深藏若虛的人。

朋友們發現，經過一番挫折之後，小華終於醒悟過來了。看來，用不了太長的時間，他即能從人生的陷阱中跳出來。

76. 輕易跳槽，終無建樹

在今天的社會中，跳槽已不是什麼新鮮事兒，畢竟「人挪活，樹挪死」嘛。但在跳槽中，也確實存在著一些人生陷阱。

跳槽對人的職業發展而言是一把雙刃劍，過於頻繁地更換單位或者工作，根本不利於專業經驗和技能的累積，同時，也難以儲備足夠的企業文化和企業精神。

一般地說，在人事部主管眼中，大學畢業後第一個五年中出現的跳槽經歷根本不能為自己加分，即使被錄用也只能當新手培訓；畢業後做滿 5 到 6 年以後再跳槽，才能被列為初步有經驗的人員，可以作為熟手錄用，在一線獨當一面；畢業後做過 8 到 9 年的工作可為你加分不少，跳槽後一般經歷 6 個月的考察期就可以升為主管。畢業後 5 年內跳槽次數越多，常常使你已獲取的工作經驗貶值得越厲害，從而出現不是「報酬往高處」走，而是「報酬踏步不前」的狀態。在別人每年都從業績良好的公司裡按部就班取得 5%——15%的加薪時，你的踏步不前事實上就是「水往低處流」了。

根據最新的一項調查顯示，大家更換工作的頻率已經越來越快，平均 5 年換一次工作，青年人跳槽的頻率還要快得多。

社會固然需要一定的複合型和通用型的人才，但社會經濟的健康發展還是由那些專業人才來維繫著的。世界著名企業之所以能夠不斷發明出獲得專利的新型產品，就與他們擁有大量的各行各業的高、精、專業人才有關。因此，專家建議青年人要立足於自己的專業刻苦鑽研，不要被暫時的炫目光環迷住眼。

滾石不生苔。跳槽太過頻繁的人，往往是得不償失的，因為工作能力的培養，都要經過一個相對長的時間才能真正掌握。如果經常跳槽轉行，往往容易成為「萬金油」，即什麼都會一點，什麼都不精通、不專業。這樣到頭來，自己在哪個行業中也不是真正的菁英，不能成為其中的領頭羊，人生也就無成功可言了。

在蝴蝶尚未成為蝴蝶之前，必須有儲蓄自己能力的這一段對間。

- 從刁難你的人那裡獲得力量。
- 學會忍耐，等待時機。
- 歷練你處世的能力。
- 儲蓄你騰飛需要的所有能力。
- 從細節做起。

當然這並不能絕對化，並不是說轉行的人必定失敗，天底下沒有這麼絕對的事。而事實上，跳槽後變得富裕的人並不在少數。但話說回來，跳槽後成就不如老本行的人也很多。這些人有的還不死心，仍在期待「明天會更好」，有的則早已向後轉，回到老本虧進去了。也許你會說：「我沒有看到跳槽後失敗的人！」而實際他們人都好面子，他跳槽失敗會告訴你嗎？

那麼，跳槽之前要三思，思些什麼呢？

本行是不是沒有發展了？同行的看法如何？專家的看法又如何？如果本行真的已無多大發展，其他工作有無出路？如果有人一樣做得好，是否說明了所謂的「無多大發展」是一種錯誤的認識？

是不是真的不喜歡這個行業？或是這個行業根本無法讓自己的能力得到充分的發揮？換句話說，越做越沒趣，越做越痛苦？

對未來所要轉移的行業的性質及前景，是不是有充分的了解？自己的能力在新的行業是不是能如魚得水？而自己對新行業的了解是否來自客觀的事實和理性的評估，而不是急著要逃離本行所引起的一廂情願式的自我欺騙？

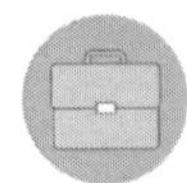

跳槽之後，會有一段時間收入青黃不接，甚至影響到生活，自己是不是做好了心理準備？

如果一切都是肯定的，那麼你可以跳槽。

要選擇好適合自己的職業，圈好自己的地，在這個圈子內發展，這是走上成功的前提條件。俗話說：「常移植的樹長不大。」輕易跳槽應該說也是人生的一大陷阱。

77. 空自逞能，結局堪憂

空白逞能的人，是對自己不負責的人。

一個真正渴望成功的人，即使在他忍無可忍時，他也不會輕易妄自逞能，因為這只會讓逞能者自己步入人生陷阱之中。

有一位大學生，他分配到了一家貿易公司。他的能力很強，也很上進，工作十分努力，但一直做了幾年，他還是沒有晉升的機會。與他一起進公司的人有的都做了主管，但他還是一個最底線的員工。其實，同事們都知曉其中的原因，只有他老是想不清楚。

有一次，他的主管正和公司老闆一起檢查工作，當走到他的辦公室時，他突然站起來，對自己的主管說：「經理，我想提個意見，我發現我們部門的管理比較混亂，有時連一些客戶的訂單都找不到。」也許他說的是事實，但此事的後果都可想而知了。

或許，這個人也是為了公司的利益，並且想改進工作。是的，他的本意不錯，但我們要了解人性的另一個方面，誰也不願當眾出醜，即使有些人能做到前仇不計，但卻忘不掉當眾受辱使人難堪的事。所以這件事可能會產生一些潛在的後果：一方面雙方心裡都有疙瘩，受到指責的人因為有損自尊，終究不能釋懷；指責他人者心理也總是擔心被整，時時提防。另一方面可能埋下後來爭鬥的種子，表面上看起來平靜無波，主管當場接受意見，但心裡卻可能耿耿於懷，要伺機報復。

一般說來，那種真君子、大度量的上司雖有，但大多數上司還是不想讓人當眾指責自己工作中的疏忽和漏洞，特別是當著自己的老闆，這樣的做法會影響你上司的前程，即使你說得再對，如果他因此而失去了自己的職位，他還會感謝你的提議嗎？如果他對你不滿，也許會做出一些對你不利之事。

- 冰凍你，不給你事做。你臉皮再厚，也不可能每天閒著沒事吧。
- 雞蛋裡挑骨頭。明明你工作做得不錯，但他就是不滿意，總是挑毛病。
- 給你做出不良的業績考核。業績不好，加薪、升官還有希望嗎？
- 分化你和同事之間的感情，造成你的孤立。
- 當眾給你難堪。例如在開會的時候批評你，作為上司，他有批評你的權力。

總之，你的上司比你的權力更大，不管他使出上面的哪一招，都能讓你這個當下屬的坐立難安。如果你想越級打小報告，除非你證據充分，而且你的上司錯誤嚴重，否則是不會有太大的效果，因為他畢竟是老闆提升上去的。

由此看來，想辦法把他弄下去不就行了。如果你確有證據，足以讓他下臺，也未必不可，但這樣一來，你會引來一個「好鬥」的評語；除非你手上有豐富的資源可以分配，否則人人會敬你而遠之，因為他們怕不小心地被你鬥倒。而更嚴重的是，你把現在的上司鬥走了，新的上司會怕接近你，他也怕被你鬥倒。

所以，如果有意見，一定要找到一種穩妥的方式和上司溝通，最好出之以禮，即使內心不服，也不能當眾指責，如果你羞辱他人，只說明你顯得還不成熟，缺乏理性罷了。

如果你因為年輕氣盛，不小心當眾讓你的主管出醜和難堪，而且你也不想離職，那就趕快向上司道歉，這是唯一可取的彌補措施，也許你的上司看到你的低姿態，會認為你當時並不是出於其他什麼目的，而會原諒你。如果不去道歉，後果會很糟糕 —— 那會讓你無路可走，結局可想而知。

78. 難耐清冷，難成氣候

人在社會上生存，即使際遇再佳的人也不可能一輩子不會遭到冷遇，與其在冷板凳上自怨自艾，疑神疑鬼，不如調整自己的心態，把冷板凳坐熱。

在足球比賽中，除了上場踢球的十一個隊員外，還有幾個隊員是不能上場的，俗稱板凳隊員。在一場比賽中這些板凳隊員有的只能上場幾分鐘，有的連上場的機會都沒有。所謂「冷板凳」就是指這種情況，只要還坐「冷板凳」，就還算隊中的一員，就總有上場的機會。如果一個球員連冷板凳都坐不住，便就永遠失去了上場的機會，也就無從施展自己了。

小何是一個貿易公司職員，在剛進公司時很受老闆賞識，但不知怎的，在並沒犯什麼錯誤的情況下，他被冷凍了起來，整整一年，老闆不召見他，也不交給他重要的工作。他忍氣吞聲地過了一年，老闆終於又召見他了，給他升了官，加了薪，同事們都說他把冷板凳坐熱了。

人不可能指望自己時時刻刻都走運，也不可能讓人人都當你是天上掉下來的林妹妹。廟裡的菩薩，三年未受一炷香是很尋常的事，卻也不見得就把廟拆了，大凡坐冷板凳總是有原因的。

- 本身能力欠佳。只能做一些無關緊要的事，但還沒有到必須開除的地步。在工作中犯了錯誤，使你的老闆和上司對你的工作能力失去信心，只好暫時把你冷凍起來。
- 老闆或上司有意考驗你。人要做大事必須有面對挑戰的勇氣，面對困難的耐心，同時還要有身處孤寂的韌性。有時要培養一個人，除了讓他做事之外，也要讓他無事可做，一方面觀察，一方面訓練，這種考

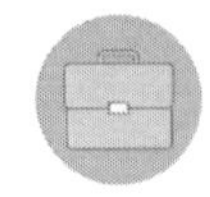

驗事先是不會讓你知道的，知道就不會是考驗啦。

- 人事鬥爭的影響。只要有人的地方就有鬥爭，公司企業也不例外。老闆也會受到員工鬥爭的影響，如果你不善鬥爭，那麼就很有可能莫名其妙地失了勢，坐起冷板凳來。
- 大環境有了變化。都說「時勢造英雄」，很多人的崛起是由環境造成的，因為他的個人條件適合當時的環境，可當時過境遷，英雄便無用武之地，這時候就只好坐冷板凳了。
- 領導者的個人好惡。這沒什麼道理好說，反正上司或老闆突然不喜歡你了，於是你只好坐冷板凳了。
- 冒犯了上司或老闆。寬宏大量的人對你的冒犯無所謂，但人是感情動物，你在言語或行為上的冒犯如果惹惱了他，你便有坐冷板凳的可能。
- 威脅到老闆或上司。你能力如果太強，又不懂得收斂，讓你的上司或老闆失去安全感，那麼你便會受到冷凍，老闆怕你奪走商機去創業，上司怕你奪了他的位置，冷板凳不給你坐，給誰坐？

坐冷板凳，遭到冷遇的原因還很多，無法一一列舉。

大凡人一旦遭到冷遇，都難免會自怨自艾，疑神疑鬼而不去冷靜思考、尋找原因。仔細想想，坐冷板凳也未必是什麼壞事情，大可藉此機會調整自己的心態，蓄勢待發，把冷板凳坐熱，待時機到來時，再大顯身手。

面對冷遇，我們應該以積極忍耐的姿態等待，這樣才能化消極因素為積極因素，化被動為主動。

強化自己的能力。在不受重用的時候，正是你廣泛徵集、吸收各種情報的最好時機，能力強化了，當時運一來，便可跳得更高，表現得更耀眼。而在這段坐冷板凳期間，別人也在觀察你，如果你自暴自棄，那麼恐怕要坐到屁股結冰了，而且若有惡評，恐怕再翻身就很困難了。

以謙卑來建立良好的人際關係。人都有打落水狗的劣根性，你坐冷板凳，別人巴不得你永遠不要站起來。所以要謙卑，廣結善緣，更不要提當年勇。提當年勇，不但於事無補，還會使你墜入懷才不遇的情境中，徒增自己的苦悶。

要採取寬恕的態度。言談舉止中且輕且淡，既可見自己的風度，也可留有餘地。這種方式比破口指責、揚長而去更能讓人接受。

79. 事無輕重，人難成功

假如我們仔細地觀察人們做事的模式，就不難發現事都是有一些共性的。

- 先做喜歡做的事，然後再做不喜歡做的事情。
- 先做熟悉的事情，然後再做不熟悉的事情。
- 先做容易做的事情，然後再做難做的事情。
- 先做只需花費少量時間即可做好的事情，然後再做需要花費大量時間才能做好的事情。
- 先處理資料齊全的事，然後再處理資料不齊全的事。
- 先做已排定時間的事，然後再做未經排定時間的事。
- 先做經過籌劃的事情，然後再做未經籌劃的事。
- 先做自己的事，然後再做別人的事。
- 先做緊迫的事，然後再做不緊要的事。
- 先做有趣的事，然後再做枯燥的事。
- 先做易於完成的整件事或易告一段落的事，然後再做難以完成的整件事或難以告一段落的事。
- 先做自己所尊敬的人或與自己有密切的利害關係的人所拜託的事，然後再做自己所不尊敬的人或與自己沒有密切的利害關係的人所拜託的事。
- 先做已發生的事，後做未發生的事。

這些行為方式大致上都不符合有效的生活和工作方式的要求。實際上，科學有效的方法是：按事情的重要程度編排行事的優先次序。所謂重要程度，即指對實現目標的貢獻大小。對實現目標越有貢獻的事越重要，它們越應獲得優先處理；對實現目標越無意義的事情，越不重要，它們越是應延後處理。

在這十三種決定優先順序的失誤準則中，對人最具支配力的當屬第 9 種：先做緊迫的事，再做不緊迫的事，換句話說就是按事情的緩急程度決定行事的優先次序，實際這是極為違反客觀規律的做事方式。

固然事情的緩急程度是任何一位管理者所不容忽視的，但在考慮事情的緩急程度之前，首先應先衡量它的重要程度。相信你對按輕重緩急辦事這句話早已熟悉。從時間管理的角度來看，大多數的人在編排行事的優先順序時，所考慮的是事情的緩急，而非事情的輕重，難怪人們經常把每日待理的事區分為三個層次處理：今天「必須」做的事（即最為緊迫的事）；今天「應該」做的事（即較不緊迫的事）；今天「可以」做的事（即不緊迫的事）。

假如越是緊迫的事，其重要性越高；越不緊迫的事，其重要性越低，依循以上的優先次序辦事並無不妥。可是在多數情況下，越是重要的事偏偏越不緊迫。它們往往因不具緊迫性而被無限期地延遲辦理，至於許多緊迫的事情，則往往不具重要性，如面對不速之客的拜訪，外來的電話等皆是。按事情的緩急程度辦事的人不但使重要的事情的履行遙遙無期，而且使自己經常處於危機或緊急狀態之下。

工作計畫的編制就是一個典型的例子。任何一個人都承認，工作計畫的編制是極其重要的事，但若現在距離提出工作計畫的截止日期尚有三個月時間，則一般人大概不會將它視為今天「應該」做的事，更不會將它視為今天「必須」做的事，很有可能將它視為今天「可以」做的事情。既然它是「今天可以做的事情」，它也是「今天可以不做的事情」，因此它將不斷地被拖延下去。直到截止日期之前數天，這些人才如臨大敵般地處理緊急事務，結果不是遲交了業務報告，就是草率地應付了事。經過這一番掙扎之後，有些人可能信誓旦旦地下定決心，下一年度的業務報告將提早準備。但是除非他們能徹底改變按緩急程度辦事的習慣，否則到了下——年度他們仍將重蹈覆轍。

人們做事時不應全面否定按事情的緩急程度辦事的習慣。在此需要強調的是，在編排行事次序時應先考慮事情的輕重，然後再考慮事情緩急。

根據這個見解，人們值得考慮採取的辦事次序應該是：

- 重要且緊迫的事。
- 重要但不緊迫的事。
- 緊迫但不重要的事。
- 不緊迫也不重要的事。

按事情的「重要程度」編排行事優先次序的準則，是建立在「重要的少數與瑣碎的多數」原理的基礎上。

這個原理是 19 世紀末期與 20 世紀初期的義大利經濟學家兼社會學家維弗烈度・帕累託 (Vilfredo Pareto) 所提出，他的大意是：在任何特定群體中，重要的因子通常只占少數，而不重要的因子則占多數，因此只要能控制具有重要性的少數因子即能控制全域性。整個原理經過多年的演化，已變成當年管理學界所熟知的「80 ／ 20」原理 —— 即 80%的價值是來自 20%的因子，其餘的 20%的價值則來 80%的因子。「80 ／ 20」原理對人的一個重要啟示便是：避免將時間花在瑣碎的多數問題上，因為就算你花了 80%的時間，你也只能取得 20%的成效。你應該將時間花在重要的少數問題上，因為掌握這些重要的少數問題，你只要花 20%的時間，就可取得 80%成效。

80. 痴迷心竅，自毀一生

生活中，有一個殘酷的事實就是，並不是每一個人都有機會往上爬。許多企業內部，只有少數人能得到晉升，理由很簡單，主管的位置畢竟只是占極少數。但有的人一定要抓緊繩索，不達到晉升就認為自己是失敗者，就難以愉快地生活，這實在是鬼迷心竅，自尋煩惱。

很多人把晉升當成是一種自然法則，卻沒有察覺到，自己可能天生不是塊當主管的料 —— 這個世界，除了向上爬以外，畢竟還有很多其他值得追求之物。

「爬得愈高愈好」 —— 幾乎沒有人懷疑過這句話，相信這是不容爭辯的真理。

大多數上班族都有這一個共同的夢想，就是不斷地努力往上爬，有朝一日做到主管，甚至更高的位置。在會議桌上，自己扮演那個發號施令的角色，而下屬則帶著敬仰自己的眼光，接受自己的任務指派。

從小到大，大多數人總是被教育要力爭上游，所有的偉大傳記或者名人成功故事告訴我們：人生是一條往上爬的道路，一步要比一步高。延伸到工作的場合，尋求升遷，就是極為普通的心態。

大多數人把升遷看成是一種加冕儀式，表示自己的能力被認定，由於工作表現好，因而被提拔賦予更新、更富有挑戰性的事。事實上，在每一個企業與組織內部，的確有非常多的人已經面臨「零晉升」的狀態。這些人中，不乏拼了老命做事卻還等不到糖吃的例子。他們一心以為，只要嚴厲地驅策自己，甚至放棄個人休息時間，週末和晚上也不停地加班，總有一天，好運會落到自己頭上。

不過，有時候偏偏事與願違，他們往往沒有察覺到，升不升上去，不見得是機遇問題，而是適性問題。雖說在某些公司年資是決定一個人升遷與否的重要理由，但有的時候，則是一些你所不能控制的因素在左右著人的發展。

譬如，假如一個人不巧正是在一個很差勁的主管手下工作，那麼，他的升遷恐怕就會受到嚴厲的限制。由於主管自己的能力不行，就會刻意打壓部屬，害怕能幹的員工爬到自己的頭上，讓自己備受威脅。還有的時候，是一個人工作的環境正面臨生死存亡問題，公司營運不好，老闆每天為了赤字搞得焦頭爛額，根本無暇顧及人們的升遷。

還有一種，則是你效命的公司是一家家族企業，所有重要的職務都已被老闆自家人占據，你想晉升，那是痴人說夢。碰到這些情況，除非你不信邪，偏要賭賭自己的運氣，否則你唯一的選擇，就是自動走開，另謀高職，到別家試試或許還有機會。不過，還有一種情況，那就是「零晉升」；如果你是屬於這類，顯然就是自尋煩惱。

管理學上有一個著名的「彼德原理」，其大意是，人們不斷追求往上晉升，直到他們達到個人能力的極限為止。很多人把晉升當成是一種自然規則，卻沒有察覺到，自己可能天生不是塊當主管的料。這種人最明顯的特徵是，一旦有一天你真的坐上主管的位置，突然發現自己的世界完全改變了，並且令你手足無措。你發現不僅你的工作責任加重了，就連你和同事之間的關係也變得十分尷尬。原來一起工作的夥伴，認為你已不再是他們中的一員了，處處和你劃清界線，刻意和你拉開距離，而你則是夾在「又是別人的上司，但又希望做別人的朋友」的兩難之中。

此外，最不能躲避的就是別人對你可能產生嫉妒，他們也許並不認為你是完全靠真材實料獲得晉升，而是被哪個所謂的「貴人」提拔了。

還有，爬得愈高的人，通常也會愈感到孤獨，覺得了解自己的知心朋友愈少，家庭生活、個人時間甚至自身健康都漸漸被犧牲掉。假使你對改變的世界感到不自在，甚至大大影響你的工作，你就必須想想，這樣的升遷對你是否值得。你必須認清一個事實：成功與失敗的機會往往是相等的。

在過去，人們普遍追求成功的心態，大家彷彿在事業上一定要拼出個你死我活。然而，大力鼓吹這種競爭的結果往往是把每個人弄得精疲力竭，因為廝殺之後的戰利品，不是高枕無憂，而是永無安寧之日。

率先提出「彼德原理」的勞倫斯．彼德（Laurence Peter）曾經說過：「真正的進步是向前推進，過上更完善的生活，而不是向上擠到生命的完全不適應。」我們傾向於往我們不適合的階層攀爬，但環顧四周，看到的卻比比皆是盲目追求下的犧牲者，這些人在自找的人生陷阱中不能一日安寧。這不可能是成功的人生。

一個人對仕途有企圖心不是壞事，我們可以為此定出計畫，但卻不要因此受到束縛，只要懷有這樣的「平常心」，經過種種努力後，即使不升官，也同樣能感到滿足。

彼德博士說得好：「我鼓勵提供改善人類生活品質的藥方，而不鼓勵輕率晉升。」畢竟，除了向上爬以外，這個世界上還有很多其他的東西值得追求，晉升也不是衡量成功的唯一標誌。

81. 單槍匹馬，終是孤軍

有句話說「七分努力，三分機遇」。我們一直相信「愛拼才會贏」，但偏偏有些人是拼了也不見得贏，關鍵可能在於缺少「貴人」相助。

在攀向事業高峰的過程中，「貴人」相助往往是不可缺少的一環。有了「貴人」，不僅能縮短成功的時間，還能壯大一個人自身的籌碼。

一個人離鄉背井，初到一個陌生的地方謀生，不知何處才是落腳之地，就在你感到茫然無助的時候，遇到一位好心人替你指點迷津，就能解決你的難題。

除非一個人運氣特別差，否則，在每一個人的一生中，都總會碰到幾個「貴人」，比如說，你在工作中一直不是很順利，表現不佳，心灰意冷之餘，你開始想打退堂鼓，你的一位上司卻在這時候拉了你一把，設法幫助你跨過了門檻，重燃你的鬥志。

「貴人」可能是指某位身居高位的人，也可能是指令你心儀亟欲模仿的對象，無論在經驗、專長、知識、技能等各方面都比你略勝一籌。因此，他們也許是師傅，也許是教練，或者是引薦人，也許是只碰過一次面的某個人，但就是他照亮了指引了你的方向、你的生活。

有「貴人」相助，的確對事業有助益。有一份調查表明，凡是做到中、高級以上的主管，有90%的都受到栽培，至於做到總經理的，有80%遇到過「貴人」，自己創業當老闆的，竟然100%全部都被別人幫助過。這是一個必然，一個人想在社會上成事立足也只能如此，才能壯大羽翼。單憑一己，能成的事也是微乎其微的一些小事。

不論在何種行業，「老馬帶路」向來都是傳統。目的不外乎是想栽培後進，儲備接棒人才，這些例子在運動界、藝術表演界、商界頗多，在生活中也多的是。

有人說，政治圈是人際關係現象最盛的，各路人馬結黨結派毫不鮮見。誰是受誰提拔的，誰和誰相互幫忙，誰跟誰彼此利益輸送……若論起每個人的背景來頭，幾乎都有穩當有力的靠山撐腰，好像少了這層保護罩，就很難在複雜的政治圈裡出頭露面。

話雖如此，沒有「貴人」比較難成氣候，但若要被「貴人」相中，首要條件還是在於，被保送上壘的人究竟有沒有兩把刷子。俗話說，師父領進門，修行在個人。如果你一無所長，卻僥倖得到一個不錯的位置，保證後面一堆人等著想看你的笑話。畢竟，千里馬的表現好壞與否，代表了伯樂的識人之力，找到一個扶不起的阿鬥，對「貴人」的薦人能力，也是一大諷刺。

除了基於特殊的愛才、惜才之人外，一般而言，「貴人」出手，多少都帶有一些私心，目的在於培養班底，鞏固勢力。但也有一旦接班人羽翼豐盈之後，立刻別築它巢，導致與師傅失和，反目成仇，這類故事自古至今屢見不鮮。

良好的「伯樂與千里馬」關係，最好是建立在彼此各取所需、各得其利的基礎上。這絕不是鼓勵唯利是圖，而是強調彼此以誠相待的態度，既然你有恩於我，他日我必投桃報李。

其實，千里馬與伯樂之間微妙的關係，往往是「愛恨交織」，又期待又怕受傷害。所以，雙方在互相「下注」以前，最好能三思而後行。

如果，你正打算尋找一位「貴人」，有一些原則是必須謹記的。

- 選一個你真正景仰的人，而不是你嫉妒的人。絕不要因為別人的權勢，而猶抱琵琶半遮面，另搭順風車。
- 摸清「貴人」提拔你的動機。有些人專門喜歡找弟子為他做牛做馬，用來彰顯自己的身分。萬一出了事，這些徒弟不僅撈不著好處，還可能成為替罪羔羊。

- 要知恩圖報，飲水思源。有些人在受人提拔，功成名就之後，往往就想雙手遮掩過去的蹤跡，口口聲聲說「一切都是靠我自己努力」，一腳踢翻別人對他的照顧。如果你不想被別人指著鼻子大罵「忘恩負義」，可千萬別做這種傻事。

有了「貴人」的提攜，加之個人的能力與努力，你一定比別人捷足先登成功之梯。不過在這裡還是要提醒一句，「貴人」不是自動找上門來幫你的，還是在於你必須具有良好的人際關係，謙恭的學習態度和吃苦耐勞的本質等，否則「貴人」也就不是貴人了。

82. 依賴心重，人生路窄

世上有一種人，總是存在極深的依靠心理 —— 依靠拐杖走路，尤其是依靠別人的拐杖走路。然而對於成大事者而言，他們的習慣選擇是：扔掉別人的拐杖，邁動自己的雙腳。

人們經常持有的一個最大謬見，就是以為他們永遠會從別人不斷的資助中獲益。其實，這種一邊倒的情形長久不了，試想，這種永無止境的單方面付出誰受得了呢？

力量是每一個志存高遠者的目標，而依靠他人只會導致懦弱。力量是自發的，不能依賴於他人。坐在健身房裡讓別人替我們練習，我們無法增強自己肌肉的力量。沒有什麼比依靠他人的習慣更能破壞自己獨立自主能力的了。如果你依靠他人，你將永遠堅強不起來，也不會有獨創力。要麼拋開身邊的拐杖獨立自主，要麼埋葬雄心壯志，一輩子老老實實做個普通人。

年輕人需要的是原動力，而不是依靠。他們天生就是學習者、模仿者、效法者，如果給他們太多幫助，他們很容易變成仿製品。當你不提供拐杖時，他們就會無法獨立行走，只要你願意，他們就會一直依靠你。

愛默生 (Emerson) 說：「坐在舒適軟墊上的人容易睡去。」

依靠他人，覺得總是會有人為我們做任何事，所以不必努力，這種想法對發揮自助自立和艱苦奮鬥精神是致命的障礙，也是一個可怕的人生陷阱。

「一個身強體壯、背闊腰圓，重達 80 公斤的年輕人竟然兩手插在口袋裡等著資助，這無異是世上最令人噁心的一幕。」一位強者如此說，真是一字千鈞。

82. 依賴心重，人生路窄

你有沒有想過，你認識的人中有多少人只是在等待？其中很多人不知道等的是什麼，但他們的確在等某些東西。他們隱約覺得，會有什麼東西降臨，會有些好運氣，或是會有什麼機會發生，或是會有某個人幫他們，這樣他們就可以在沒受過教育，沒有充分的準備和資金的情況下為自己獲得一個開端，或是繼續前進。

有些人在等著從父親、富有的叔叔或是某個遠親那裡弄到錢，有些人是在等那個被稱為「運氣」、「發跡」的神祕東西來幫他們一把。

我們從沒聽說某個習慣等候幫助，等著別人拉扯一把，等著別人的錢財或是等著運氣降臨的人能夠真正成就大事。

只有拋棄身邊的每一根拐杖，破釜沉舟，依靠自己，才能贏得最後的勝利。自立是開啟成大事之門的鑰匙，自立也是力量的源泉。

一家大公司的老闆曾說，他準備讓自己的兒子先到另一家企業裡工作，讓他在那裡鍛鍊鍛鍊，吃吃苦頭。他不想讓兒子一開始就和自己在一起，因為他擔心兒子會總是依賴他，指望他的幫助。

在父親的溺愛和庇護下，想什麼時候來就什麼時候來，想什麼時候走就什麼時候走，這樣的孩子很少會有出息，只有依靠自己才能培養成就感和做事能力。把孩子放在可以依靠父親或是可以指望幫助的地方是非常愚蠢的做法，在一個可以觸到底的淺水池是無法學會游泳的，而在一個很深的水域裡，孩子會學得更快更好，當他無後路可退時，他就會安全地抵達河岸。

依賴性強、好逸惡勞是人的天性，而只有突臨的逆境才能激發出我們身上最大的潛力。待在家裡，總是得到父親幫助的孩子一般都沒有太大的出息，就是這個道理。而當他們不得不依靠自己，不得不動手去做，或是在蒙受了失敗之辱時，他們通常就能在很短的時間內發揮出驚人的能力來。一旦你不再需要別人的援助，自強自立起來，你就踏上了成功之路。

一旦你拋棄所有外來的幫助，你就會發揮出過去從未意識到的力量。

世上沒有比自尊更有價值的東西了，如果你試圖不斷從別人那裡獲得幫助，你就難以保有自尊；如果你決定依靠自己，獨立自主，你就會變得日益堅強。

你有時候會覺得能夠獲得外部的資助是一種幸運。但是，從不利的方面看，外部的幫助常常又是禍根，給你錢的人並不一定是你最好的朋友。你的朋友是鞭策並迫使你自立、自助的那些人。

有很多殘疾人，他們只有一條腿、一隻手，卻能自食其力，而你作為一個身體健全、能夠工作的人還要指望別人的幫助，這簡直是荒謬透頂。

沒有哪個寄人籬下的健全人覺得他是個真正的男子漢。當一個人有了自己的工作、自己的職業，他就會力量倍增，充滿活力，內心充實，這種感覺是什麼都不能替代的。責任感往往帶來能力，許多年輕人在第一次經歷失敗後才發現了真正的自我，而在此之前他或許已經為別人工作多年了，都沒有找到真正的自我。

通常，為別人工作是無法發揮出一個人的所有潛力的，因為沒有動力，沒有雄心壯志，沒有熱情。不管他責任心多強，都難以激發出所有潛在能力。人身上最可貴的品質是獨立、自強和獨創力，而為人工作時這些品質往往是難以充分展現的。

風平浪靜時駕駛一艘船並不需要多少技巧和航海經驗，只有當海上颶風驟起，波濤洶湧時；只有當輪船在波峰浪谷間艱難前進，隨時有滅頂之災時；只有當甲板上一片恐慌混亂，船員們都要造反時，船長的航海經驗才得到了考驗。

只有當大腦受到最嚴峻的考驗，只有當年輕人具有的每一點智慧才華都要全部調動起來時，他才會發揮出最大的能量。要想沒有風險地把一小筆錢變成一項大事業，這需要經年累月的努力，這需要不斷地想辦法保持好形象，爭取並穩住顧客。當資金短缺、生意清淡、開支高漲時，真正的男子漢就會大顯身手，鋒芒畢露。沒有奮鬥，就沒有成長，不能拋開身邊的拐杖，也就沒有個性。

不努力學習勤奮工作、不爭朝夕地完善自我，不能擺脫依賴別人心理的年輕人根本不可能有什麼出息，只有經過生活的磨練，人才能變得堅強。只有去爭取、去奮鬥，才能變得有意志力。

83. 愛情錯覺，迷幻人生

落花有意，流水無情，這本是人生常事，不足為怪。落花無意，流水有情的其實也很多。而且這種事，有時真叫人哭笑不得，有時甚至鬧出很大的矛盾與糾紛。

有一天晚上，快十點了，某大學女生宿舍的管理員陳大姐準備關宿舍的大門了。在黑暗中，看到一個黑影蜷縮在樓梯口。

「誰？」

「是我。」

「你是誰？」陳大姐扭亮了走廊上的燈。

「我是中文系三年級的，我叫王彤。」

陳大姐一看，是一個佩戴本校校徽的男學生，於是厲聲問道：「你在女宿舍門口做什麼？」

「我在等沈小麗。」

「沈小麗？你們約好的嗎？」

那個男學生點點頭。

於是陳大姐就去找中文系二年級的女學生沈小麗了。沈小麗剛準備就寢，一聽到這件事，生氣地說：「見鬼啦！我什麼時候約他在那裡等我啦？這個人大概有神經病吧。」

這件事第二天反映到系裡去了，於是，班導找王彤談話。原來，王彤對沈小麗有好感。那天晚上，下了晚自習從教室出來，王彤看到沈小麗朝他笑了一笑，就認為沈小麗對他有情意，是一種約會的暗示，於是就跟她到了女生宿舍。沈小麗也沒在意後面還有人，自顧自地進了房間。王彤就在外面傻等。

當然，王彤受了批評。班導勸告他要集中精力讀書，不要想入非非。可是王彤還不服氣，他說：「沈小麗確實對我有意思呢！」

其實，沈小麗對王彤一點也沒有這種心思，而王彤產生的不過是一種戀愛錯覺。所謂錯覺，就是一種錯誤的認識或感覺，是一種感情上的誤會，說白了，就是單相思。

《詩經》上說：「窈窕淑女，君子好逑。」對某個異性產生愛慕之心，這是人之常情。但是，自己對某人有意思，對方對自己有沒有意思呢？這就要仔細分析。

這種單相思可以分為兩種：一種是毫無理由的單相思。對方毫無表示，甚至對方還不認識自己，而自己執意地愛對方，想追求對方。這種戀愛，是純粹的單相思；另一種是自以為有理由的單相思，錯以為對方對自己也有情，把落花無意看成是落花有意，就像王彤那樣，產生一種戀愛錯覺，這是假雙向，真單向。

如果人們陷在第一種單相思中，比較容易自拔。甲愛乙，但以後發現乙並不愛自己，這件事也可能就此了結。麻煩的是第二種單相思，由於戀愛錯覺的存在，人們可能不能自拔，往往會做出一些傻事、蠢事，甚至是很大的錯事來。

那麼為什麼會產生戀愛錯覺呢？

男女雙方開始戀愛，總是要以發出訊息與接受訊息為媒介的。戀愛錯覺就是接受訊息的一方對訊息產生了誤解。

戀愛是一種十分微妙的心理狀態，戀愛訊息的傳遞也是千變萬化的，它可以分為直接的和間接的兩種：直接的方式比較簡單，它一般用語言或文字來表達，如透過談心、寫信，這種傳遞方式一般不至於引起誤解。但是另一種方式 —— 間接傳遞方式就不同了，在許多場合下，戀愛訊息是透過非語言動作來傳遞的，例如「眉目傳情」、「暗送秋波」就是如此。一般的看人和帶著愛的希冀和追求的目光看人是不同的。有的心理學家說，一般的看人，目光一秒鐘後就會轉移，而且表情呆板、平淡；含情脈脈地看人就不同了，往往採取凝眸的方式，而且盈盈欲語。這種目光，其他人可能朦朧不覺，但當事人卻可能心領神會。戀愛訊息的間接傳遞方式有時也可以透過語言來進行，不過這種語言不是赤裸裸的求愛，而是表面上與愛情無關，實際上很含蓄，其中飽含情意。

有首著名的唐詩：「君家何處住？妾住在橫塘。停船暫借問，或恐是同鄉。」後人評論這首詩意境很深很美，表面上看，這是一個女子和男子說的很普通的話，但是意在言外，就在這普普通通的幾句話裡，含著一種好感、情意和追求，這種情形簡直是人生至美的一種圖景。

我們說戀愛訊息的傳遞比較複雜、微妙，就複雜、微妙在這種間接的傳遞方式上。這種方式，主要包括凝眸、微笑和行動的接近。但是這都存在兩種可能：是眉目傳情還是因為你臉上的有塊墨跡，所以人家盯住你看？是深情的一笑還是禮節性的一笑？是無意的說話還是有情的搭訕？如此等等。

在有些情況下這種現象不容易分得清楚，於是戀愛錯覺就可能產生了。人們容易產生戀愛錯覺，還因為有一種是求證效應的心理作怪。人們對某個事物產生了某種看法或想法，於是他往往有意無意地尋找這一事物的某些表現，來證明自己看法或想法的正確。古代寓言「疑人偷斧」就是這樣：某人的斧子不見了，疑心是鄰居偷的，於是越看這個鄰居就越感到他像個賊。後來這把斧子在自己家裡找到了，再看這個鄰居，怎麼看也不像賊了。這種心理，就是求證效應，求證效應往往使人的認識產生錯覺。

在戀愛問題上也有這種情況：如某男對某女有意，那麼只要某女偶然看他一眼，他也認為這是心有靈犀一點通，於是神魂顛倒，想人非非，造成戀愛錯覺。如果某男對某女並無愛慕之情、追求之意，那麼某女的這看一眼不過只是看一眼而已。

為了防止產生戀愛錯覺，對事情就應採取慎重態度，不要自作多情，做出傻事、蠢事，貽笑大方。如果某個異性朝自己瞟了一眼、笑了一笑，可能是有意，也可能是無意，應該怎樣鑑別呢？

- 考慮對方的表情。如目光停留時間的長短以及其他方面的反映。如果發現一個異性在看你，你也看看他，他十分坦然或是慌亂地轉移目光，這就不一樣。同樣是微笑，袒露的笑和略帶羞澀的笑也不一樣。
- 要看反覆性。如果某些訊息傳遞一再重複，那就值得考慮了；如果這種現象只是出現一兩次，那就不必放在心上。
- 要看連繫性，要把某種訊息和其他連繫起來分析。例如，如果一位四五十歲的婦女老盯著一個二十歲的小夥子看，朝他笑，那是很少有人會認為這是傳遞戀愛訊息的，因為雙方年齡相差太大了，說不定這位婦女是因為這個小夥子長得像她的兒子，所以才對他感興趣的。再如，有個男子經常幫助一位女孩，如果這位男子一貫樂於助人，對誰都是熱心相助，那麼女孩大可不必胡思亂想；如果這個男子對這位女孩是獨加青睞，那麼就值得注意了。

接收訊息者要慎重，發出訊息者也要慎重。現在有少數女子，對待異性很隨便，態度很輕佻，很容易造成對方的戀愛錯覺，出現不必要的麻煩。而且要知道，如果戀愛錯覺和品質惡劣集中在一個人的身上，威脅、報復、誹謗等什麼事都可能發生的，這容易導致一些人生悲劇。

84. 愛也從衆，人生何立

有一位當中學教師的女子，對一位造船廠工人十分鍾情，各方面都滿意，但最後還是和他分手了，這是什麼原因呢？

原來在這位女教師的同事中；沒有一個是找工人做丈夫的。對她的戀愛，大家都勸她不要遷就。開始時，她還想頂一下，可是不久，風言風語就來了：有的說她等級低，有的說她平時倒蠻有傲氣，想不到這個問題上這麼沒志氣等。人言可畏，這位女子終於受不住了，最後她咬了咬牙，斷絕了與那位船廠工人的相愛之情。

這樣的事情，在生活中並不少見。

本來，戀愛是戀愛雙方的事情，誰愛上了誰，誰願意和誰結婚，只要自己滿意就可以了，何必要別人來當裁判呢？但是在生活中，常常有別人怎麼評價，自己也跟著怎麼評價；別人怎麼做，自己也跟著怎麼做的現象，這種心理狀態，就叫從眾心理。

從眾心理是一種比較普遍的社會現象。例如在市場上常常可以看到這樣的情況：兩個相距只有幾步的水果攤，同樣的品種，同樣的質量，同樣的價格。如果甲攤有一些人在排隊購買，乙攤一時無人光顧，這時來兩個顧客，往往也擠到甲攤去，而非乙攤。他們的心理是：甲攤的顧客多，一定是因為甲攤的貨色比乙攤好。大家都如此選擇，我只要隨流就一定不會錯。又如百貨商店門口排起了長隊，有些人經過這裡，往往還沒清楚在賣什麼東西，先排個隊、占個位置再說，他們的心理是：那麼多人搶著買，一定是便宜貨。

生活中還有一些很有意思的現象：在大禮堂開會，如果前幾排有人回頭向後面張望，於是後面那些排的人也就會產生連鎖反應，也紛紛地向後張望，其實後面什麼事也沒有發生。再如社會時尚問題和從眾心理也有著密切的關係，一種衣服、一種髮型、某種生活方式，如果人們對此缺乏從眾心理，就都流行不起來了。

在戀愛、婚姻問題上，從眾心理也有明顯的表示。例如，有個時期人們認為找軍人好，於是不少女孩都願意嫁給軍人；又過了幾年，人們認為知識分子好，於是知識分子在某些女孩心目中就吃香起來了。某人找了個對象，如果周圍的人都誇這個對象好，某人會十分高興，越看越好，感情大為增進；如果周圍的人都說這個對象不好，某人就會大為懊喪，再看看也覺得不那麼好了。那位女中學教師和那個造船廠工人之所以中斷了戀愛關係，就是受從眾心理的影響很大。在從眾心理的影響下，外部評價影響了內部評價，從而使戀愛改變了態度。

從眾心理還有其他許多表現。那麼，為什麼會產生從眾心理呢？

因為對這件事心中無底，認為人家都這麼說，總有一定的道理。例如那位女中學教師，一個人對她說和造船廠工人結婚不合適，她可能還不放在心上，但是許多人都這麼認為，而且一再地向她說，就使她的思想產生了動搖。心想：這麼多人都這樣看，不能不慎重考慮了，眾口鑠金的效果就這麼顯示出來了。

認為這是非原則問題，而遷就了多數人的看法或做法。例如某人的母親在鄉下去世了，他從城裡趕回去料理後事。鄉下辦喪事有不少規矩，有些規矩甚至有些迷信色彩。這人本來是不贊成這麼做的，但是看到多數鄉親都堅持要這麼做也就同意了。隨大流、人云亦云、隨聲附和、未能免俗等等都是這樣。

為保自身安全。例如對一件事，絕大多數人都要那麼做，某個人雖然感到這麼做不太好，但是從個人角度考慮，衡量一下得失，如果站出來反對，就會得罪多數人；如果從眾，即使錯了，大家屁股捱打，也沒有嚴重問題。

迫於壓力。例如那個中學女教師就有這種情況，那麼多人說她等級低、沒志氣，她就受不了了。這就是一種輿論壓力，很容易使人改變對事物的態度。

缺乏主見，缺乏獨立思考的習慣。聽聽這個人這麼講，那個人也這麼講，心就亂了，就會被這種主張牽著鼻子跑了。有主見和從眾心理是基本上相斥的，一個人越是有主見，從眾心理就越弱。

總之，不論是哪個原因，都帶有一定的盲目性。對待事物的態度不是從事實出發，不是經過認真的分析研究從而決定怎麼做，而是隨大流。既然是隨大流，那麼可能隨對了，但是在許多情況下卻可能隨錯了。從眾從得對不對，要看從的「眾」對不對。對周圍的人的普遍看法還是要重視的，如果大家的意見正確，那麼這個「眾」還是應該從的；如果多數人的意見不正確，那麼就不能隨大流了。這裡，關鍵在於自己有沒有獨立思考，對事有沒有主見。至於戀愛、婚姻這些終身大事，更要在重視各方面意見的基礎上自己注意。

有句諺語說：「事情的成功都離不開主見。」有主見，這是人真正成熟的表現。當然，主見要力求正確，有正確的主見，可以說是戀愛、婚姻幸福的重要條件，生活實踐反覆地說明了這一點。而從眾則是一種普通的心理，也是一種普遍的人生陷阱，在愛情與婚姻中應堅決加以杜絕才行。

85. 不持本色，愛也虛空

一般說來，求愛必須以其現實的交往為基礎，在一定認識基礎上的求愛就是現實性的求愛。不過，認識既可以是一個人對另一個人的認識，又可能是雙方的相互認識。因此，現實性的求愛又可以分為兩種：單一認識基礎上的求愛和相互認識基礎上的求愛。前者是一方了解或熟悉另一方，而另一方則不了解或熟悉彼一方；後者是相互了解、互相熟悉。這兩種求愛有可能成功，也有可能失敗。

單一認識基礎上的求愛有如單相思一樣，多半發生於對風流人物的愛。在一個生活區、一個公司、一個群體中，相對來說，總有一個或幾個最出眾的、引人注目的傑出人才。儘管這樣的名人不一定了解、熟悉別人，但別人卻對這樣的人有所了解或比較熟悉。在一個班級中，學生幹部、學習成績好的，在各項活動中表現突出的男生，往往成為女生的進攻對象；而那些比較漂亮的、溫柔可愛的女子則容易成為男生盯住的目標。然而，這種進攻或者追求往往很難成功。

首先，一般人對這些名人注意，但名人不一定對一般人有好感。因為有的名人認為一般人配不上自己，不構成互相建立關係的門當戶對；有的人則認為對方之所以向自己求愛是因為自己有名氣，對方愛的是名氣，而不是自己其人。假如有別人代替了自己的名氣，對方也許就會去愛別人；或者當自己身敗名裂時，對方不一定繼續愛自己，鑒於這種看法，名人就會拒絕自己不太了解的人之求愛。

另外，有的名人或許是因為不了解對方，或者是因為自己正春風得意而「目不斜視」，或者是因為另有選擇等原因而拒絕對方求愛的。其實這些現像在生活中都是極其平常的，並不足以讓人覺得很怪或者不近人情，這一切很正常。

其實，儘管有一些人向名人求愛是因其有名，但有相當多的人則並非如此，他們向名人進攻，絕非為其名氣所吸引，不是愛其名，而是愛其實。只有因為（他）出眾才被了解和認識，名氣並不是愛的對象和原因，僅僅只是誘餌，名人是易於被別人了解的。人們廣泛地尊重、崇拜、宣傳名人，求愛者對其情況可能瞭如指掌，一旦發現名人的思想本質能與自己構成心理平衡，便去求愛。這種人的愛是永存的，不管其名是否長久，因為追求者愛的不是人的名氣，而是有名的人；並且只要是這個人，有無名氣依然愛戀不變。但是，即使如此，名人卻不一定能理解。

因此，要讓求愛成功，必須首先設法讓名人了解自己，進而讓名人理解自己的愛，這就是恰當而充分的自我表露。把自己的基本特性：內在本質、思想情感、價值、信仰體系巧妙地表露給名人，以便他了解、熟悉自己。

其次，也是主要的，就是使名人確信自己的愛是高尚而不是低俗的。這關鍵在於正確地對待名人的名氣，不是瞎吹亂播，而是深入了解、客觀評價；在其得意時，不去捧場沾光；在其困難時，要主動、熱情、真摯地去幫助和支持。只有這樣，才能獲得名人的愛，很多名人愛上一個在眾人看來不相稱的人，其奧祕就在於此。

絕大多數名人討厭那種勢利型的人，每一個人都只愛自己看來值得愛的人，絕不想愛一個奴才。一般來說，關心人、體貼人、賢惠的女子是有名氣的男子所喜歡的，而那些庸俗的女子根本不可能成為其愛人，頂多只能充當一時的玩物。明理、剛毅而有志氣、不卑不亢的男子正是女孩們所要尋求的，而那些低三下四、投其所好、胸無大志的男子會讓女孩們退避三舍，每一個人都是喜歡有志者，在這一點上並無二致。

單一認識基礎上的求愛失敗，求愛者會感到很失望和可惜。因為他失去了一個好的對象，一個值得愛並且已經愛上了的人。自己所愛的得不到是痛苦的，失敗者可能會產生自卑感，或者由自省到自強，在日常生活中，二者都存在。這種現象也多的是，諾貝爾獎得主格林尼亞（Victor Grignard）就是因為受到一位女孩的冷落最後才發奮圖強有所作為的。

求愛的另一種更為普遍的形式是在相互認識基礎上的求愛。在這種情況下，求愛者與被求者之間相互熟悉、有所了解，並有一定的交往基礎，甚至還可能有一段友誼。但是，透過了解後雙方並不合適，即不能達到心理平衡——至少在被求者看來是這樣，或者是出於家庭或其他方面的原因，以致求愛失敗。這種失敗，因為有一段交往，容易被誤解為失戀，即把求愛前的交往特別是友好的交往等同於初戀，把友誼等同於愛情。這是一種最典型的假失戀，這種假失戀者幾乎有失戀者的全部心理和行為表現。

一位在銀行工作的女孩，和在外地大學讀書的男性朋友連繫一年後，互相都有所了解。有一天，男子收到女孩的求愛信，當時他考慮到雙方並不真正、全面了解，時機不成熟，並且大學剛讀一年，因而婉言謝絕了。可是，女孩感到非常苦惱，認為這位大學生欺騙了自己，拋棄了自己，於是就大肆攻擊對方。這位女孩實際上已經視對方拒絕求愛為拋棄自己。然而，每一個人都有愛和求愛的權力與自由，被求者也有自行處理的自由和權力：既可以接受和回報，也可以拒絕。

事實上，求愛失敗並不真的是失戀，求愛只是建立戀愛關係的起點，在這時還根本沒有戀愛，甚至沒有溝通，怎麼可能失戀呢？

因而，失敗者的失戀感覺乃是一種錯覺：把一般的異性交往等同於初戀；把友誼、異性間的關係等同於愛情；把拒絕求愛等同於拋棄愛人，這幾個等式是以認同作用為契機建立起來，這種行為因為自己心中愛對方，並且也希望對方回報自己的愛。因此，就會把對方對自己非愛，但是友好的言行認作為愛的舉動。於是，就以為對方已經愛自己，一旦求愛就可大功告成。但一旦事與願違，失敗者就會把一切罪責都歸於對方，自己在失戀的錯覺世界中向隅哭泣。這種錯覺的產生與中國古老的封建傳統相關。

在當代社會交往中，異性之間除了愛情關係、性關係外，還有更為普遍的和寶貴的朋友關係，愛情之外還有友誼。當代青年切忌把二者混淆，而要清除這種狹隘思想，樹立正確的戀愛觀和人生觀。

86. 人若無趣，愛也無趣

有的人在談戀愛時，對年齡、職業、階層、地域等等都有相當嚴格，甚至近乎苛刻的要求，對某些職業或階層的人一概拒之門外，而對另一些職業或階層的人則舉雙手歡迎。從心理學上說，這樣的人深受社會刻板印象的影響。

在角色認識中，人們對每一角色都有一些固定的、一般性的看法和評價，社會刻板印象，就是人們對某種角色或某種類型的人的一些固定、統一的看法和評價。比如，認為大學生比較自信、高傲和浪漫等等，都屬於社會刻板印象。其實具體到每一個人的情形就會出現千差萬別，用一個單一認識模式來解決具體的愛情婚姻問題簡直是一種冒險。

在人際交往中，人們總是帶著某些刻板印象行事，特別是人們的認識在相當程度上受它的影響。有的人總不免以刻板印象為認識前提和評價參照系，在與別人打交道時總是問其姓名、出身、職業、年齡等等，實際就是想在弄清這些以後，根據刻板印象來認識他、對付他。例如他是一個研究哲學的人，就會以為他能言善辯，因而就會自我暗示：要注意談話的邏輯性和靈活性；如果事先得知與自己打交道的將是一個老人，那就會以愛談舊事、戀過去、比較保守等等。因此，社會刻板印象實際上成為了求愛者的有色眼鏡，從一定意義上決定著人們的認識興趣、情緒、態度和評價。

社會刻板印象是表面的、一般的、籠統的，儘管反映了一定的現實事實，但對於每一個個體來說，則是不具體、不全面的，往往不合乎個人的現實狀況，尤其是當社會角色內容發生變化時，如果還死守已有的刻板印象，那就容易發生偏見。

在選擇戀愛對象時，有相當一部分人也是憑刻板印象辦事。有人曾給一位女孩介紹對象，她一聽到他是位中學教師，就表示不同意。她認為，教師的生活單調、清苦，辦事沒有優越感，這純粹是陳舊的社會刻板印象。隨著社會愛科學、學科學、用科學和尊重知識、尊重人才風氣的形成和發展，教師的角色內容早已發生了根本變化。那位被介紹的中學教師，恰恰是一位興趣廣泛、才華橫溢、頗受學生尊敬的現代型青年，並不是人們所想像的老夫子形象。那位女孩卻抱著陳腐的刻板印象不放，則是完全有害於自己的。

例如有一些男子不願找女大學生，他們認為女大學生或知識女性有三大弱點。

第一，她們知識性強，女子本性弱。她們由於高度理智化、知識化，讀書入神，壓抑了女子的自然本性。

第二，知識女性難以駕馭，不願意為丈夫做出犧牲。

第三，漂亮的姑娘考不上大學，考上大學的姑娘不漂亮。以為考上大學的女子全是個人形象不怎麼樣的人，簡直荒謬之極。

其實，這些看法有些是對知識女性的偏見，女大學生的優點恰恰被這些人忽視了。

首先，知識文化修養越高的人可能越多情，並且情感越高尚和持久。

其次，知識修養越好的人越不需要駕馭、越通情達理、是非更明確，更能成為一個好妻子、好母親。

第三，知識的高低也並不必然與長相美醜成反比，況且女大學生還有一種比非知識女性更為可愛的內在氣質。所以，不問青紅皂白，一概貶抑女大學生是嚴重違反事實的。

選擇對象還可能受到其他刻板印象的干擾，如地域的、家庭的等等。有的人明確提出非某地女子不娶、非某族男子不嫁，非某種家庭中的人不予考慮等都是錯誤的、有害的。

同時，從刻板印象出發也會誇大某人的優點或者加給某人一些根本沒有的優點，以致使有的人誤入了人生陷阱。例如社會上一些女子拚命追求男大學生。其實，有一些男大學生並沒有多好的思想修養，也談不上有多少真才實學，只不過徒有虛名而已。這樣就會毀了自己一生。

為了擺脫這些刻板印象，人們必須深入生活實際去了解、觀察，發現對方的特點，在實際交往中去感受、體會對方的思想情感，切忌以某種陳舊模式來度量人。

87. 自難清醒，愛也迷糊

生活中有這樣一種現象，人們對某個人的評價可能透過種種途徑事先傳到求愛者耳邊，成為認識的先入印象，而導致「先入為主效應」。當然這種先入印象是個別的、多變的。

先入印象是社會輿論在人們頭腦中的反映。它是指認識主體開始認識之前，就有意或無意地從輿論或傳聞中吸取了認識對象的某些訊息，從而對認識對象形成了某種看法。人們選擇戀愛對象或婚姻伴侶，往往是受先入印象的影響。尤其是仲介式溝通的戀人會更受其害。因為仲介人（介紹人或紅娘）會在兩人見面之前，先吹噓一番，造成一個好印象，激發兩人相會。這樣，兩人各自都有了關於對方的先入印象。

先入印象的關鍵作用就在於它決定兩人之間是否建立連繫。有的人因為對某人有了不好的先入印象，就不想和對方見面，或見面之後，只注意到其弱點而失去興趣；相反，有的人則因為事先有比較好的先入印象，在兩人接觸和交往中，就戴著有色眼鏡看人，只注意對方優點和長處，而忽略其弱點和缺陷等。因此，先入印象的好壞直接影響認識、交往的可能與效果。

沒有主見的人容易受先入印象的影響，因為他們容易接受、相信社會輿論和受他左右。有一位女孩聽到朋友們經常議論一位男子。人們對他的讚賞，使她產生了愛慕之情，就貿然去求愛，並閃電式地結婚了。可是婚後她發現自己的丈夫只有在女孩面前才表現好，在其他場合則不然；並且思想品德不良，又不勤勞，還很粗暴和武斷；至此時，她才深深體會到自己以前對他的認識根本不夠，這說明不能僅僅憑先入印象決定婚姻大事是一個人生陷阱。

因此，人們在選擇對象時，一定要深入實際進行觀察和了解，特別是要在與對方直接交往中來發現對方，而不能偏信人言，人云亦云，要把自己的實地考察和直接交往的體會與別人意見相結合。

88. 暈輪之下，愛無眞識

在我們的生活中，常會發生暈輪現象。

暈輪效應又稱光環作用，在社會心理學的認識理論中，它是指對某人的某種整體印象，或某些具體特徵的感受影響到對他的認識評價。比如看到一個人穿著整齊清潔，印象不錯，則很可能認為他做事細心、有條理，甚至負責任。反之，如果對某人印象欠佳，則很可能忽視其很多優點。簡言之，暈輪效應就是一種以現象代替本質，以偏概全的認識偏見。一個人的外表、態度、道德品格、特性、特定的行為往往成為認識的中心性質。在認識過程中，這些性質往往擴張甚至取代其他性質，成為決定認識效應的主要因素。

暈輪現象有自己的一些特點。暈輪效應可以分為正負兩種：所謂正的暈輪效應就是指由某些積極、肯定的性質或印象形成的對對象的積極、肯定性的評價。比如看到某人有某些優點，就以為他還有其他與此一致的優點，因而得出此人很不錯的結論。所謂負的暈輪效應則是指由某些消極的或否定性的特徵或印象形成的對對象的否定性評價。

比如看到某人的某些缺點，就很可能推斷他還有其他更多的缺點，得出這個人不好的結論。正的暈輪效應誇大對象的優勢和長處，給對象過高的評價；負的暈輪效應則會誇大對象的缺陷和不足，以致給人的評價太低甚至採取否定的態度。因此，無論是正的還是負的暈輪效應，都影響人們的認識活動及其評價的全面性和準確性。

選擇戀愛對象或婚姻伴侶是一種特殊的選擇，最容易發生暈輪效應。被選擇者的某些具有吸引力的特點往往成為中心性質而發生擴張，以至於有的人僅憑某一方面決定一個理想對象，相貌身材、才華風度、情感表露等方面是暈輪效應的導火線。

有的男子特別注重姑娘的身材與長相，看到一個漂女孩，很可能會認為她還有其他更可愛的優點：性情溫柔、本性善良、修養不錯等，因而就會毫不遲疑地愛上她，並想辦法得到她。誠然，有的漂亮姑娘也許真有這些優點，但是，內在美與外在美並非絕對統一，二者有時是矛盾、分離的。這樣的簡單處理，多情的男子就會上當。很多男子僅把女友的長相作為首要條件，這也是十分錯誤的。同樣，一些才子也成了眾多女孩進攻的對象，相反，一些才智一般，但思想品德高尚、上進心強、工作積極的人則被女孩遺忘了。有些女子儘管可能追到一個才子或有地位的人，但這些人並不一定就是她們的好丈夫。

郎才女貌是封建社會中門當戶對的婚姻標準的一個輔助條件，在當今社會中，擇偶應該以志同道合、情意相投為標準。

89. 單戀成災，人生成災

真正的愛情是異性兩人之間建立於生理、心理和社會倫理綜合需要基礎之上的，相對穩定和持久的，深切而親密的情感及其體驗。

不過單相思卻是一種特殊情形。雖然單相思也是一種愛，只不過是一種單方面的愛，單相思者所愛的往往是一個不愛自己的人。也就是說，單相思者得不到愛的回報，沒有愛的補償，這樣的愛到頭來也只是一場空，它的現實意義實在不大。

造成單相思的原因很多。

首先，是對方對自己有吸引力，自己對對方卻沒有吸引力。比如，有的人默默地愛上了一位風流人物，因為他對任何人都有吸引力，招人眼目，出人頭地，而這些單相思者或者沒有引起他注意，或者根本沒有吸引力。在現實社會中，有相當一部分人崇尚這樣一條教義：鳥往高處飛，人往高處看。因此，單相思比自己強的、富有吸引力的人的情況並不少見。另一個方面，風流人物更富有愛的喚起力，一般人不容易引起注意，出名的人則容易使人熟知，所以，風流人物愛人多。

其次，一個重要的原因是愛沒有溝通。在有的情況下，也許雙方都默默無聞地相愛，但相互都不知曉，各自的愛尚處在封閉狀態中。還有的人愛一個人，對方則不知道，如果知道了，也許會同意。這兩種單相思都只是暫時的，一旦進行求愛，就可能進人相愛狀態。

單相思與愛情發展的各階段連繫來看，可以分為四種：求愛前的單相思、求愛失敗後的單相思、失戀後的單相思、離婚後的單相思。

求愛前的單相思是愛情發展的一個階段。在實際生活中，每一個人或許都有過一定的單相思階段，至少可以斷定每一個主動求愛的人都有過單相思階段和單相思體驗。因為一個人絕不可能愛上別人當即就求愛，愛的產生與求愛之間有一段時間距離。在自己已經愛上對方，但又還沒有溝通，不知對方是否愛自己的時候，你就是在體會著單相思滋味。求愛前的單相思充滿了希望，一旦求愛成功，單相思就可以轉化為互戀互愛，但是也有可能繼續單相思下去。

求愛失敗後的單相思現象也不少。求愛不一定能獲得對方的同意和肯定的回報。在失敗之後，有的人可能不愛對方了，有的人則可能戀戀不忘，相思如故。

失戀和離婚後也有極少數人還愛著對方，多見於被拋棄者或被迫離散者。這種情境下的愛是痛苦的，愛和恨交織在一起，愛對方的可愛之處，恨對方否定自己的愛、否定過去的愛。這兩種單相思是絕望的愛，它將給單相思者帶來極大的精神折磨。

求愛失敗後的單相思、失戀後的單相思和離婚後的單相思，都是失望了的愛，都會給單相思者帶來痛苦，影響新的愛情生活，因為舊情不忘，新情難生。當一個人心中還愛著某人時，絕不可能真正去愛上另外的人，除非三心二意。即使開始了新的戀愛或婚姻生活，也會不時地激發隱痛，干擾情緒。

現實生活中出現最多的是求愛前的單相思，而求愛前的單相思很可能造成純單相思型的假失戀。

有的人默默地愛著某人，並以此作為情感寄託，可是還沒有來得及求愛，愛的對象就遊離於「相思」之外了。比如單相思者發現某人原來已經結了婚，或者發現對方另有所愛。單相思者可能因此而難過、煩惱、若有所失，有的人還會以為自己失戀了，同時他們也頗有失戀者的情緒、情感和行為特點。

其實，這並非真正的失戀。失戀，真正說來，應該是戀愛關係的破裂，是互愛的中斷。而單相思者根本沒有同對方建立起戀愛關係，沒有達到互愛的地步，也就無所謂失戀。沒有得到就無所謂失去。

單相思者所表現出的特點和自我感覺看起來像失戀，而實際上又不是失戀，這種現象可以叫做假失戀。因相思對象失去而造成的假失戀，即為純單相思型假失戀。

單相思型假失戀，是以相思者的一種錯覺為機制的。它的心理過程是：因為自己愛對方，以為對方也愛自己，這是心理上的認同作用，也就是自作多情。

單相思者混淆了兩個問題：一個是自己的愛，一個是對方的愛。相思者自己的愛加到對方頭上，以為對方也像自己一樣在愛著，把他人認作與自己相同，這就是自我——他人的認同作用；另一個問題是失去愛的對象與對象的愛相混淆，單相思者失去的實際上只是自己所愛的對象而不是對象對自己的愛。可是單相思者卻滿以為失去了對象的愛，因而感到很痛苦。其實，這種痛苦也是自找的。

純單相思型假失戀者的心理是十分複雜和非常微妙的。

煩躁和苦悶是單相思型假失戀者的一個明顯的心理特徵。某大學有兩個單相思者，他們都在求愛之前發現自己的追求對象另有所愛，因而憂慮、煩惱成疾，導致精神失常。他們有一個共同的特點就是：經常打碎自己的生活和學習用具；一聽到吵鬧聲就暴跳如雷；常常自我埋怨，有時甚至捶胸自罰；白天和別人在一起時，時而鎮靜，時而凶神惡煞；晚間常常向隅而泣或深夜外出，這些行為說明，他們有一種莫名其妙的苦悶和煩躁。

這種情緒無法壓抑或消除，不得不透過反常的行為表現出來。不但精神失常者如此，那些沒有患病的單相思假失戀者也有內心深處的苦悶和煩躁，只不過沒有如此嚴重。

單相思者為什麼會產生苦悶和煩躁呢？

當一個人真正愛另一個人時，他就把愛的對象作為心中的偶像，將自己的情感、理想和希望都寄託於偶像身上；把得到偶像的愛作為自己最美好的希望和最高的目標。

一句話，深情的單相思者把自我對象化了，把自己交給了愛的對象。因此，當失去對象時，自我也就被否定了，一切美好的希望和理想都成了泡影。心理失常是單相思型假失戀者的通病，只是不同的人程度不同，有的抱病幾載或損害終身，有的則輕微一些。絕大多數單相思者，起初比較苦悶和煩躁，不久就慢慢恢復正常了。隨著時間的推移，這種單相思夢幻就會成為一件憾事而被關閉於心靈的情史之中。

純單相思型的假失戀者還可能表現出異常的性格。比如，外向型性格的人，會向內向型和憂鬱型轉化，內向型的人會變得憂鬱或趨向古怪，憂鬱型者則會古怪化。單相思對象的失去，會使人的性格異常化，主要表現是：合群傾向減弱，越來越孤僻；親合動機逐步被侵犯動機所取代，變得好鬥和對人不太友好；辦事多疑，猶豫不決；飲食起居違反慣例。

有一位男子發現所愛的女孩和別人戀愛後，他在很長一段時間內都是一個人獨居，也不容別人出聲。往往把別人無意的言行看成是對自己的有意侵犯而攻擊別人。他曾有過一天之內三次打人的紀錄。單相思者往往想以攻擊行為來報復，來發洩被壓抑的情感。

有一位女子因為沒有得到她所相思的男生，辦事變得特別遲疑和猶豫，常常擔心食堂裡買不到飯而不去吃，怕商店裡沒有衣服而不去買。自己洗頭還要自言自語搞半天才開始；別人請她吃飯，她要盤算好久才答覆。這種人因為自己錯愛一次，受到太強的刺激，改變了行為方式，增加了不確定感、不安全感。

還有一位男大學生，發現自己所思的女孩已和另一個人確立了戀愛關係。從此以後，他由原來開朗、活潑、熱情、大方的性格變得孤僻了。在他失望後的第四天，看到一個三、四歲的小孩跌倒了，還呆呆地看著，不僅不去抱起來，反而口中唸唸有詞：「平坦的路面你怎麼會摔倒呢？你如果不能走，就不應該出來走。怎麼跌倒了，我可真不理解……」這主要是因為自己受到別人的令漠，也反過來對所有人都冷漠。

純單相思型假失戀者的性格變化主要是由他對偶像無比的愛而又得不到回報引起的。因為別人沒有像自己一樣的愛，沒有肯定自己的愛並且愛自己，就以為別人是冷漠的、無情的，因而不值得以熱情、關心和愛去對待他人。「別人怎樣對我，我也怎樣對人！」這純粹是一種報復心理，並且是一種擴張性的報復 —— 把對一個人的不滿向所有人發洩。想透過種種不善行為和古怪特性來宣洩 —— 置換宣洩 —— 自己心中的情緒。實際上是固為美好的自我被無形地否定了，又不去重建一個不會失去的自我，而和另一個與失去自我相反的，具有戰鬥力和生命力的自我來對付他人和環境。因為自己的實踐證明善和愛的自我是無力的、被否定了，因而現在必須以相反的自我來報復，這是人類本能的非此即彼心理，這也是相當有害的。

這種古怪的行為和性格是以極大苦悶和煩躁為基礎的，—— 旦冷靜下來，經過正確的反省，就會慢慢改變，逐步回復本來的面目。但是，心中的偶像不會輕易退出歷史舞臺，可能還會影響以後的愛情生活。

一名女碩士生，中學時曾默默傾慕一位青年教師，但是從未作過任何表示。後來，她交了另外的男朋友。可是，每當自己與男朋友出現某種矛盾時，她就想起了原來的那位老師。因為，相比之下，今昔兩人，相形見絀，何嘗不生留戀、惋惜之情呢！這樣，不但姑娘自己很不愉快，而且還加深了她和男友間矛盾，影響兩人的感情發展。所以，在新的愛情生活中，一定要盡量忘卻舊情。

不僅如此，有的人還會因為一次單相思假失戀，失去愛的興趣和信心。某企業的一名女子愛上了一位技術員，技術員並不知道，在他與他的女同學談戀愛後，這位女子不但不與那位技術員交往了，而且還對其他青年男子也避而遠之，並在揚言：現實中沒有什麼真正的愛情，人與人之間不可能有真正的信任，今生今世誓不嫁人。果真，這位姑娘已 33 歲了還尚未找對象。某大學有位副教授 50 多歲了還沒有結婚，其原因是因為他少年時所愛的一位女同學，後來卻與一個資本家結婚了。從此，他發誓不與女子為伍，至今還「恪守諾言」。

在封建社會有的刑法中，有一人犯法而同族受株連的規定，這叫做株連九族。在戀愛過程中，也有類似現象。在失戀者看來，自己所愛的人不愛自己，這種人是可恨的。不僅如此，連這人的同類也是如此。比如，要是一個女孩被一個大學生拋棄了，那她就很可能以為大學生都可恨。有的女子或男子會因此認為所有男子或女子都可恨。在這裡，實際存在著一個十分嚴重的邏輯錯誤 —— 偷換概念：把所愛的某男或某女換成了所有的男人或女子，或者換成了某類男人或某類女人。

單相思者失去信心的原因可能是自我否定。也許單相思者是這樣推理的；我愛對方，對方不愛我，證明我的愛不能引起別人的愛，所以，愛情的大門對我是緊閉的。這也是一種偷換概念的做法：把某個特定對方偷換成了所有異性。實際上這是以社會認識中的刻板印象為基礎的，認為某一角色類型的人具有同樣的、固定的特徵和心理。

純單相思假失戀者的後遺症，還與人們常說的第一次愛最難忘懷相關。如果從時間上說，第一次在先，還有可能容易忘卻。可是心理學證明，第一印象最富有穩固性和影響作用，第一次愛更是如此，它是最純真、最專注的；因為它是情竇初開所爆發出來的感情潮水。人們把一切美好的感情和希望，把理想和前途都與之連繫起來，把這種愛及愛的對象看得無比高尚和美好，並且，恰好在沒有真正得到她，沒有全部享受到她的時候，她就突然地消逝了，這就留下了遐想的餘地，因而感到十分遺憾。這樣，人們透過想像，可能更加理想化，於是就更難忘懷。特別是因為單相思者只注意到對方的好處和優點，還沒有發現其缺陷，留下來的是一個完滿的印象。此外，人們往往有一種好奇心，越是得不到的東西，就認為越美好，因而越追越猛。即難得獲取的東西更珍貴，易於獲取的則易於失去。正所謂：所欲者無從所得，所得者非吾所求。

正因為第一次愛是難以忘懷的，所以單相思偶像往往成為今後擇偶的模本或參照。人們在失戀以後找對象，一般有兩點基本要求。

第一，失去了的對象的優點，未來的對象必須具備，這是起碼的，否則對比起來情感上過意不去。

第二，未來對象還必須具有過去對象所沒有的一些優點，否則，他無法取代過去的對象在心中的真正地位。

怎樣從純單相思型假失戀的人生陷阱中擺脫出來呢？

首先，要分清單相思與互愛的界限，從而弄清單相思對象的失去並不是失戀，而只是一種失戀錯覺。自己失去的是一個不愛自己的人，而不是一個愛自己的人，這樣就會減輕痛苦。

其次，單相思者必須懂得：一個人不愛自己，會有更多人可能愛自己，自己的愛並沒有被徹底否定，還可以與別人建立起來。再次，應該自我反省：自己為什麼愛一個不愛自己的人？別人為什麼會不愛自己？是否值得為一個不愛自己的人而犧牲愛情？儘管單相思者確實有某種苦惱，但主要在於主觀地誇大了這種苦惱才導致自以為失戀。

所以，要超脫，就必須解除主觀包袱，正確地、客觀地、全面地認識自己、他人及其現實和未來，從而樹立愛的信心和勇氣，吸取經驗教訓，重整旗鼓，奔向愛的前程。

90. 難拒禁果，人生動盪

為什麼會形成婚外情呢？過去，人們都一致認為，這是道德敗壞的結果。「品質惡劣！」、「思想落後！」、「腐化墮落！」這種看法也不能算錯。在搞婚外情的人中間確有道德敗壞分子，但是，如果只是用「道德敗壞」四個字來概括一切，顯然是遠遠不夠的。

人類的性，說到底是一種生物的本能意識，儘管對自己的配偶忠誠無其異議，但有相當多的人對配偶之外的異性一般都有過見異思遷的某種念頭。國外有一份調查資料，對象為 30 —— 60 歲的成人男女，男性對配偶之外的異性產生見異思遷邪念的占 90.91%，而實際有婚外情行為的僅有 36.37%；女性有見異思遷邪念的占 83.33%，實際有婚外情的僅 11.11% 而已。這說明在一般情況下，見異思遷的念頭仍屬人之常情範疇，勿需指責亦勿需內疚。但是，如果人們對自己的婚姻生活現狀不滿，或道德觀念破損，或喪失意志時，遇上機遇，綠色妖魔就會乘虛而入，使人墜入婚外情的深淵。

愛情總是有這樣那樣的基礎的。正如魯迅所說的：「愛，必須有所附著。」如果愛情所附著的基礎變化了，愛情也會隨之變化。例如：原來是志同道合的伴侶，後來不那麼志同道合了；原來愛情是建立在悅其容的基礎上的，之後年老色衰，愛情也隨之降溫了；本來認為配偶是個很好的人，後來發現對方有嚴重缺點，於是愛情逐漸淡薄了等等。

一般說來，沒有愛情的生活是痛苦的。對有些人來說，在家庭內部得不到的東西，就會到家庭之外去尋覓；透過合法婚姻途徑，滿足不了生理或心理的需要，就會透過其他途徑來滿足。

生活中常有的情況是：一個已婚者，不論是男是女，如果遇到一個容貌好、氣質好、有才華而又品德高尚的異性，往往可能產生一些愛慕之情，但是由於社會規範的影響（「自己已有配偶了，再想這種事不是笑話嗎？」），這種帶有性色彩的感情稍縱即逝，對於絕大多數人來說，這只是一種美麗的遐想。不過，如果同時還存在著其他條件，例如這位異性和自己長期相處，誘惑力長期存在；對方對自己比較熱情，甚至也流露出某些好感；自己和配偶感情不好，愛情無處宣洩；自己的意志、道德素養方面的力量控制不住這方面的衝動等等，於是婚外情就有可能發生。

婚外情的心理傾向，男女有共性，但不盡一致。相對而言，男性多偏重於外表，追求情慾；女性則偏重於內心，追求精神補償。因此，男性對婚外情比較輕率，耐壓力較低；女性則往往要經歷一番殊死的心靈搏鬥，其感情火焰一經點燃，便付諸行動，難以逆轉。對婚外情的責任追究，男女亦不同，女性多歸罪於第三者，認為是臭女人勾引自己的丈夫；男性則歸罪於第二者，認為配偶給自己帶來奇恥大辱。

其實這都是頗為不當的。婚外情作為一種感情的存在，是一種不穩定因素，對於誰都是一種傷害的開始，而建築在傷害之上的情感，又能有多少幸福也是值得懷疑的。

最好的人生之路，就是一開始就盡量避免陷入婚外情的人生陷阱之中，這才是明智之舉。

91. 婚外隱私，眞心何在

藝術大師莎士比亞曾如此說：「誰做了綠色妖魔的俘虜，誰就要受到愚弄。」人們離婚的理由說千道萬，最常見的還是婚外情和性格不合兩種情況。而在性格不合的外衣裡裹著的許多事例，仍是對配偶之外異性的嚮往與覬覦在作祟，於是人們把婚外情視作婚姻的綠色妖魔。

有一位中年女教師坦率地說：她和丈夫的關係並不算壞，但是很平，沒有味道。她渴望有婚外的愛情來滋潤自己的心田，否則這一生豈不是白過了。

有一位未婚的女孩寫信說，她愛上了一位有婦之夫，雙方都有些相見恨晚。「我對他沒有任何條件，沒有任何要求，除了愛就是愛，因此我認為這種感情是最純真的，這種感情並不妨礙任何人。」但是，她又感到壓力很大；因為她生活表現很正派，如果讓人知道一向如此賢良的人做這種事，那麼一切全完了，她也覺得沒臉見人了。

婚外情的雙方互稱情人，纏綿的情人不分高低貴賤，百姓也罷，貴族也罷，情感的宇宙是無法關閉的。前些年，英國王室大亂，皇家醜聞連續曝光，戴安娜王妃 (Princess Diana) 意外死亡，鬧得滿城風雨。

莫頓 (Andrew Morton) 曾撰寫《戴安娜真人真事》(*Diana: Her True Story*) 一書，把戴妃描繪成長期受困於「性壓抑」的深閨怨婦，對他的講述關於戴安娜的「露水情話」，有人則稱是向封建帝王的挑戰，其實一切也並不盡然。

伊麗莎白．泰勒 (Elizabeth Taylor) 曾主演電影《埃及豔后》(*Cleopatra*)，該篇以古羅馬時期埃及一位「偉大的情人」克婁巴特拉生平為主線，描寫了她迷住了她同時代兩個最偉大的羅馬人，可又因為第三個男人毀滅了自己的故事。

「此恨綿綿無絕期」，歷史的故事同今天的情話交織在一起，為「情人時代」罩上了一層神祕的網，使得所有的青年男女勇於生機勃勃地創辦事業，不敢如醉如痴地墮入情網，痛快淋漓地享受生命。

西方新聞常以這種事情作為追求目標，來擊敗自己的政敵，歷史上不知有多少英才在這裡折戟沉沙。

如果說性問題是人類生活中的隱私的話，那麼婚外情則是隱私中的隱私了。

這種隱私具有這樣一些特點。

婚外情的雙方不一定發生性行為，大多數還屬於「精神戀愛」範圍，最多是擁抱、接吻、愛撫，所以和「通姦」、「姘居」有所區別。

當事人中，絕大多數不是道德敗壞分子，而且文化素養也不低，各方面表現較好，過去在兩性關係問題上也並無劣跡。

當事人以男方有配偶、女方無配偶居多。

他們自己認為，這種婚外情是純真的，是真正的愛情，並不以破壞雙方的婚姻為目的，因此不妨礙他人，不危害社會。

他們對這種婚外愛情很珍惜，認為這種感情給他們很多快樂的安慰；對方往往是看重自己的性格、知識、才華，因此這種愛情能成為激發自己積極進取的力量。

他們也知道這種行為是和社會規範不相容的，而他們又大都是有一定身分的人，所以十分小心，十分隱祕。

據有關數據統計，婚外情引起的矛盾占離婚率的三分之二，這種比例可以看出婚外情對於家庭的破壞作用不可小視，所以我們每一個人都應避免陷入這個人生陷阱。

92. 性愛無德，人亦無德

當男女彼此相愛的時候，他們一般應該做什麼？他們不必做什麼呢？其中，怎樣正確對待性愛是一個關鍵問題。

首先，要清楚愛既不以性行為為滿足，也不以婚姻為滿足，除非你要找一連串的配偶，否則你是不會一見異性就要匆匆結婚的。喜歡誰就和誰睡覺，即便不是道德淪喪，也是荒謬可笑的。當你把性生活留給你的婚姻伴侶時，你便使自己能夠自由自在地去愛很多很多人，有男的；也有女的，有結婚的，也有未婚的，而且能夠自由自在地被他們所愛。

當然，你應該將愛給予與之結婚的那個人，因為這就具有了某種神聖性和永恆性。日換星移也改變不了婚姻愛情的獨特風采，其主要原因就在於婚姻愛情是透過性行為表現的。把性生活留給婚姻，使你們得到某種特殊的東西，以供彼此分享，而這種東西應該是任何其他人都得不到的。

把性生活留給婚姻，可保護你不受別人的利用。英國作家普裡斯特利(John Boynton Priestley)提醒我們說，情人是準備奉獻一切的，他生命中有價值的一切。這使得一個戀愛的人容易受到肆無忌憚地勾引異性的人所利用，除非認真控制性行為。

婚前貞操保護你，使你不至於不由自主地欺騙自己。危險在於你愛上一個對愛心不在焉的人。你被自己無意識的深情所迷惑。因此，你並沒有看清被你所愛的人究竟怎樣。當你感到孤獨、被拒絕、或被忽視的時候，便任由自己的某種需要所擺布，當你正在舔傷口的時候，你所說的戀愛只不過是自我的逃脫。

為了避免在表達親密感情的時候陷得過深，你可以採取一些必要的保護措施。

- 警惕你自己孤獨、反叛、愛的飢渴等需要，制定可接受的措施，以重新達到感情平衡；不讓自己的感情欺騙自己，作出你以後將後悔的行為。
- 避開放蕩之徒、荒淫之侶，他們的道德標準與你不同。
- 不涉足有損聲譽的境況，因為你可能沒有能力應付後果。不要單獨在寢室、汽車、旅館或其他的什麼祕密地方幽會，其誘惑力你倆誰也抵擋不住。
- 意識到飲酒、長時間擁抱，色情電影和淫穢的談話都是些「舞臺背景」，它們使得你們在性方面走得比你們打算的還要遠。
- 不去理會你自己和其他人的性衝動的緊迫感，它使你足以在沒有準備好之前，不被匆匆捲入性關係之中。
- 你確有把握的時候才穩步發展或訂婚。然後，當你確實準備就緒，不冒過短或過長的婚約危險的時候，就可制定結婚計畫了。

93. 同居堪憂，事關一生

如果一個人婚前與情人發生性關係，那又會得到什麼？男子得到的是性衝動的即刻發洩；女孩可能得到的是自己令情人渴望、令情人稱心的感覺。他倆都能令自己無節制地發展下去，而無須顧及傳統規範的限制。他們至少在婚前就開始試驗自己的協調性，或許還可能會發現，由於在婚前得到性的表現，他們的愛情比以往任何時候都更加強烈。

其實，對每一個可能的獲益，都有一個可能的損失。由於發生婚前性關係，男子可能並且尊重自己的情人，也可能在內心裡並不愛也不尊重自己的情人。他可能發現，由於已經在性上得到了她，他對情人的感情不再那麼熾熱，他們結合的神祕性質可能會使他感到不稱心。他可能擔心讓女孩懷孕，他擔心女孩是在他沒有準備好之前，引誘他陷入婚姻之中，也有可能他為占有情人的愛情便從而內疚，尤其當她還是處女的時候。

女孩可能會因為跨越了貞操的界限而感到稱心，也可能會為此而感到可恥。她可能會經歷巨大的精神衝突，對自己已經做的事情後悔不已。儘管她順從了情人的要求，她仍可能擔心情人最終會拋棄自己。即便是性觀念相當開放的美國，也有相當一部分男子表示要與處女結婚。很多女孩已從自己的經驗中發現這樣一個趨勢，她愛自己的情人，屈從於他的要求，結果發現自己這麼做總有一天會失去了他。

一對情人可以失去由克制給兩者關係帶來的興奮，有的情侶關係長期穩定，他們感到彼此真誠相愛，一連數月，他們每週都要在一起睡幾次覺，現在，他倆都反映激情已經逝去，兩人已處於關係破裂的邊緣。她感覺受到了欺騙，失去了兩人過去在沙發上安寧的親密感，而他則抱怨她「就像結了婚的老婦人似的」嘮叨他。他因為直接了解了她，而覺得她不再那麼有吸引力，他甚至使自己確信：「她能與我發生關係，她就可能與任何人發生關係。」

婚姻幸福的夫婦，需要相當長的時間來完成令雙方都感到滿意的夫妻生活調整。僅僅一段時間的婚前試驗怎麼能成為雙方協調的可靠標準呢？這不僅需要時間，還需要永久感、安全感，需要雙方合作以喚起婦女的完全性覺醒。這需要一種最充分意義上的婚姻感，以使性對夫婦雙方具有完全的意義。

在婚前發生性行為是一個巨大的人生陷阱，尤其對於女孩子而言，同居者很可能最終並未締結連理。

專家們猜想，有40%到50%的同居者最終並未與對方結合。1985年美國一所大學的研究發現僅有19%的男性最終與他們同居的女友步入婚禮的殿堂。

在很多同居者中，不同的人對此有著不同的看法，結果常常會無法了解彼此的期望所在。在1973年的一項研究中，139名有著同居經歷的學生在回答他們為何要與別人同居時，其中大多數女性說同居是邁向婚姻的第一步。而對男性而言，最常見的動機卻是滿足性要求。有一位男性在回答為什麼要與其女友同居時說：「這樣就可以隨時滿足性慾。」儘管這已是過去了許多年的事，而且對愛滋病的恐懼已改變人們對待性關係的態度，但是在同居者中，許多人仍對同居的目的閉口不談。

(1) 即使同居者後來結了婚，也很可能會離婚。

現在許多年輕夫婦一直以為同居是了解彼此是否合得來以及避免離婚的最好辦法。事實是怎樣的呢？一項研究發現，婚前同居者的離婚率要比未同居者高出33%。另一項研究顯示，婚前同居時間越長的夫婦，就越容易想到離婚。而且，研究者指出，同居者婚後生活不會很美滿，並且對婚姻的責任感差。

美國心理學家約瑟夫．羅溫斯基解釋說：「同居常被美化為異常大膽、浪漫的舉動，但實際上不過是逃避責任的託辭。如果兩人捨棄結婚而選擇同居，那麼其中一人或者兩人都會在心裡說，我擔心對你的愛不夠深，難以維持長久，所以在事情不妙的時候，我該有個抽身出來的退路。」

(2) 分手與離婚一樣使人傷心。

一顆破碎了的心，不可能因為拒絕在離婚協定上簽字就能癒合。同居的兩人分手時，感情的破裂和離婚一樣令人痛心。美國臨床心理學家米歇爾．紐克姆解釋說：「同居雙方經常會像夫婦一樣在感情上依賴對方，問題在於有時連一個小問題也可能導致雙方分手，因為他們缺乏已婚夫妻之間連繫雙方的紐帶，比如孩子、共同的財產以及結婚證書。」

美國康乃狄克州西港市的一名承包商史狄夫．傑克瑞羅，和他女朋友分手的主要原因是他們在安家的地點上有分歧。十年後的今天，史狄夫還幻想她能回到他身邊。他說：「我還想著她。」

(3) 女方可能會懷孕。

這是最令人擔心的事情之一。一位母親這樣傷心地說，在她女兒還未宣布要與其男友同居的五年前，她已經犯下了同樣的錯誤。18 歲時，她離家出走，和另一男孩同居，結果懷了孕。被拋棄後，她受到很大的打擊，好幾年都不敢正視現實。

一位年輕女子和男人同居，不小心懷上了一對雙胞胎。那男人陪著她，直到有了七個月的身孕，她又失去了工作。於是他在一個晚上打電話告訴她父母說：「快來接走你們的女兒，她快生了。」十八年以來，她獨自養育這對雙胞男孩，經常僅能餬口和交上房租。

(4) 同居者即使結了婚，常常也不會太幸福。

婚前同居者在婚後常常很痛苦。常見的問題包括：對另一方不太滿意，不善於解決矛盾。研究發現，婚前同居過的女子尤其愛抱怨，和丈夫難以溝通。很明顯，就婚姻而言，事先的演習並不能保證婚姻的美滿。相反，據最近一家雜誌的一項研究顯示，婚前同居時間越長的夫婦，其婚後生活越不幸福。

(5) 同居可能導致混亂，甚至暴力。

一項研究發現，與合法夫妻相比，同居者中存在的毆打現象更為普遍和嚴重。研究者總結說，與家庭隔絕可能是原因之一。

另一項調查表明，有高達40%的女性同居者被迫忍受令她們厭惡的性關係，而且，由於雙方彼此不負責任，還與其他人發生性關係，因此同居者比一般人更有可能患生殖器皰疹、愛滋病等透過性交而傳染的疾病。

(6) 同居者會遇到婚姻生活中的問題，卻享受不到其中的幸福。

同居常被傳為沒有煩惱，享有婚姻的幸福而無須承擔任何責任的神話。

一位年輕人證實了這種說法的荒唐。在結婚前三個月，他搬去和未婚妻同居。現在他說：「在彼此不負責任、缺乏維繫紐帶的前提下，對婚姻生活的看法，我們處處存在著分歧。比如說誰洗盤子？誰付帳等等，如果我們同居的時間再長些，那麼我們有可能分手。兩人在婚前發生爭吵，如果他們不想和好，那就由它去好了，他們可以各奔東西。」

(7) 同居可能毀掉浪漫。

通常，女性認為同居富有浪漫色彩，然而男性卻把它當做實際生活的經驗，認為這樣有助於解決分歧，打消對彼此抱有不現實的幻想，從而鞏固愛情。實際上，同居雙方往往會因為失去了浪漫和不實際的幻想而難以產生持久的愛情。

《熱愛生活》的作者，家庭治療學家朱迪和吉姆．塞爾勒說，深厚、持久的愛情要經歷幾個不同的階段。

第一階段是浪漫階段，這時的愛情瘋狂而理想化，雙方都堅信找到了與之相伴終生的「真愛」。

這是一段非常美好的時光，情侶們肯定會盡量纏綿其中，充分享受燭光晚餐以及神魂顛倒、痴迷瘋狂的感覺。迫不及待地進入同居階段肯定會是個錯誤的決定。

塞爾勒說，只有那些能設法找回浪漫的求愛階段中，對彼此抱有完全理想化的幻想的人，才能經受住第二階段的爭吵、衝突，從而進入彼此理解、求同存異的和平階段。

美國性科學家、家庭學權威說：「當情人們把性行為推遲到結婚的時候，他們就能把精力集中在彼此的個人素養的社會能力上。婚前貞操能夠增強情人之間的尊重與愛慕，從而使雙方的品格在婚姻中得到完全的表現。」

很多女孩意識到了這些事情，但已為時過晚。

他還陳述了一個姑娘平心靜氣時的想法：「回首往事，我認為可能是因為害怕失去與我交往的那個男孩子。他是我真心愛上的第一個男孩子……大概我讓事情發生，是希望他能像我愛他那樣來愛我。」

經過一段時間，你不僅從最吸引你的各種人身上取得經驗，你還能夠估價出自己的愛情。

意識到在暫時的伴侶身上你最需要的是什麼，在終身伴侶的身上，你最需要的又是什麼。只要你意識到，你能正確解釋自己的感情，那麼自己的感情就是戀愛的指南。

人生的代價，總是讓那些慘痛的誤入人生陷阱中的不智者來交付。

94. 試婚何意，人生何價

現代人面對生活似乎多了許多理智，關於愛，海誓山盟那般披肝瀝膽死去活來的感受和體驗通通留給了布林喬亞，人們不再保留這類愛的誓言：砍下我的頭顱，那帶血的身子還陪著你呢。

人們希望婚姻穩定、白頭到老，但又怕跌入人生陷阱，致使人生失敗、事業無成。於是，為了愛，也是為了幸福，試婚 —— 這似婚非婚令人費解的新說法，竟堂而皇之地出現在婚戀場上。這是更為可悲的行為，更為有害的行為。

在時代的潮流面前，作為天之驕子的大學生們，似乎總是排在前列。這種從西方國家流傳進來的，引起國人各種議論的試婚現象，又是大學生們獨領風騷。

某地方曾對婚姻狀況做過一項調查，結果查出2310個違法婚姻中，在校的大學生非法同居者占一半以上，驚得人們目瞪口呆 —— 想不到現在的大學生們竟然這麼開放。

小艾，某大學三年級學生。她的羅曼史挺長，男友是數學系的高材生，他倆從小青梅竹馬，現在雙雙出入同一扇校門，自然相親相愛。兩年前，她和男友在校園旁的一間小屋同居，儘管生活條件、住房設施不怎麼樣，但他倆卻其樂融融。

「學校知道嗎？」

「知不知道無所謂，我們又不在學校裡，他們管不著。」小艾不屑一顧。

「你們是有文化的大學生，覺得這樣做合適嗎？」

「正因為我們有文化，才懂得愛情的可貴和婚姻的重要性。我們不願像父母們那樣為婚姻而生活，也不是為愛情而存在，要知道，婚姻並不等同於愛情。」小艾無所謂地聳了聳肩，似乎充滿了勇氣和自信。

小葉，某大學四年級學生，和男友同居一年。

「男愛女，女愛男，這是愛情，是情感上的事，而婚姻卻又是非常現實的。如果兩個相愛的人，不會生活怎麼辦？性格不合又怎麼辦？有情人未必能成眷屬，生活便是辯證法。我們現在生活在一起，就是婚姻的序幕，愛情的中轉站，生活的試金石，行則行，不行，拜拜！」小葉說時顯得頗瀟灑。

「像你這樣想法和做法的人，在你們同學中能有多少？」

「就我所熟悉和知道的同學當中，十有八九都這樣。」

聽了，禁不住為之咋舌。

小梅，某大學四年級學生。

「試婚也好，同居也罷，我認為婚戀應有個實踐過程，當然，我們也不提倡大家都來試婚，或未婚同居。但是，人家願意這麼做，你有什麼辦法？這就像蘿蔔白菜各有所愛，每個人有自己的食用方法。」

長得細皮嫩肉的小梅直言不諱，她說，現在跟她生活在一起的男友已是第三位了，前兩位加在一起，共同生活沒超過一年。她說，為此她損失了很多，原先她是學習傑出人士，由於各種緋聞，受到校方的處分。但她並不後悔，相反，卻覺得自己的生活充實了許多。

「婚姻與戀愛畢竟是兩碼事，戀愛是浪漫的，而婚姻是實質性的，是由一個人的生活變成兩個人的生活，這並不是簡單的拼湊，而是一種生活的實踐和檢驗。尤其是對女人來說，婚姻可謂是一輩子的大事，進去了，發現不合適再想退出來就難了。所以，若能試試，兩廂情願何樂而不為呢？這和賣身、靠吃『青春飯』的畢竟是有本質區別的。」小梅很激動。看得出來，試婚這一觀念在她的心目中已根深蒂固了。

如今她的第三個男友是碩士生，比她大六歲，他倆很相愛。對小梅來說，她似乎已找到心目中的白馬王子。「再過半年，到我大學畢業時，他研究所也讀完了，如果那時一切順利、合適的話，我們就正式結婚了。」小梅看來很讚賞自己試婚的結果。

在試婚一族看來，試婚可以試出雙方是否真正相愛，找出個性的最佳配製。美在於和諧，和諧就建立家庭，相反就友好分手。這很像橋牌中的叫牌，是打自然，還是打精確，搭檔之間總要默契才是。

有人說試婚本身是一種契約，即雙方要有責任和約束力，試婚旨在淡化這種契約，使婚姻變得朦朧——「似花還似非花」、「像霧像雨又像風」。在試婚一族看來，婚姻如果缺少了這個朦朧，其結果無非是或就真的朦朧下去了，或加入離婚大軍的行列，或弄得個婚姻質量不高的結局。於是，他們比較了父輩的悲劇之後，開始小心翼翼地畫著自己的婚姻句點。

試婚一族有兩大類：一是合法試婚（領取了結婚證書），它以要孩子為終結，在此之前的試，為了進一步了解對方再做出抉擇，以避免匆匆生子，在婚姻變故時給孩子、夫妻雙方都帶來不幸和麻煩。要知道，離婚協定居多，進法院多數不要孩子，不知有多少父母為了孩子而委屈了自己，湊湊合合過了一生。另一類是同居試婚（未領結婚證書），即所謂非法同居，或叫沒買票先上車。同居試婚屬於世界潮流，其形式以登記結婚為終結。為了互相了解，青年男女可以像夫妻一樣生活一段時間，再建立家庭，他們視婚禮、婚紗、教堂鐘聲、洞房花燭為神聖，並期待著這一天的到來。

在某次青年問題研討會上，一位美籍華人說：「試婚一族在美國是很龐大的青年群體，在我們看來是一種正常現象，美國的男女青年較少是直接進入教堂的，他們大多有試婚行為。」某雜誌社透過它的全國性文明調查網路對 1731 人進行問卷調查顯示，38%的人對試婚這種婚姻序曲表示理解，46%的人反對試婚，另有 16%的人不置可否。

可見，試婚還是被相當比重的人認可。離婚率的上升和婚姻質量不高的現狀，使許多青年在借鑑了前輩的婚姻悲劇之後，開始視婚姻為「圍城」，望而卻步，於是才有了這種可悲的事情。

95. 婚外風情，世內風雲

一個不容忽視的現象就是，在所有離婚案中，第三者插足是最傷害情感的。第三者往往扮演了最不光彩的角色，而夫婦中的一方感受的是遭到背叛和愚弄的痛苦，往日的恩愛變成了虛偽的做作，曾經盛開的玫瑰遭到了無情的踐踏。

籠統地指責有外遇的一方是薄情、負心或水性楊花並不能道出問題的實質，也於事無補。實際上任何第三者的介入都需要找到夫妻間的裂隙。倘能及早發現端倪，則大可以防患於未然，從而保持家庭的平衡、和諧與穩定。美國的一些家庭問題專家指出，造成外遇的內部原因主要有三個方面。

(1) 孤獨

孤獨感常是促成外遇的主要原因。一位參加婚姻與性行為療法學習班的婦女安吉拉對醫生說：「我的丈夫在家裡的時間都花在他的電腦上。有天我去書店，手裡拿著幾本書、一袋雜貨和錢包。在我拿錢時，書和袋子都掉到地上，一位男子幫我撿起來，微笑著說：『哦，你喜歡赫斯的小說？』一週後我又到那家書店去。第二天我和他談了三個小時。老實說，他吸引我的不是性關係，而是談話。對我丈夫來說，我不過是個生殖機器，這種孤獨是無法忍受的。」

一個人要是沒有人與他分享生活中大大小小的事件時，孤獨感便會油然而生。如果夫婦間缺乏親切友好的感情交融，一方或雙方便會感到孤獨，以至到婚外去尋找友情。

(2) 單調

長期單調而貧乏的生活也會誘起外遇。一位有外遇的男子說：「十一年來我一直幻想著結識另一位婦女，但卻從未想過外遇。有天晚上我單獨去參加一個舞會，一位女子邀我到她的住處喝兩杯，第一次聽到這種邀請，我感到震驚與緊張。我告訴她我不能去，然而『去一次』的念頭老在刺激著我，兩天後我打電話給她，於是事情就發生了。」

外來的刺激性的誘惑常是夫婦間不忠誠的第二位重要原因，而其立足點卻是夫婦生活，尤其是精神生活的單調與乏味。在西方社會這種情況通常是發生在婚後五六年時。這時熱情開始冷卻，曾經毫無羈絆的一對可能有了孩子的牽掛，私生活因總是在同樣的時間以同樣的模式進行而失去了光彩，與此相反，外遇卻提供了許多冒險的因素，這對於生活不甘單調的人自然構成巨大的誘惑。

(3) 缺乏交流

夫婦間缺乏思想交流就必然產生隔閡。一位婦女抱怨她的丈夫說：「我感到氣憤的是他從來不管孩子。我也有工作，但這個家好像就該我一個人照管。有天他問我晚飯吃什麼，我說什麼也沒準備。他發火，我的火更大。他衝到外面叫道：『我受不了這個！』事後他告訴我，那天夜裡他和他的女友第一次睡了覺。」

許多夫婦對婚姻生活中思想交流模式的毀滅缺乏認識，經常指責對方，憤怒的情感常浸滲到生活的各個方面，尤其是性生活中。實際上夫婦間的和諧關係，是靠思想訊息的交流而形成與維持著的，這中間性生活自然是夫婦間情感交流的親切形式。

於是，這樣曾經相愛的人們開始了各自的叛逃之旅，卻也是踏入了人生陷阱之中。

96. 愛有缺口，人有缺憾

其實，當愛有缺口而不知修補時，可能會使愛成為真正有缺口的事物了。

既然婚外情是源於對婚姻現狀的不滿與當事人道德、意志的缺損，那麼，改善婚姻現狀和提高當事人的道德修養便成了防備和處理婚外情的重要環節。既然婚外情是當事人對婚姻現狀不滿的產物，那麼當事人雖是罪魁禍首，但受害人也不能說一點責任也沒有。

要解救瀕於破裂的婚姻自然比摧毀它艱苦得多。不過只要雙方都有重建感情的願望或基礎，則及早發現有外遇的先兆就極為重要了。

對此婚姻問題專家提供了一些基本的原則用來守護人們的婚姻。

1. 樹立配偶第一的原則。不管你關心什麼 —— 事業、孩子或家庭，都應牢記；在所有關係中配偶應處於第一優先的地位，主要的時間和努力應花在夫婦關係上。

2. 目標應現實。哪一對夫婦總幻想追求逝去的新婚時的歡樂，他們的關係便會出現微妙的裂隙。這並不是說愛情會永遠消逝或夫妻生活不再激動人心，而是說不能用新婚時的標準來衡量多年的夫婦關係，現實的眼光會使夫婦發現多年的關係反倒更充實。

3. 生活應充滿變化。一位經紀人說：「我一直想讓妻子理解我，需要她更多的注意與愛撫。有時我幾乎是在懇求她摸摸我，但她總是改變話題。」夫婦間的關係應像流水，充滿變化，已經冷淡了的關係重建起來需要時日，但值得為之努力。雙方應從互相關心、互相注視開始，這樣便會促進相互的愛撫，性生活也將成為有意義的示愛的行為，雙方也會燃起對愛情的重新追求。

4. 避開有爭議的觀點。在家政管理上，在經濟開支方面，夫妻間可能會出現分歧。當出現分歧時，夫婦間應有意避開在這類觀點上的交鋒，否則便會陷入「爭執 —— 爭吵 —— 感情淡化 —— 爭吵加劇」這樣一種惡性循環中。夫婦間如有一方能意識到導致矛盾爆發的焦點並有意淡化它，情感便得以交融，關係將趨於和諧。

基於這些原則，男女攜手步進婚姻的殿堂後，就應該在共同實現家庭職能的現實生活中，互尊互敬，互親互愛，互幫互助，共同提高對婚姻的道德意識和對家庭的責任意識，共同致力於夫妻關係的調適，若如此地未雨綢繆，婚外情就失去了滋生的土壤。

配偶一旦墜進婚外情，明智的辦法是：「出口轉內銷」。夫妻雙方最好是和風細雨地交流思想，解決問題。

回憶當初，哪一對夫妻都有一段令人陶醉與嚮往的日子，只是時間的長與短而已。檢討當前，分析矛盾與衝突的根由，各自多做自我批評；展望未來，探討夫妻重新契合的途徑。這樣做的目的，在於用加倍溫暖的心去彌合對方心田的創傷，去喚回對方的離散之心，不計前嫌，允許離心，也允許回心轉意。

一般說，將心比心，以心換心；精誠所至，金石為開。婚外情者儘管婚外情時感情熾熱，但他們的內心始終為罪惡感和羞恥感所擾，只要階梯搭牢，他們是會下樓的。如果對方一意孤行，視內銷為軟弱，視寬宏為無能，再訴諸法律也不遲。

與之相反，有些人既不冷靜，又不明智，任由情緒支配。發現配偶有外遇後，氣惱、憤怒接踵而至，竭力報復，或撲向配偶，或撲向第三者，非置之於死地不可，似乎不如此就便宜了配偶，便宜了第三者。殊不知這樣一鬧，無異把配偶逼進死衚衕，裡外不是人，欲回無門，只得橫下心來割斷最後一縷情絲，投向第三者的懷抱。

我們之所以不贊成把不貞與離婚劃上等號，主張破鏡重圓，並不意味著對婚外情者的姑息，亦不意味著不同情受害者的尊嚴，而是因為構成人的感情因素是極其複雜的。生理學上的「全或無」定律對它並不適用，一個人犯任何過錯，改了就好，為什麼唯獨感情上的過錯，改了還不好？滂沱的大雨會使泥土黏得更結實；一碎為二的鋼板，銲接後強度勝過原先；破碎的愛情，只要修補得當，浪子回頭將是金不換的。

97. 曲解性愛，曲盡人生

人間的愛是有差別的。

兄弟之間是平等的人倫之間的愛；母愛是對於弱小無助的孩子的愛。這兩種愛彼此不同，但本質上可以同時為一個人所具備，並沒有任何限制。愛自己的兄弟，意味著愛自己所有的兄弟；愛自己的孩子，意味著愛自己所有的孩子；而且，意味著愛一切孩子，一切需要幫助的人。

與這兩種愛相對立的是性愛。性愛是對把自身完全融化、與另一個人融為一體的渴望。性愛就其本質而言是排他的，非普遍的；而且作為一種愛，它或許有著最容易令人誤解的形式。

首先，性愛容易與墮入情網的爆炸性經驗相混淆，在這種經驗中，兩個一見鍾情的人之間的疆界，在一瞬間頹然崩潰。其實，這種突然性的過程本質上是短命的，這兩個人一旦有了親密的了解，他們之間的關係就再也不可能有任何深化。人們感到對自己的愛人已經一覽無遺，實際上卻幾乎毫無所知。如果能夠對對方有更深的體驗，如果能體會到對方人格的無限性，就不會有這種一覽無遺的現象，新的奇蹟就會天天湧現。遺憾的是，生活中大多數人的「神祕感」都很快被勘探完畢，而且很快就被挖掘一空。

對於這些人來說，兩性之間的親近基本上依賴於性的接觸。他們所能體驗的分離基本上是生理的分離，因此對於他們來說，生理的結合也就意味著對分離的克服。

對於許多人來說，另外一些事情也意味著對分離感的克服。例如談論私人生活，談論自己的希望和焦慮，表現自己孩子氣的性格側面，培養共同興趣等等，都被看做是分離的克服。甚至表現自己的憤怒，自己的厭惡，表現自己缺乏自制力，也被當做親近的途徑。這一點也許能解放夫妻之間常常是不正常的吸引力，往往只有在床笫之間，或在雙方的厭惡和怒氣發洩之後，夫妻雙方才會顯得親密，這一類親近隨著時間的推移都是會減弱的。

結果，為了尋找愛情，新的一見鍾情的人又一次進入自己的生活，又一次成為自己的親人，墮入情網的經驗又一次發生，而且又是那麼令人振奮，那麼熱烈。然而，這熱情又一次逐漸冷卻，又一次消失在新的憧憬中。

這是對新的征服、新的愛情的憧憬，幻想著新的愛情一定不同於以往。由於情慾的欺騙性特徵，這些幻想表現出極大的誘惑力。當然，這就更容易形成人生陷阱，沉溺於性愛而不知人生還有其他。

其次，性慾渴望著融為一體，而且它不僅僅是生理的欲望，也是對於痛苦緊張的緩和。性慾可以被愛情所激發，然而也可以被孤獨的焦慮、征服或屈從的願望、虛榮心傷害，甚至被破壞的欲望所激發。性慾中容易摻入各種強烈的感情，它容易受到這些感情的刺激，這些強烈感情之一就是愛情。由於性慾多半伴隨著對愛情的憧憬，因此人們容易得出錯誤的結論，認為當他們彼此有著生理上的欲望時，他們就在相愛。性慾可以由於愛情而激發，在這種情況下，肉體欲求不會變得貪得無厭，不會摻入征服或被征服的欲望，相反始終伴隨著柔情。如果生理的欲望不是產生於愛情的刺激，這只是在兩者之間進行的，由於與其他人分離，他們仍然彼此分離，彼此孤獨，而結合的經驗只不過是一種幻覺。

總之，性愛是排他的，但它存在於對所有人類的愛之中，存在於對所有生者的愛之中。性愛是排他的，只是因為愛者只能和一個人達到最全面、最強烈的融合。只有就渴望融為一體的性慾而言，就生活中有關方面的承諾而言，性愛才會排斥他人，這就是性愛的排他性。

98. 聽任情失，愛亦無味

有人說，婚姻是愛情的墳墓，就是說婚後，兩人的愛情親密度會下降，感情也會有淡化趨勢。

作為一種很普遍的現象，婚後愛情的淡化與異性好奇感的消失密切相關，當然這也是很正常的。

一般說來，在結婚之前，戀人往往期待著結婚，寄予結婚十分美好的希望，憧憬著婚姻生活的幸福，特別是對異性的一種神奇感，戀愛和結婚都包含了好奇動機，受到好奇驅使力的作用。結婚以後，希望得到的都得到了，好奇感就沒有了。人們對事物的珍重，往往在追求它的過程中顯得更突出，愛情也是這樣，在追求異性的過程中顯得無比的熱情和急切，一旦過上夫妻生活就有所冷淡，有的人甚至自己的需要一旦得到滿足就不管對方了。

一般來說，婚前好奇感的驅使力越大，婚後愛情喪失就越快越多。所以建立在好奇感之上的愛是不牢固的，單純性的好奇感並非愛情的全面基礎。有的人儘管失去了部分興趣，但是在別的方面可加以彌補，深化夫妻感情；有的人則就此結束與對方的愛的交往。

其實，這種好奇感的存在是必然的，它的解釋是必然的。然而，儘管它影響感情發展，但不至於中斷感情，可以用其他的希望來取代它，比如對後代的希望，對事業的希望，對家庭興旺的希望等來代替好奇感。並且在日益深入的生活交往中建立更堅實的感情基礎，發展愛情。所以，婚後部分感情由於好奇心的解除而消逝並不是什麼怪事，也不可怕。

當然感情淡化是有原因的，這與婚後夫妻注意力的分散和轉移相關。在戀愛階段，戀人都是聚精會神地與對方交往，以各種親密的方式傳送和接受愛，新婚蜜月也主要是這樣。可是，蜜月之後，夫妻的注意力分散了：要工作，要考慮吃、穿、住，要應付各種生活上的社會關係。要贍養長輩，特別是有了小孩以後，母親為之生活而操勞，父親為教子成龍而奔波，注意力 60%為孩子所吸引，甚至連話題也是以孩子為中心。這樣，夫妻之間就很難有戀愛時那樣多的甜蜜交往，更不如新婚時那樣興趣盎然。因而，有的人不免覺得感情冷淡，若有所失。

其實，隨著種種社會倫理關係的建立，儘管沖淡了夫妻之間直接的情感交往，但仲介性的交往時時刻刻都在進行，中間繩索把兩人拴得緊緊的。如果是現實主義者則會感到愛在加深，比如夫妻間的相互關照、對孩子的教養、家務的操持等等都是愛情的現實表現，透過這些活動可以幫助、體貼對方，以加深感情。愛情並不在於說多少愛的囈語，而是要見之於行動。

正如車爾尼雪夫斯基（Chernyshevskii）所說的那樣：「愛一個人意味著什麼呢？這意味著為他的幸福而高興，為使他能夠更幸福而去做需要做的一切，並從這當中得到快樂。」

儘管結婚之後，好奇心滿足了，注意力有所轉移和分散，但愛情並沒有完結，愛的表現方式更多了，愛的體驗更深。一方面的因素沒有了，另外諸方面可全到來，甚至還會更充實、更全面和牢固，問題在於每一個人能否體會到這種生活的樂趣。一個會生活的人，也就是奮力追求愛並真正懂得愛的人，種種輸出和輸入的形式，他都能適應，並加以發展。

建立於愛情基礎上的家庭並非沒有矛盾發生。常言道：兩口子過日子，沒有不磕磕碰碰的。但是，有的矛盾絕不可經常發生，因為它會影響到夫妻感情的維繫和家庭生活的順利。家庭中的大小矛盾，或多或少，或輕或重都涉及夫妻感情。夫妻感情在家庭中不但要經過曲折發展，而且還得克服矛盾，避免破裂的危險。

夫妻之間的矛盾根源何在？夫妻的矛盾心理有何表現？這些矛盾有什麼解救之道呢？

(1) 婚前了解不細緻、不真實

有的人在戀愛的階段偽裝以哄騙對方，一旦結婚就面目全非，以為木已成舟，愛人到手，逃也來不及了。但是，被騙者恍然大悟：過去那個和善的、體貼的、勤勞的、積極向上的情人，一下子變成一個心狠、粗魯、懶惰、消極的妻子或丈夫。因而大失所望，心中熾熱的愛，一下子被恨和惱所代替，這自然是戀愛的失職。

在戀愛中，一方是虛偽的，另一方是幼稚的，只有在幼稚面前，虛偽才會被看成是真實的。沒有深刻的認識和了解，會給愛情帶來短命的遭遇。由此可見，戀愛時戀人如果不全面地仔細用心觀察，不深入了解本質，不理智地分析，那就只會步入無理智戀愛的人生陷阱。

面對愛情夭折的危險，真正的出路只有透過種種辦法和手段幫助對方、改造自己，這不是不可能的。在愛的吸引下棄惡從善者大有人在，受愛的感化改過自新，重新做人的亦不少見。

某報上曾登載這麼一個故事：有個男子為了追求一位女孩，剎住了自己原來的不軌行為，在兩年之內無論是工作還是生活，都有了驚人的進步。尤其是對待那女孩特別好。而女孩不甚了解他的過去，儘管也有人說東道西，但在現實表現面前，她倒以為人家故意離間，女孩全然不理，以致使那位青年如願以償。可是結婚以後，那男子目的達到了，就原形畢露，女孩開始感到痛苦異常，深感愛的希望泯滅了，人生的幸福犧牲了，一切都是假的。

但是，沒有辦法只好勉強過下去；可是，男方得寸進尺。事實告誡了女方，忍耐絕非長久之計。她慢慢感覺到，應該設辦法改造對方。先是細緻地做工作，好言好語規勸，可惱的是男方毫無反應，反認為妻子是無事生非。後來女方開始不理睬他，回娘家住了一個多月，並寫好了離婚協議書，威脅要離婚。男的開始有些害怕，退讓了幾步，答應痛改前非。女的趁機發起進攻，一方面細心周到地照料，一方面慷慨陳詞，激起丈夫覺醒，並協助領導和男方父母為男子解除不少委曲，主動承擔責任，又勤儉持家，結果經過多方的工作和壓力，男子終於被感化了，改過自新，重新做人，開始了幸福的家庭生活。

愛情的力量是無窮的，它可以使浪子回頭，也可以使死灰復燃，只要有心，愛情總會顯靈。如果在沒有辦法改造對方的情況下，離婚也是一條可取的途徑。

(2) 家務勞動

在雙薪家庭中，兩人都要上班、做家務，孩子或老人要照顧，誰來做這些事，這是工作寫生活的矛盾。如果雙方因此相互指責和埋怨，那就會發生口角，引起夫妻不和，傷害雙方情感。有的人在工作上本來就很勞累，一回家還要繼續奔忙，家庭不是給他休養生息，反而帶來了麻煩和負擔。據調查：夫妻矛盾 70%以上都起因於家務勞動問題。做不完的家務，勢必會影響夫妻感情，出現矛盾，打打鬧鬧就會影響社會秩序，進而影響工作情緒和效率。所以，這是一個急待解決的問題。

對個人來說，對待家務勞動則必須主動承擔，有空就做，先到先做，不應分彼此。真正的相互關心和體諒，不在於閒暇之時獻殷勤，而應該在忙碌和勞累中去分擔責任和勞務，解脫對方困苦，分擔重任。

岡察洛夫 (Goncharov) 曾經說過：「愛情就等於生活，而生活是一種責任、義務，因此，愛情是一種責任。」作為丈夫或妻子，母親或父親應該勇敢地、主動地承擔起生活的責任，不應該因家務勞動鬧矛盾。即使有了矛盾，也應該和好解決。夫妻是雙方的幫手，是相互支撐人生天地的支柱才行。

(3) 家庭的經濟開支

這類矛盾在鄉下、都市均有發生。尤其是在對老人的撫養供給上經常引起矛盾。在都市裡，一般老人都有退休薪資，基本生活費可能自己夠用。但在鄉下卻不一樣，老人全靠晚輩供養，有的晚輩根本不願拿出錢來照顧長輩，這樣就引起很多家庭矛盾。首先，是長輩與晚輩之間的矛盾，一方要生活，另一方則不給基本生活費或物品。

其次，是夫妻之間的矛盾，有的一方願意供養老人，而另一方面反對。這些問題對於無私的人來說是很好解決的，但自私者卻執意不做。父母和子女之間本來是不分彼此的，子女小時由父母照料，父母老時自然應由子女供養，根本用不著爭執。可是，有的晚輩不講道德，養育之恩拋於腦後，只圖夫妻快樂，不顧長輩死活，對於這類不肖子孫應受到道德輿論的譴責和法律的制裁。

(4) 一方只顧工作，不顧家庭生活和夫妻情感

據有關方面調查和分析，在當今這個搶速度、搶時間的年代中，隨著一大批青年人走上領導職位和成為骨幹力量，他們的家庭生活，特別是夫妻情感交往的時間和機會減少了，因此，發生的夫妻不和的現象也在上升，有的還因此離婚。

時代變化，家庭總是要打上時代的烙印，時代步伐加快了，家庭生活的節奏也在改變，如果我們還以過去的家庭觀念來對現實，那就會落後於時代。

在現代家庭中，也必須既要講求效率，又要珍惜家庭生活，盡量在可能的時間內享受天倫之樂。不能從一個極端走到另一個極端，特別是在家裡大公無私是不對的，公而忘私也很難行得通。

家庭是社會的一個細胞，你做了工作，冷了家庭，同樣沒有盡到社會義務，反而造成了新的社會問題。同樣，社會也應想辦法採取措施幫助這樣的家庭排憂解難，這是十分必要的。

99. 一味占有，何談婚姻

人類的婚姻關係中，幸福與不幸的規律性和共性總是有的。

一般說來，歡樂的家庭，總是願意接受一種默契的平等，一種在貧富苦樂中悠然不變的相知與扶助，一種夫婦雙方都努力發展（事業、人品或心靈）的自尊、獨立與相互的尊重與器重。

而悲劇式的婚姻則往往相反。除了社會原因滲透和自製家釀的苦酒之外，十分相似的特點是把婚姻理解為占有對方。

把精力過多地投入到事業之中的男女，必然在家庭方面有所缺失：因為事業與家庭之間有時也存在著嚴重衝突，一方奔忙於事業，不再顧家；另一方似被冷落，氣憤難平。但只要透過衝突的層層波瀾，就可看到其間隱藏的深層心理，是對愛占有的欲望與不能坦誠溝通的障礙。

事業與婚姻的矛盾如何解決，這個問題討論已久，但似乎總是停留在時間的分配上。好像「一方犧牲」就是給另一方騰出時間；或雙方都劃分好「承包專案」（指家務分配）；或仰仗家務勞動社會化程度的提高等等，就會使矛盾緩解。

這實際上是把這類婚姻矛盾外在化和表面化了。且不說國外的柴契爾夫人（Margaret Thatcher）每日下廚等等，今天的社會中，夫婦事業都有所成而婚姻美滿的事例，更是比比皆是。

問題只在人們對情感的不同理解。

事業與婚姻的關係，主要是夫婦兩人的事。一日有限的時間如何分配，測量著不同的夫婦對情感不同的理解。無論事業型的，還是生活型的，如果都心安理得地認為配偶屬於自己，該為自己的意願讓路，這種占有慾恰恰就是婚姻悲劇的根。

為事業而廢寢忘食，對單身漢來說，那完全是自己的事；但一個結為夫婦的人來說，心中就應同時裝進了兩個人，因為每個人都有獨立發展自己的權利，都有自己應得到的器重與價值。如果一方在事業的大旗下，懶得去做家務，而使另一方家事繁累，這是一種道貌岸然的占有，冠冕堂皇的占有。如果全身心奉獻事業而不能顧及家庭，就應該及早在事業與家庭間做出抉擇。有人割捨愛情，獻身醫學，至今感人至深。但如果希望魚與熊掌兼而得之的話，就應自願擔負起婚姻所要求的義務。

那些一心要求為自己的事業而犧牲配偶自身的發展，由他人去做繁雜的家務而自己坐享其成，其實這些入骨子裡是十分自私的，只是他們不反省而已。

夫婦雙方，沒有一方必須為另一方犧牲。

自願的相助是高尚的，但這不是被迫的犧牲，而是夫婦雙方共同進入了同一項事業，實現著雙方共同的志趣與願望。某位譯作家的每一份文稿，每一封稿件，都由夫人整理、謄濟，提出修改意見，並珍重儲存。其間的相濡以沫，是至死不渝的情深意切。

企望用家務事的鎖鏈拉住配偶，這實在是愚昧的自私。要知道，一個人的天地如果只有十幾平方公尺時，愛之水就似枯井了。

企圖占有愛是不合理的，也是不可能的，愛絕不是能被占有的東西。一味地占有實際是藩籬，使人與幸福無緣，使一方要麼遠遁，要麼偷偷尋求籬外芳草。

所以，為了得到真愛，千萬不能抱有占有慾。

100. 家是港灣，而非戰場

其實，在家庭這個社會單元中，夫妻間只要站在平等的地位上，經常地與對方調換角度思考問題，那麼很多矛盾都會得到諒解、理解和化解，彼此間僵持的局面和矛盾也會很快冰釋。

真正的愛情對男女雙方來說並不是誰是誰非或誰給誰的，彼此間愛的成功與否，都是需要雙方共同承擔的。

其實，在愛情領地裡，不是雙贏就是雙輸，絕沒有一輸一贏這種事，愛是共存一體的。

一位婦女憤憤地說：「我後悔結婚，那無休止的爭吵，我已經精疲力盡了。我的性格是輕易不服輸，而他居然與我一樣，也從不讓人，所以就沒完沒了地吵。譬如他認為下班回到家中，應該享受溫馨一些氣氛。可是他又不是不知道，我八小時下班回家，在廚房裡又繼續上班，哪有什麼興致去培養溫馨氣氛。這時候就要吵，他說我不像一個妻子，我說職業婦女中，沒有一個真正的賢妻良母。他就舉報刊上的例子，我就舉身邊的例子，結果誰也贏不了誰，便嘔氣，晚飯常常也吃不安穩。還譬如，有時候我累得要命，他卻異想天開，說晚飯後要去逛逛，看場電影，可我卻只想睡覺。這時，一定會吵起來。到頭來他肯定不會再有興致去看電影。但不看就不看，卻窩在家裡與我鬥氣，結果又是兩敗俱傷……我們都說理，都引經據典，都就近取例，企圖說服對方，可最後老是分不出輸贏。」

其實，夫妻雙方在矛盾衝突時想比出輸贏是很愚蠢的，又沒有聽眾和觀眾，無非是為了自尊。當然，這並不是說沒有起碼的是非，而是說，從感情角度而言，企圖分出輸贏是不可能的。家庭生活中，有些事情無法以是與非論之，而是靠彼此的感情調節。你要贏對方，必然同時亦讓對方贏你。你認了輸，對方亦就立刻輸了。從這個意義上說，輸就是贏，雙輸亦就雙贏了。

譬如說，丈夫回到家中，說溫馨的氣氛不夠，你如果認為不反駁便是服輸，那麼就會企圖贏他。而他亦認為被你駁倒便是認輸，亦就必然反過來企圖贏你。大家都想用一贏一輸的方式做結局，到頭來呢，兩敗俱傷。這才是感情領域的雙失敗。假如你一開始就服輸——「是嗎，那你趕緊打開錄音機，把家庭氣氛調弄得溫溫暖暖的，再嘗嘗我的手藝，你看你多有福氣。」他能不服輸嗎？肯定會乖乖地按你的指示去按錄音機，說不定還會對你的辛勞表示關切。但是如果你面孔拉長了，他會「自輕自賤」地跟你逗樂？照你說他這樣的脾氣，他是不會圍著你轉的。但這樣的男人絕不是不懂體貼的人，也許他們要比光會向老婆獻殷勤的男人有出息得多。

在家庭裡，除非夫妻二人中，確實有一方太無可救藥地壞，否則，是不會存在一方輕視一方，或輕易踐踏對方自尊的問題，所以不必不知疲倦地比賽輸贏。說絕對點，在愛情領地裡，不是雙贏就是雙輸。因為你也許能夠在某個問題上駁倒和戰勝對方，但也許同時輸了愛情，這是無法勉強的。所以許多夫妻上法院鬧離婚，說來說去亦說不出個是非，其實哪裡是是非問題呢，分明是感情問題。有了愛情，那些問題全都不成問題了……

走出了輸贏的失誤，夫妻二人才能成為真正意義上的愛情和家庭上的主人。

因為職場等同戰場，所以請服一帖職場心理學：

職涯轉換 × 同事關係 × 婚姻危機 × 單戀成災，從工作到日常，人生陷阱識破之道！

編　　著：卓重光
發 行 人：黃振庭
出 版 者：財經錢線文化事業有限公司
發 行 者：財經錢線文化事業有限公司
E-mail：sonbookservice@gmail.com
粉 絲 頁：https://www.facebook.com/sonbookss/
網　　址：https://sonbook.net/
地　　址：台北市中正區重慶南路一段六十一號八樓 815 室
Rm. 815, 8F., No.61, Sec. 1, Chongqing S. Rd., Zhongzheng Dist., Taipei City 100, Taiwan
電　　話：(02)2370-3310
傳　　真：(02)2388-1990
印　　刷：京峯數位服務有限公司
律師顧問：廣華律師事務所 張珮琦律師

定　　價：450 元
發行日期：2024 年 03 月第一版
◎本書以 POD 印製
Design Assets from Freepik.com

國家圖書館出版品預行編目資料

因為職場等同戰場，所以請服一帖職場心理學：職涯轉換 × 同事關係 × 婚姻危機 × 單戀成災，從工作到日常，人生陷阱識破之道！/ 卓重光 編著 . -- 第一版 . -- 臺北市：財經錢線文化事業有限公司，2024.03
面；　公分
POD 版
ISBN 978-957-680-768-8(平裝)
1.CST: 職場成功法 2.CST: 工作心理學 3.CST: 人際關係
494.35　113001538

電子書購買

臉書

爽讀 APP